深度学习导论与应用实践

高随祥 文新 马艳军 李轩涯 等 ◎ 编著

清华大学出版社
北京

内 容 简 介

本书从数学基础与编程基础开始,逐步引导读者领略深度学习的起源与发展,向读者介绍深度学习在计算机视觉、自然语言处理等方面的实际应用,并为读者呈现最前沿的深度学习研究进展,同时深入剖析技术原理,带领读者逐步推导深度学习背后的数学模型,并结合飞桨(PaddlePaddle)深度学习框架实现项目,代码清晰,易于理解。本书深入浅出,将原理解析与国内流行的深度学习框架飞桨实例结合,旨在使读者更全面、更清晰地掌握深度学习的前沿技术。

本书可作为深度学习的入门读物,也可作为信息学科本科生和研究生的教材,还可供信息产业从业者使用。

图书在版编目(CIP)数据

深度学习导论与应用实践/高随祥等编著.—北京:清华大学出版社,2019(2025.1重印)
ISBN 978-7-302-53439-6

Ⅰ.①深… Ⅱ.①高… Ⅲ.①学习系统 Ⅳ.①TP273

中国版本图书馆 CIP 数据核字(2019)第 180958 号

责任编辑:贾 斌
封面设计:刘 键
责任校对:李建庄
责任印制:丛怀宇

出版发行:清华大学出版社
　　　　网　　　址:https://www.tup.com.cn,https://www.wqxuetang.com
　　　　地　　　址:北京清华大学学研大厦 A 座　　　　邮　　编:100084
　　　　社 总 机:010-83470000　　　　　　　　　　邮　　购:010-62786544
　　　　投稿与读者服务:010-62776969,c-service@tup.tsinghua.edu.cn
　　　　质量反馈:010-62772015,zhiliang@tup.tsinghua.edu.cn
　　　　课件下载:https://www.tup.com.cn,010-83470236
印 装 者:三河市铭诚印务有限公司
经　　销:全国新华书店
开　　本:185mm×260mm　　　印　　张:17.75　　　字　　数:433 千字
版　　次:2019 年 9 月第 1 版　　　　　　　　　　印　　次:2025年1月第9次印刷
印　　数:11701~12200
定　　价:69.00 元

产品编号:084023-01

　　人类社会在过去的几百年经历了三次工业革命，其核心驱动力量分别是机械技术、电气技术和信息技术。这些驱动工业革命的核心技术都表现出很强的通用性，应用于各行各业，成为推动社会经济变革的新的生产力。当下，我们正身处第四次工业革命，其核心驱动力量是以深度学习为代表的人工智能技术。人工智能已经在影响我们生活的方方面面，渗透到各行各业，带领人类社会进入智能时代。

　　深度学习是近年来人工智能取得的最重要的突破之一。得益于数据井喷和算力的快速增长，深度学习发展迅猛，在语音、计算机视觉、自然语言处理等诸多领域都取得了巨大成功，是智能时代的通用性技术。

　　这其中，深度学习框架和平台下接硬件层，上承业务模型和应用，成为深度学习研究及人工智能应用开发的载体，促进了深度学习技术的发展和快速应用，可以称作"智能时代的操作系统"。

　　百度很早就开始深度学习研究和业务实践，并于 2016 年开源了自主研发的深度学习框架飞桨（PaddlePaddle）。飞桨是国内唯一开源开放、功能完整的深度学习框架与平台。经过多年技术沉淀和应用打磨，飞桨形成了在易用性、官方模型库、训练环境和算力支持、多端部署，以及工具组件和系统化技术服务等方面的优势，有助于从事人工智能相关研究及应用的人员快速实践。

　　本书介绍了深度学习相关的基本概念、原理、方法和应用，并指导读者使用飞桨进行项目演练，既有知识讲解，又有实际操作，便于读者全面理解和快速掌握深度学习技术。

　　希望这本书在为广大读者带来价值的同时，也能为产学研融合积累宝贵经验，让工业界经验和技术帮助人工智能教学实践取得更大突破，助力人才培养，为中国的人工智能腾飞积聚力量。

王海峰

2019 年 6 月

前 言

foreword

    深度学习源于人工神经网络,自 2006 年被提出后,受到学术界和工业界的高度关注,迅速成为机器学习领域最为活跃的一个分支。深度学习是一种基于对数据进行表征学习的方法,通过构建具有多个隐层的学习网络和海量的训练数据,来学习有用的特征,通过逐层特征变换,将样本在原空间的特征表示变换到新特征空间,从而实现更加准确高效的分类或预测。近年来,深度学习方法已经在计算机视觉、自然语言处理、语音识别、记忆网络等诸多领域中得到广泛应用,取得了令人惊喜的应用成果。

    本书是一本关于深度学习的入门级教程,主要介绍深度学习的基本概念、基本原理和基本方法,从数学基础、编程知识和机器学习基本知识开始,由浅入深地讲解深度学习的主要内容,系统深入地剖析深度学习各部分的原理、技术和方法,以及相关的应用,并结合百度深度学习框架——飞桨(PaddlePaddle),进行项目实战,带领读者全面、清晰地理解和掌握深度学习技术。本书的一大特点是将深度学习的理论方法与编程、项目实践结合起来,以便加深加快读者对所学内容的理解和掌握。本书主要面向信息科学及相关领域的本科生、研究生、研究人员和深度学习爱好者。

    全书共 9 章,可分为 3 部分:第 1 部分包括第 1~3 章,介绍基本的数学、编程和机器学习知识;第 2 部分包括第 4~7 章,系统、深入地讲解现今已成熟的深度学习方法和实践;第 3 部分包括第 8~9 章,介绍深度学习在计算机视觉和自然语言处理领域的应用和实践。书中各章节相互独立,读者可根据自己的兴趣和时间情况选择使用。书中每章都给出了相应习题,一方面帮助读者巩固本章学习内容,另一方面引导读者扩展相关知识。书中每章也都给出了相应的实践性内容,建议读者在阅读时,辅以代码实战,快速上手深度学习,加深模型理解。

    感谢中国科学院大学的同事和学生积极参与。感谢你们对本书理论内容提出的宝贵建议和意见,让本书内容更显精彩;感谢你们对本书实践代码的测试反馈,让实践代码千锤百炼;感谢你们在书稿校对时的认真负责、不辞辛苦。同时感谢百度公司长久以来对于高校人工智能教育的重视与情怀。感谢吴甜、徐菁、喻友平、计湘婷等同事在本书撰写过程中发挥的巨大作用。

    目前,深度学习方法并不完美,还有许多需要进一步研究解决的问题。如果通过本书的学习,能够引领读者迅速进入深度学习研究和应用前沿,取得突破性的成果,那将是本书作者的最大荣幸!

作 者

2019 年 6 月

目 录

contents

第1章　数学基础 ………………………………………………………………… 1

1.1　数据表示——标量、向量、矩阵和张量 …………………………………… 1

1.1.1　标量、向量、矩阵和张量 ……………………………………… 1

1.1.2　向量的范数 …………………………………………………… 2

1.1.3　常用的向量 …………………………………………………… 3

1.1.4　常见的矩阵 …………………………………………………… 3

1.1.5　矩阵的操作 …………………………………………………… 4

1.1.6　张量的常用操作 ……………………………………………… 7

1.2　优化的基础——导数及其应用 ……………………………………………… 8

1.2.1　导数 …………………………………………………………… 8

1.2.2　泰勒公式 ……………………………………………………… 11

1.2.3　拉格朗日乘数法 ……………………………………………… 11

1.3　概率模型的基础——概率论 ………………………………………………… 13

1.3.1　随机变量 ……………………………………………………… 13

1.3.2　概率分布 ……………………………………………………… 13

1.3.3　边缘概率 ……………………………………………………… 14

1.3.4　条件概率 ……………………………………………………… 14

1.3.5　独立性 ………………………………………………………… 15

1.3.6　期望、方差与协方差 ………………………………………… 15

1.3.7　常用的概率分布 ……………………………………………… 16

1.4　习题 …………………………………………………………………………… 17

第2章　Python入门 ……………………………………………………………… 19

2.1　Python简介 …………………………………………………………………… 19

2.2　Python基础语法 ……………………………………………………………… 20

2.2.1　数据结构类型 ………………………………………………… 20

2.2.2　运算符 ………………………………………………………… 24

2.2.3　条件语句 ··· 27

2.2.4　循环语句 ··· 28

2.2.5　函数 ··· 28

2.2.6　面向对象与类 ··· 30

2.2.7　脚本 ··· 31

2.3　NumPy ··· 31

2.3.1　NumPy 数组创建与访问 ·· 32

2.3.2　NumPy 数组计算 ·· 33

2.3.3　广播 ··· 34

2.4　Matplotlib ··· 35

2.4.1　Matplotlib 的安装 ·· 35

2.4.2　Matplotlib 图像的组成部分 ·· 35

2.4.3　Pyplot 绘制简单图形 ··· 36

2.4.4　Matplotlib 多图像绘制 ··· 38

2.5　实践：豆瓣高分电影爬取 ·· 39

2.5.1　思路分析 ·· 39

2.5.2　获取页面 ·· 40

2.5.3　解析页面 ·· 40

2.5.4　存储数据 ·· 42

2.5.5　数据展示与分析 ·· 42

2.6　习题 ··· 43

第 3 章　机器学习基础 ··· 44

3.1　机器学习概述 ··· 44

3.1.1　机器学习定义与基本术语 ··· 44

3.1.2　机器学习的三要素 ·· 46

3.1.3　机器学习方法概述 ·· 50

3.2　数据预处理 ··· 53

3.2.1　数据清洗 ·· 53

3.2.2　数据集拆分 ·· 55

3.2.3　数据集不平衡 ·· 56

3.3　特征工程 ·· 57

3.3.1　特征编码 ·· 57

3.3.2　特征选择与特征降维 ·· 58

3.3.3　特征标准化 ·· 59

3.4　模型评估 ·· 60

3.5　实践：鸢尾花分类 ··· 62

3.5.1　数据准备 ·· 62

3.5.2　配置模型 ·· 64

　　　　3.5.3　模型训练 ··· 64

　　　　3.5.4　数据可视化 ··· 65

　　3.6　习题 ··· 66

第 4 章　深度学习基础 ·· 67

　　4.1　深度学习发展历程 ·· 68

　　4.2　感知机 ·· 70

　　　　4.2.1　感知机的起源 ··· 70

　　　　4.2.2　感知机的局限性 ·· 71

　　4.3　前馈神经网络 ··· 73

　　　　4.3.1　神经元 ··· 73

　　　　4.3.2　网络结构 ·· 78

　　　　4.3.3　训练与预测 ·· 85

　　　　4.3.4　反向传播算法 ··· 87

　　4.4　提升神经网络训练的技巧 ·· 89

　　　　4.4.1　参数更新方法 ··· 89

　　　　4.4.2　数据预处理 ·· 93

　　　　4.4.3　参数的初始化 ··· 93

　　　　4.4.4　正则化 ··· 95

　　4.5　深度学习框架 ··· 99

　　　　4.5.1　深度学习框架的作用 ·· 99

　　　　4.5.2　常见深度学习框架 ·· 99

　　　　4.5.3　飞桨概述 ··· 100

　　4.6　实践：手写数字识别 ··· 104

　　　　4.6.1　数据准备 ·· 104

　　　　4.6.2　网络结构定义 ·· 105

　　　　4.6.3　网络训练 ·· 106

　　　　4.6.4　网络预测 ·· 108

　　4.7　习题 ·· 110

第 5 章　卷积神经网络 ··· 111

　　5.1　概述 ·· 111

　　5.2　整体结构 ·· 112

　　5.3　卷积层 ··· 112

　　　　5.3.1　全连接层的问题 ·· 113

　　　　5.3.2　卷积运算 ·· 113

　　　　5.3.3　卷积的导数 ·· 119

　　　　5.3.4　卷积层操作 ·· 119

　　　　5.3.5　矩阵快速卷积 ·· 123

5.4 池化层 ………………………………………………………………… 125

5.5 归一化层 ……………………………………………………………… 126

5.6 参数学习 ……………………………………………………………… 128

5.7 典型卷积神经网络 …………………………………………………… 129

    5.7.1 LeNet ………………………………………………………… 130

    5.7.2 AlexNet ……………………………………………………… 131

    5.7.3 VGGNet ……………………………………………………… 132

    5.7.4 Inception ……………………………………………………… 134

    5.7.5 ResNet ………………………………………………………… 140

    5.7.6 DenseNet ……………………………………………………… 144

    5.7.7 MobileNet ……………………………………………………… 146

    5.7.8 ShuffleNet ……………………………………………………… 148

5.8 实践：猫狗识别 ……………………………………………………… 150

    5.8.1 数据准备 ……………………………………………………… 150

    5.8.2 网络配置 ……………………………………………………… 151

    5.8.3 网络训练 ……………………………………………………… 153

    5.8.4 网络预测 ……………………………………………………… 155

5.9 习题 …………………………………………………………………… 156

第 6 章 循环神经网络 …………………………………………………………… 157

6.1 循环神经网络简介 …………………………………………………… 157

    6.1.1 循环神经网络的结构与计算能力 …………………………… 159

    6.1.2 参数学习 ……………………………………………………… 160

    6.1.3 循环神经网络变种结构 ……………………………………… 162

    6.1.4 深度循环神经网络 …………………………………………… 164

    6.1.5 递归神经网络 ………………………………………………… 165

6.2 长期依赖和门控 RNN ……………………………………………… 165

    6.2.1 长期依赖的挑战 ……………………………………………… 165

    6.2.2 循环神经网络的长期依赖问题 ……………………………… 166

    6.2.3 门控 RNN ……………………………………………………… 167

    6.2.4 优化长期依赖 ………………………………………………… 169

6.3 双向 RNN …………………………………………………………… 170

6.4 序列到序列架构 ……………………………………………………… 172

    6.4.1 Seq2Seq ……………………………………………………… 172

    6.4.2 注意力机制 …………………………………………………… 173

6.5 实践：电影评论情感分析 …………………………………………… 176

    6.5.1 数据准备 ……………………………………………………… 177

    6.5.2 网络结构定义 ………………………………………………… 177

    6.5.3 网络训练 ……………………………………………………… 179

      6.5.4　网络预测 ………………………………………………………… 181

  6.6　习题 ………………………………………………………………………… 182

第 7 章　深度学习进阶 ……………………………………………………… 184

  7.1　深度生成模型 ……………………………………………………………… 184

      7.1.1　变分自编码器 …………………………………………………… 185

      7.1.2　生成对抗网络 …………………………………………………… 188

  7.2　深度强化学习 ……………………………………………………………… 198

      7.2.1　强化学习模型 …………………………………………………… 199

      7.2.2　强化学习分类 …………………………………………………… 200

      7.2.3　深度强化学习 …………………………………………………… 201

      7.2.4　深度 Q 网络 ……………………………………………………… 202

      7.2.5　深度强化学习应用 ……………………………………………… 203

  7.3　迁移学习 …………………………………………………………………… 204

      7.3.1　迁移学习的定义与分类 ………………………………………… 204

      7.3.2　迁移学习的基本方法 …………………………………………… 206

  7.4　实践：生成对抗网络 ……………………………………………………… 208

      7.4.1　数据准备 ………………………………………………………… 208

      7.4.2　网络配置 ………………………………………………………… 209

      7.4.3　模型训练与预测 ………………………………………………… 211

  7.5　习题 ………………………………………………………………………… 213

第 8 章　深度学习应用：计算机视觉 ……………………………………… 214

  8.1　目标检测 …………………………………………………………………… 215

      8.1.1　传统目标检测 …………………………………………………… 215

      8.1.2　基于区域的卷积神经网络目标检测 …………………………… 216

      8.1.3　基于回归的卷积神经网络目标检测 …………………………… 224

  8.2　语义分割 …………………………………………………………………… 228

      8.2.1　传统语义分割方法 ……………………………………………… 229

      8.2.2　基于卷积神经网络的语义分割 ………………………………… 230

  8.3　实践：目标检测 …………………………………………………………… 234

      8.3.1　数据准备 ………………………………………………………… 234

      8.3.2　网络配置 ………………………………………………………… 235

      8.3.3　模型训练 ………………………………………………………… 239

      8.3.4　模型预测 ………………………………………………………… 240

  8.4　习题 ………………………………………………………………………… 241

第 9 章　深度学习应用：自然语言处理 …………………………………… 242

  9.1　自然语言处理的基本过程 ………………………………………………… 242

9.1.1 获取语料 ······ 242

9.1.2 语料预处理 ······ 243

9.1.3 特征工程 ······ 249

9.2 自然语言处理应用 ······ 252

9.2.1 文本分类 ······ 252

9.2.2 机器翻译 ······ 253

9.2.3 自动问答 ······ 259

9.3 实践：机器翻译 ······ 261

9.3.1 数据准备 ······ 261

9.3.2 网络结构定义 ······ 262

9.3.3 网络训练 ······ 266

9.3.4 网络预测 ······ 266

9.4 习题 ······ 267

参考文献 ······ 268

第1章 数 学 基 础

对于理解机器学习算法和从事机器学习算法相关工作而言,拥有良好的数学基础是非常重要的。因此,在正式开始介绍机器学习和深度学习相关内容之前,我们就线性代数、微积分和概率论三个数学分支分别进行回顾。

1.1 数据表示——标量、向量、矩阵和张量

数据表示是机器学习和深度学习的基础,一个好的数据描述方式对于学习算法有很好的促进作用。如同深度学习框架 TensorFlow 的名字,几乎所有的机器学习和深度学习算法都可以看作是**张量(tensor)**在各个模块中的**流动(flow)**方式。因此,本节主要介绍常用的数据表示方式——标量、向量、矩阵和张量,以及涉及的常用操作,主要运用到线性代数的知识。

1.1.1 标量、向量、矩阵和张量

标量(scalar):标量就是一个只有大小,没有方向的数字。例如,在定义一个实数标量时,我们可能会说"令 $s \in \Re$ 表示当前的气温";在定义一个整数标量时,我们可能会说"令 $n \in \mathrm{N}$ 表示获得的分数",等等。在计算机专业技术中,标量可以通过一个固定类型的变量来表示。

向量(vector):向量就是一列数,是由一组数组成的有序数组,同时具有大小和方向,通过一个次序索引,我们可以确定每个单独的数。当我们需要明确表示向量中的元素时,通常将该向量表示为一个列向量:

$$x = \begin{bmatrix} x_1 \\ x_2 \\ \vdots \\ x_n \end{bmatrix}$$

我们可以把向量看作相应线性空间中的一个点,每个元素就是不同坐标轴上的坐标,向量的方向为原点指向当前空间坐标的方向,向量的大小由范数确定。在计算机中,向量可以

通过一个固定长度、固定类型的数组表示,数组的长度就是向量的维数。

　　矩阵(matrix):矩阵是一个二维数组,其中的每一个元素被两个索引所确定。如果一个实数矩阵有 m 行,n 列,那么我们说 $\boldsymbol{A} \in \Re^{m \times n}$,其中元素 a_{ij} 表示矩阵 $\boldsymbol{A}$ 中第 i 行、第 j 列的数字。

　　在计算机中,矩阵可以通过一个固定大小、固定类型的二维数组表示,两个维度分别表示行和列。

　　张量(tensor):在机器学习和深度学习中,需要讨论的坐标往往是超过两维的数组。一般地,如果一个数组中的元素分布在若干维坐标的规则网格中,我们将其称之为张量。张量通过对应维度个数的索引来确定张量内部的值。例如,三维张量 $\boldsymbol{A}$ 中坐标为 (i, j, k) 的元素记作 a_{ijk}。在数据可视化方面,三维张量可以表示为一个立方体,超过三维的张量往往需要切片或者通过颜色来可视化。在计算机中,张量可以通过任意维度的数组表示。

1.1.2　向量的范数

　　向量既具有方向,也具有大小,向量的大小由**范数**(norm)来衡量。对于一个 n 维向量 $\boldsymbol{v} = (v_1, v_2, \cdots, v_n)$,形式上,$L_p$ 范数函数定义为:

$$L_p(\boldsymbol{v}) \equiv \|\boldsymbol{v}\|_p = \left(\sum_{i=1}^{n} |v_i|^p\right)^{1/p}$$

其中,$p \in \Re$ 且 $p \geqslant 1$。

　　范数作为衡量向量长度的函数,将向量空间的所有向量赋予非负值的大小。直观上来看,范数就是衡量从原点到点 $\boldsymbol{v}$ 的距离。所有的范数都满足如下的三条性质。

　　非负性:范数函数的值永远非负,当且仅当向量为全零向量时,范数函数值为 0。

$$f(\boldsymbol{x}) \geqslant 0$$
$$f(\boldsymbol{x}) = 0 \Rightarrow \boldsymbol{x} = \boldsymbol{0}$$

其中 $\boldsymbol{x}$ 是向量,$f(\boldsymbol{x})$ 是 $\boldsymbol{x}$ 的范数。

　　三角不等式:两个向量范数的和大于两个向量和的范数。

$$f(\boldsymbol{x}) + f(\boldsymbol{y}) \geqslant f(\boldsymbol{x} + \boldsymbol{y})$$

　　正值齐次性:

$$\forall \alpha \in \mathbf{R}, \quad f(\alpha \boldsymbol{x}) = |\alpha| f(\boldsymbol{x})$$

　　当 p 等于 2 时,L_2 范数也被称为**欧几里得范数**(Euclidean Norm)或 **Frobenius 范数**(Frobenius Norm),它表示从原点出发到向量 $\boldsymbol{v}$ 的欧几里得距离。L_2 范数在机器学习和深度学习中运用广泛,所以经常会省去右下角的 2,写作 $\|\boldsymbol{v}\|$。为了计算方便,有时会使用平方 L_2 范数,即省去了开方操作,简单的利用点积 $\boldsymbol{v}^T \boldsymbol{v}$ 来计算。

　　当 p 等于 1 时,就出现了另一种比较常用的范数:L_1 范数。

$$\|\boldsymbol{v}\|_1 = \sum_i |v_i|$$

　　通常 L_1 范数用于区分零元素和非零但值很小的元素。在机器学习和深度学习中,区分零和非零元素是非常重要的。因此,L_1 范数也使用广泛。例如在损失函数正则化项的计算中,有时会选择 L_1 范数。

当 p 趋于 ∞ 时，又出现了另一种在机器学习中经常出现的范数：L_∞ 范数，又称为最大范数（max norm）。L_∞ 范数表示向量中最大分量的绝对值：

$$\|\boldsymbol{v}\|_\infty = \max_i |v_i|$$

在数据处理中，有时需要选择出响应最大的分量继续处理，例如最大池化等操作，这就需要利用 L_∞ 范数。

1.1.3　常用的向量

全 0 向量是指所有分量都为 0 的向量，通常是为了保证表达式描述的正确性而使用，用一个粗体的 **0** 表示。

$$\boldsymbol{0} = \begin{bmatrix} 0 \\ 0 \\ \vdots \\ 0 \end{bmatrix}$$

全 1 向量是指所有分量都为 1 的向量，通常是为了保证表达式描述的正确性而使用，用一个粗体的 **1** 表示。

$$\boldsymbol{1} = \begin{bmatrix} 1 \\ 1 \\ \vdots \\ 1 \end{bmatrix}$$

One-Hot 向量是指有且仅有一个分量为 1，其余分量都为 0 的向量。One-Hot 向量在编码中使用广泛。例如在物体分类应用中，对于有 10 类的场景，我们通常将分类的结果编码为一个 One-Hot 向量，元素为 1 的那个分量对应的类别为分类得到的类别；在自然语言处理应用中，有时也会使用 One-Hot 向量为每一个词编码再进行处理。One-Hot 向量属于稀疏的编码，默认不同的分量之间是没有关联的。

单位向量（**unit vector**）是具有**单位 L_2 范数**（**unit norm**）的向量，即单位向量的 L_2 范数为 1：

$$\|\boldsymbol{v}\| = 1$$

单位向量约束了向量的长度为 1，只能表达该向量的方向。因此，单位向量可以很好地屏蔽向量模长带来的影响，只考虑向量方向的性质。例如常用的**余弦相似性**（**cosine similarity**）就是用于比较两个向量的夹角，从而考虑两个向量的相关性。

$$\cos\theta = \boldsymbol{u}^{\mathrm{T}}\boldsymbol{v} = \boldsymbol{v}^{\mathrm{T}}\boldsymbol{u}$$

其中，θ 为两个向量的夹角，$\boldsymbol{u}$ 和 $\boldsymbol{v}$ 为两个单位向量。

1.1.4　常见的矩阵

方阵：是指行数等于列数的矩阵。

$$\boldsymbol{A}_{m\times n}, m = n$$

对称矩阵（**symmetric matrix**）：是指它的转置就等于它本身的矩阵。例如无向图的顶点邻接矩阵就是一个对称矩阵。

$$\boldsymbol{A}^{\mathrm{T}} = \boldsymbol{A}$$

对角矩阵（diagonal matrix）：是指除了主对角线上的元素，其余元素都为 0 的矩阵。单位矩阵是一种特殊的对角矩阵。

$$a_{ij} = 0, \quad i \neq j$$

正定矩阵（positive definite matrix）：方阵 $\boldsymbol{M}$ 是正定矩阵的充要条件是，对于任意的非零向量 $\boldsymbol{z}$，都有

$$\boldsymbol{z}^{\mathrm{T}} \boldsymbol{M} \boldsymbol{z} > 0$$

此外，正定矩阵还有很多其他的充要条件，例如顺序主子式的行列式都大于 0；矩阵特征值都大于 0 等。

半正定矩阵（positive semidefinite matrix）：方阵 $\boldsymbol{M}$ 是半正定矩阵的充要条件是，对于任意的非零向量 $\boldsymbol{z}$，都有

$$\boldsymbol{z}^{\mathrm{T}} \boldsymbol{M} \boldsymbol{z} \geqslant 0$$

此外，半正定矩阵还有很多其他的充要条件，例如顺序主子式的行列式都非负；矩阵特征值都非负等。

负定矩阵（negative definite matrix）：方阵 $\boldsymbol{M}$ 是负定矩阵的充要条件是，对于任意的非零向量 $\boldsymbol{z}$，都有

$$\boldsymbol{z}^{\mathrm{T}} \boldsymbol{M} \boldsymbol{z} < 0$$

此外，负定矩阵还有很多其他的充要条件，例如第奇数个顺序主子式的行列式都小于 0，第偶数个顺序主子式的行列式都大于 0；矩阵特征值都小于 0 等。

正交矩阵（orthogonal matrix）：是指逆矩阵等于它的转置矩阵的方阵。正交矩阵的行向量和列向量分别都是标准正交的。

$$\boldsymbol{A}^{\mathrm{T}} = \boldsymbol{A}^{-1}$$

正交矩阵求逆矩阵的代价很小，因此受到大家极大的关注。并且，正交矩阵还有很多有趣的性质，例如矩阵的行列式为 1 等。

1.1.5　矩阵的操作

矩阵的转置（transpose）：首先定义矩阵的左上角至右下角的对角线为**主对角线**（**main diagonal**）。矩阵的转置就是以主对角线为轴的镜像矩阵。

$$\left[\boldsymbol{A}^{\mathrm{T}}\right]_{ij} = \left[\boldsymbol{A}\right]_{ji}$$

矩阵的 Frobenius 范数（Frobenius Norm）：在深度学习中，有时也需要衡量矩阵的大小，这时就要用到 Frobenius 范数。矩阵 $\boldsymbol{A} = (a_{ij})$ 的 Frobenius 范数为：

$$\|\boldsymbol{A}\|_F = \sqrt{\sum_{i,j} a_{ij}^2}$$

矩阵与矩阵相加：设矩阵 $\boldsymbol{A} = (a_{ij})$ 和 $\boldsymbol{B} = (b_{ij})$ 是 $m \times n$ 的矩阵，那么矩阵 $\boldsymbol{A}$ 和 $\boldsymbol{B}$ 的和也是 $m \times n$ 的矩阵，其中每个元素都是 $\boldsymbol{A}$ 和 $\boldsymbol{B}$ 的对应元素相加。

$$\left[\boldsymbol{A} + \boldsymbol{B}\right]_{ij} = a_{ij} + b_{ij}$$

矩阵与向量相加：通常，矩阵与向量是无法直接相加的。但是在深度学习中，我们也使

用一些不那么准确的表达,允许矩阵与向量直接相加,得到另一个相同大小的矩阵。具体计算过程就是使向量与矩阵中的所有列向量分别相加。设 $A=(a_{ij})$ 是 $m \times n$ 矩阵,$b=(b_i)$ 是 m 维向量,则 $A+b$ 的第 i 行第 j 列元素为:

$$[A+b]_{ij} = A_{ij} + b_j$$

这种隐式复制向量到很多位置参与计算的方式,我们称之为**广播**(**broadcasting**)。广播可以提升编码的效率和运行效率,在很多的算法库中得到了广泛的支持。

矩阵与标量相加:矩阵 $A=(a_{ij})$ 与标量 b 相加,就将标量与矩阵的所有元素相加。

$$[A+b]_{ij} = A_{ij} + b$$

矩阵与矩阵相乘:为了使得矩阵与矩阵相乘定义良好,第一个矩阵的列数需要等于第二个矩阵的行数。如果 $A=(a_{ij})$ 是 $k \times m$ 矩阵和 $B=(b_{ij})$ 是 $m \times n$ 矩阵,则乘积 AB 是一个 $k \times n$ 的矩阵。矩阵乘法(matrix product)定义为:

$$[AB]_{ij} = \sum_{k=1}^{m} a_{ik} b_{kj}$$

矩阵乘法服从分配律和结合律,但是往往不服从交换律。

$$(A+B)C = AC + BC, C(A+B) = CA + CB,$$
$$(AB)C = A(BC)$$

此外,矩阵乘积的转置等于矩阵转置的倒序乘积。

$$(AB)^\mathrm{T} = B^\mathrm{T} A^\mathrm{T}$$

矩阵与向量相乘:向量可以看成是只有一列的矩阵,因此矩阵与向量相乘也可以看成是矩阵与矩阵相乘的一种特例。设 $A=(a_{ij})$ 是 $m \times n$ 矩阵,$b=(b_i)$ 是 m 维向量,则乘积 Ab 是 m 维向量,其第 i 个分量为:

$$[Ab]_i = \sum_{k=1}^{m} a_{ik} b_k$$

矩阵与标量相乘:矩阵 $A=(a_{ij})$ 与标量 b 相乘就是将标量与矩阵的每个元素相乘。

$$[bA]_{ij} = a_{ij} b$$

矩阵的行列式(**determinant**):行数等于列数的矩阵称为方阵。一个方阵的行列式等于其任意一行或一列上所有元素 a_{ij} 与其对应代数余子式 $(-1)^{i+j} M_{ij}$ 乘积的和。

$$\det(A) = \sum_{j=1}^{n} a_{ij} (-1)^{i+j} M_{ij}$$

矩阵的逆(**inversion**):设 A 是一个矩阵,如果矩阵 B 满足 $AB=BA=I$,则称 B 是 A 的逆矩阵,记为 A^{-1}。其中 I 是**单位矩阵**(**identity matrix**),即主对角线上元素为 1,其余元素全为 0 的矩阵。并不是所有的矩阵都有逆矩阵,只有行列式不为 0 的方阵才存在对应的逆矩阵。逆矩阵的求法有很多,例如初等变换法、伴随矩阵法等等,此处不一一赘述。

矩阵的迹(**trace**):在线性代数中,一个方阵 $A=(a_{ij})$ 的迹等于它主对角线上的所有元素的求和。

$$\mathrm{tr}(A) = \sum_{i=1}^{n} a_{ii}$$

矩阵的迹在描述很多矩阵运算时,会变得很有用。例如矩阵的 Frobenius 范数可以利用迹来计算:

$$\|\boldsymbol{A}\|_F = \sqrt{\operatorname{tr}(\boldsymbol{A}\boldsymbol{A}^{\mathrm{T}})}$$

对于多个同阶方阵相乘,矩阵的迹有如下性质。

$$\operatorname{tr}\Big(\prod_{i=1}^{n}\boldsymbol{A}^{(i)}\Big) = \operatorname{tr}\Big(\boldsymbol{A}^{(n)}\prod_{i=1}^{n-1}\boldsymbol{A}^{(i)}\Big)$$

对于两个方阵的特殊情况:

$$\operatorname{tr}(\boldsymbol{AB}) = \operatorname{tr}(\boldsymbol{BA})$$

特征分解(eigen decomposition):我们可以将一个方阵分解为一组**特征值**(eigenvalue)和对应的一组**特征向量**(eigenvector)。如果一个 n 阶方阵和一个 n 维向量 $\boldsymbol{v}$ 及标量 λ 之间有如下关系:

$$\boldsymbol{A}\boldsymbol{v} = \lambda\boldsymbol{v}$$

则向量 $\boldsymbol{v}$ 称为矩阵 $\boldsymbol{A}$ 的特征向量,标量 λ 称为矩阵 $\boldsymbol{A}$ 的特征值。由于矩阵 $\boldsymbol{A}$ 的一个特征向量经过任何不为 0 的缩放后都为该矩阵的特征向量,因此只考虑单位特征向量。一个 n 阶方阵一般有 n 个特征值 $\lambda_1, \lambda_2, \cdots, \lambda_n$,相应地有 n 个对应特征向量 $\boldsymbol{v}^{(1)}, \boldsymbol{v}^{(2)}, \cdots, \boldsymbol{v}^{(n)}$。通常为了规范化特征分解的结果,我们会将特征值由大到小依次排列,对应的特征向量也依次排列成为矩阵,如下所示:

$$\boldsymbol{\lambda} = [\lambda_1, \lambda_2, \cdots, \lambda_n]^{\mathrm{T}}$$
$$\boldsymbol{V} = [\boldsymbol{v}^{(1)}, \boldsymbol{v}^{(2)}, \cdots, \boldsymbol{v}^{(n)}]$$

当矩阵 $\boldsymbol{V}$ 可逆时,$\boldsymbol{A}$ 可分解为:

$$\boldsymbol{A} = \boldsymbol{V}\operatorname{diag}(\boldsymbol{\lambda})\boldsymbol{V}^{-1}$$

其中 $\operatorname{diag}(\boldsymbol{\lambda})$ 表示以 $\lambda_1, \lambda_2, \cdots, \lambda_n$ 为主对角线元素的对角矩阵。这种分解称为矩阵 $\boldsymbol{A}$ 的特征分解。并不是每一个矩阵都可以进行特征分解,有时候特征分解存在,但是会得到复数而不是实数。特别地,每一个实对称矩阵都可以进行特征分解,从而得到实特征值和实特征向量。另外,虽然任意一个实对称矩阵都可以进行特征分解,但是特征分解可能并不唯一。如果两个及以上的特征向量拥有相同的特征值,那么这些特征向量产生的子空间中,任意一组正交向量都是该特征值对应的特征向量。

奇异值分解(singular value decomposition,SVD):除了上述特征值分解外,还有一种分解方式也非常常用,那就是奇异值分解。设 $\boldsymbol{A}$ 是 $m \times n$ 实矩阵,$\boldsymbol{A}^{\mathrm{T}}\boldsymbol{A}$ 的特征值为 $\lambda_1 \geqslant \lambda_2 \geqslant \cdots \geqslant \lambda_r > \lambda_{r+1} = \cdots = \lambda_n = 0$,则称 $\sigma_i = \sqrt{\lambda_i}$($i = 1, 2, 3, \cdots, n$)为矩阵 $\boldsymbol{A}$ 的**奇异值**(singular value)。矩阵 $\boldsymbol{A}$ 的奇异值分解是指 $\boldsymbol{A} = \boldsymbol{U}\begin{pmatrix} \boldsymbol{D}_r & \boldsymbol{0} \\ \boldsymbol{0} & \boldsymbol{0} \end{pmatrix}_{m \times n} \boldsymbol{V}^{\mathrm{T}}$,其中矩阵 $\boldsymbol{U}$ 是 $m \times m$ 正交矩阵,矩阵 $\boldsymbol{V}$ 是 $n \times n$ 正交矩阵,$\boldsymbol{D}$ 是 r 阶对角矩阵,其主对角线上元素是矩阵 $\boldsymbol{A}$ 的全部非零奇异值,即 $\boldsymbol{D}_r = \operatorname{diag}(\sigma_1, \sigma_2, \cdots, \sigma_r)$。方阵 $\boldsymbol{U}$ 的列向量被称为左奇异向量,矩阵 $\boldsymbol{V}$ 的列向量被称为右奇异向量,它们统称为**奇异向量**(singular vector)。实际上,在进行奇异值分解的过程中,也利用到了特征分解的步骤,例如

$$\boldsymbol{A}\boldsymbol{A}^{\mathrm{T}} = \boldsymbol{U}\begin{pmatrix} \boldsymbol{D}_r & \boldsymbol{0} \\ \boldsymbol{0} & \boldsymbol{0} \end{pmatrix}\boldsymbol{V}^{\mathrm{T}}\boldsymbol{V}\begin{pmatrix} \boldsymbol{D}_r & \boldsymbol{0} \\ \boldsymbol{0} & \boldsymbol{0} \end{pmatrix}^{\mathrm{T}}\boldsymbol{U}^{\mathrm{T}} = \boldsymbol{U}\begin{pmatrix} \boldsymbol{D}_r & \boldsymbol{0} \\ \boldsymbol{0} & \boldsymbol{0} \end{pmatrix}\begin{pmatrix} \boldsymbol{D}_r & \boldsymbol{0} \\ \boldsymbol{0} & \boldsymbol{0} \end{pmatrix}^{\mathrm{T}}\boldsymbol{U}^{\mathrm{T}} = \boldsymbol{U}\begin{pmatrix} \boldsymbol{D}_r^2 & \boldsymbol{0} \\ \boldsymbol{0} & \boldsymbol{0} \end{pmatrix}_{m \times m}\boldsymbol{U}^{\mathrm{T}}$$

$$\boldsymbol{A}^{\mathrm{T}}\boldsymbol{A} = \boldsymbol{V}\boldsymbol{D}\begin{pmatrix} \boldsymbol{D}_r & \boldsymbol{0} \\ \boldsymbol{0} & \boldsymbol{0} \end{pmatrix}^{\mathrm{T}}\boldsymbol{U}^{\mathrm{T}}\boldsymbol{U}\begin{pmatrix} \boldsymbol{D}_r & \boldsymbol{0} \\ \boldsymbol{0} & \boldsymbol{0} \end{pmatrix}\boldsymbol{V}^{\mathrm{T}} = \boldsymbol{V}\begin{pmatrix} \boldsymbol{D}_r & \boldsymbol{0} \\ \boldsymbol{0} & \boldsymbol{0} \end{pmatrix}^{\mathrm{T}}\begin{pmatrix} \boldsymbol{D}_r & \boldsymbol{0} \\ \boldsymbol{0} & \boldsymbol{0} \end{pmatrix}\boldsymbol{V}^{\mathrm{T}} = \boldsymbol{V}\begin{pmatrix} \boldsymbol{D}_r^2 & \boldsymbol{0} \\ \boldsymbol{0} & \boldsymbol{0} \end{pmatrix}_{n \times n}\boldsymbol{V}^{\mathrm{T}}$$

因此可得,矩阵 A 的左奇异向量实际为 AA^T 的特征向量,右奇异向量实际为 A^TA 的特征向量。

由于每一个实矩阵都有一个奇异值分解,并且奇异值分解能够得到与特征分解相同类型的信息,因此奇异值分解有着更广泛的应用。

Moore-Penrose 伪逆:对于非方阵而言,其逆矩阵是没有意义的,但是在实际应用当中,我们却经常需要求非方阵的类似的逆,例如在最小二乘回归方面,经常需要求解一个超定方程组:

$$Ax = y$$

其中,矩阵 A 是一个行数大于列数的矩阵。通常,在该情况下,该方程组一般不存在确定解。而 Moore-Penrose 伪逆使得上述问题存在一种求解方法。矩阵 A 的伪逆的定义是:

$$A^+ = \lim_{a \to 0^+} (A^TA + aI)^{-1}A^T$$

实际求取伪逆的过程中,并不是基于该定义式求取,而是使用奇异值分解的方法:

$$A^+ = VD^+ U^T$$

其中,矩阵 D^+ 是矩阵 D 中非零元素去倒数之后再转置得到的。对于上述求解超定方程组的问题,如果使用伪逆的方法,就变成了求取 Ax 和 y 欧氏距离 $\|Ax - y\|_2$ 最小的问题,即最小二乘问题。

1.1.6　张量的常用操作

在机器学习和深度学习中,我们往往将待处理的数据规范化为特定维度的张量。例如,在不进行批处理时,彩色图像可以看成是一个三维张量——图像的三个颜色通道(红、绿、蓝)、图像的高和图像的宽,视频可以看成是一个四维张量——视频的时间帧方向、每一帧图像的颜色通道、高和宽,三维场景可以看成是一个四维张量——场景中每一点的信息编码轴、场景的高、场景的长和场景的宽……

虽然上述列举了若干当前常用的表示方式,但是它们并没有一种确定的、一成不变的表示,都是需要根据当前的应用场景来进行调整。以图像处理为例,如果输入的图像是灰度图,它只需要用一个二维张量表示足矣;如果输入的图像是彩色图,它还需要另一个维度来编码颜色通道。

因此,即使对于不同的张量有不同的运算方式,但是仍然有一些共同的、常用的操作,诸如**索引**(indexing)、**切片**(slicing)、**连接**(joining)、**换位**(mutating)等。下面就换位操作作简要的介绍。

换位(mutating):张量的换位操作类似于矩阵的转置操作。矩阵的转置是交换行和列,使得索引的次序改变,由先索引行、再索引列转变为先索引列、再索引行。对于张量来讲,可能涉及多个维度的交换。例如处理连续视频序列时,输入视频张量 A 大小为(5,3,100,100),分别代表 5 帧视频,每帧图像是 3 通道彩色图像,图像大小为 100×100 像素。经过一个卷积神经网络提取特征后,张量 B 大小变为了(5,128,10,10)。接下来需要利用循环神经网络对时间轴进行编码,我们就要将张量的各个维度进行换位,得到张量 C 大小为(128,10,10,5),再输入到后续模块中。在此期间,换位操作需要保证以下要求:

$$B(i,j,k,r) = C(j,k,r,i)$$

即除检索顺序的改变,每个维度内部的元素顺序都不应改变。

1.2　优化的基础——导数及其应用

微积分作为高等数学中的基础内容,广泛应用于科学和工程应用中。在机器学习和深度学习里,尤其在优化目标函数的过程中,导数变得不可或缺。在该节中,我们就以优化为引子,介绍其中运用到的微积分知识,但不涉及较深入的数学推导内容。

机器学习和深度学习中的优化问题主要分为两大类:无约束优化问题和有约束优化问题。

无约束优化问题的定义很简单,就是寻找一组自变量 $x=[x_1,x_2,\cdots,x_n]^\mathrm{T}$ 使得函数 $f(x)$ 的值达到最小,记作

$$\min_x f(x)$$

无约束优化问题的常见求解方法有梯度下降法、牛顿法、拟牛顿法、共轭梯度法以及一些启发式的优化方法,如遗传算法、模拟退火算法等等。其中主要运用到的数学方法有导数、泰勒展开等。

有约束优化问题的定义是,在满足 M 个不等式约束 $g_i(x)\geqslant 0,i=1,2,3,\cdots,M$ 和 N 个等式约束 $h_j(x)=0,j=1,2,3,\cdots,N$ 的情况下,求取 $x=[x_1,x_2,\cdots,x_n]^\mathrm{T}$ 使得函数 $f(x)$ 的值达到最小,记作

$$\begin{cases} \min\limits_x f(x) \\ \mathrm{s.\,t.}\ g_i(x)\leqslant 0,\quad i=1,2,\cdots,M \\ h_j(x)=0,\quad j=1,2,\cdots,N \end{cases}$$

有约束优化问题的常见求解方法为拉格朗日乘数法和 KKT 条件,将有约束优化问题转变为无约束优化问题,再进行求解。

在接下来的小节中,我们将分别介绍导数、泰勒公式和拉格朗日乘数法。

1.2.1　导数

导数(**derivative**):对于一个定义在实数域上的实值函数 $f(x)$,若 $f(x)$ 在点 x_0 的某个 Δx 邻域内,极限

$$f'(x_0)=\lim_{\Delta x\to 0}\frac{f(x_0+\Delta x)-f(x_0)}{\Delta x}$$

存在,则称函数 $f(x)$ 在点 x_0 处可导,$f'(x_0)$ 称为 $f(x)$ 在点 x_0 处的导数。

如果 $f(x)$ 在开区间内每一点都可导,我们就称 $f(x)$ 在该开区间内可导,在该开区间内每一点的导数值就构成了一个新函数 $f'(x)$,这个新函数 $f'(x)$ 称为原函数 $f(x)$ 的导函数,简称导数,记作 y'、$f'(x)$、$\dfrac{\mathrm{d}y}{\mathrm{d}x}$、$\dfrac{\mathrm{d}(f(x))}{\mathrm{d}x}$。

其中,导数的几何意义是该函数曲线在某一点处的切线斜率。

对于每一个函数,我们都可以通过上述定义式求取函数的导函数。在今后的使用过程当中,为了方便,我们需要记住一些常用函数的导函数。在此,列举了常用的初等函数的导

数，如表 1.1 所示。

表 1.1　常用初等函数的导数

函　　数	原　函　数	导　函　数
常函数（常数）	$y=C$	$y'=0$
幂函数	$y=x^r$	$y'=rx^{r-1}$
指数函数	$y=b^x$	$y'=b^x\ln(b)$
以 e 为底的指数函数	$y=\mathrm{e}^x$	$y'=\mathrm{e}^x$
对数函数	$y=\log_b x$	$y'=\dfrac{1}{x\ln(b)}$
以 e 为底的对数函数	$y=\ln x$	$y'=\dfrac{1}{x}$
正弦函数	$y=\sin x$	$y'=\cos x$
余弦函数	$y=\cos x$	$y'=-\sin x$
正切函数	$y=\tan x$	$y'=\dfrac{1}{\cos^2(x)}$

　　然而，我们平常用到的绝大多数函数都不是简单的初等函数，而是由初等函数组成的复合函数。对于复合函数的求导，又有如下常用法则：

加法法则：$(f(x)+g(x))'=f(x)'+g(x)'$

乘法法则：$(f(x)\cdot g(x))'=f(x)'\cdot g(x)+f(x)\cdot g(x)'$

除法法则：$\dfrac{f(x)'}{g(x)}=\dfrac{f(x)'\cdot g(x)-f(x)\cdot g(x)'}{g^2(x)}$

链式法则：$(f(g(x)))'=f'(g(x))\cdot g'(x)$

　　熟记了初等函数的导函数，熟练运用复合函数的求导法则，我们就可以求解那些复杂函数的导函数了。

　　对于多元函数 $y=f(x_1,x_2,\cdots,x_n)$，可以对其中一个自变量求导，在求导过程中，将其他自变量视为常数，这样得到的导数成为多元函数的偏导数。一个 n 元函数 $y=f(x_1,x_2,\cdots,x_n)$ 有 n 个偏导数，记为 $f'_{x_1},f'_{x_2},\cdots,f'_{x_n}$ 或 $\dfrac{\partial f}{\partial x_1},\dfrac{\partial f}{\partial x_2},\cdots,\dfrac{\partial f}{\partial x_n}$。

　　在机器学习和深度学习中，有时为了表述方便，我们会将自变量和因变量都写成向量的形式，将输入至输出的映射函数写成矩阵的形式。为了计算方便，我们可能会使用一些常用的公式辅助求导的计算，但是这些公式并不深奥，我们可以通过上述的简单求导法则一一推导出来，然后写成矩阵和向量的形式。接下来，先介绍雅克比矩阵。

　　雅克比矩阵（Jacobian Matrix）：雅克比矩阵是一些多元函数 $y_1=f(x_1,x_2,\cdots,x_n)$，$y_2=f(x_1,x_2,\cdots,x_n)$，$\cdots$，$y_m=f(x_1,x_2,\cdots,x_n)$ 的一阶偏导数以一定方式排列组成的矩阵。比如当向量 $\boldsymbol{y}=(y_1,y_2,y_3)$ 和向量 $\boldsymbol{x}=(x_1,x_2,x_3)$ 都是三维向量时，雅克比矩阵的形式如下：

$$\frac{\partial \boldsymbol{y}}{\partial \boldsymbol{x}} = \frac{\partial \boldsymbol{y}}{\partial \boldsymbol{x}^{\mathrm{T}}} = \begin{bmatrix} \dfrac{\partial y_1}{\partial x_1} & \dfrac{\partial y_1}{\partial x_2} & \dfrac{\partial y_1}{\partial x_3} \\[2mm] \dfrac{\partial y_2}{\partial x_1} & \dfrac{\partial y_2}{\partial x_2} & \dfrac{\partial y_2}{\partial x_3} \\[2mm] \dfrac{\partial y_3}{\partial x_1} & \dfrac{\partial y_3}{\partial x_2} & \dfrac{\partial y_3}{\partial x_3} \end{bmatrix}$$

在分子布局下,列向量 $\boldsymbol{y}$ 对列向量 $\boldsymbol{x}$ 的导数矩阵 $\dfrac{\partial \boldsymbol{y}}{\partial \boldsymbol{x}}$,实际上计算的是 $\dfrac{\partial \boldsymbol{y}}{\partial \boldsymbol{x}^{\mathrm{T}}}$,这种表示也称为雅克比矩阵布局。在分母布局下,列向量 $\boldsymbol{y}$ 对列向量 $\boldsymbol{x}$ 的导数矩阵 $\dfrac{\partial \boldsymbol{y}}{\partial \boldsymbol{x}}$,实际上计算的是 $\dfrac{\partial \boldsymbol{y}^{\mathrm{T}}}{\partial \boldsymbol{x}}$,这种表示也称为海森矩阵布局。两种向量求导布局都有人使用,最终的结果就差一个转置。因此,只需要记住其中一种布局的求导结果,以后具体情况具体分析即可。

$$\frac{\partial \boldsymbol{y}}{\partial \boldsymbol{x}^{\mathrm{T}}} = \left(\frac{\partial \boldsymbol{y}^{\mathrm{T}}}{\partial \boldsymbol{x}} \right)^{\mathrm{T}}$$

在下面的推导中,我们统一使用分子布局进行推导。那么,可以得到几个常用的向量求导的结论:

$$\frac{\partial \boldsymbol{A}\boldsymbol{x}}{\partial \boldsymbol{x}} = \frac{\partial \begin{bmatrix} a_{11}x_1 + a_{12}x_2 + a_{13}x_3 \\ a_{21}x_1 + a_{22}x_2 + a_{23}x_3 \\ a_{31}x_1 + a_{32}x_2 + a_{33}x_3 \end{bmatrix}}{\partial \begin{bmatrix} x_1 & x_2 & x_3 \end{bmatrix}} = \begin{bmatrix} a_{11} & a_{12} & a_{13} \\ a_{21} & a_{22} & a_{23} \\ a_{31} & a_{32} & a_{33} \end{bmatrix} = \boldsymbol{A}$$

下述结论皆由类似推导过程推导得出,过程不再一一赘述。

$$\frac{\partial \boldsymbol{x}}{\partial \boldsymbol{x}} = \boldsymbol{I}$$

$$\frac{\partial \boldsymbol{x}^{\mathrm{T}}\boldsymbol{A}}{\partial \boldsymbol{x}} = \boldsymbol{A}^{\mathrm{T}}$$

$$\frac{\partial a\boldsymbol{u}}{\partial \boldsymbol{x}} = a\frac{\partial \boldsymbol{u}}{\partial \boldsymbol{x}} \quad (a \text{ is not a function of } \boldsymbol{x}, \boldsymbol{u} = u(\boldsymbol{x}))$$

$$\frac{\partial a\boldsymbol{u}}{\partial \boldsymbol{x}} = a\frac{\partial \boldsymbol{u}}{\partial \boldsymbol{x}} + \boldsymbol{u}\frac{\partial a}{\partial \boldsymbol{x}} \quad (a = a(\boldsymbol{x}), \boldsymbol{u} = u(\boldsymbol{x}))$$

$$\frac{\partial \boldsymbol{A}\boldsymbol{u}}{\partial \boldsymbol{x}} = \boldsymbol{A}\frac{\partial \boldsymbol{u}}{\partial \boldsymbol{x}} \quad (\boldsymbol{A} \text{ is not a function of } \boldsymbol{x}, \boldsymbol{u} = u(\boldsymbol{x}))$$

$$\frac{\partial (\boldsymbol{u} + \boldsymbol{v})}{\partial \boldsymbol{x}} = \frac{\partial \boldsymbol{u}}{\mathrm{d}\boldsymbol{x}} + \frac{\mathrm{d}\boldsymbol{v}}{\mathrm{d}\boldsymbol{x}} \quad (\boldsymbol{u} = u(\boldsymbol{x}), \boldsymbol{v} = v(\boldsymbol{x}))$$

$$\frac{\partial g(\boldsymbol{u})}{\partial \boldsymbol{x}} = \frac{\partial g(\boldsymbol{u})}{\partial \boldsymbol{u}}\frac{\partial \boldsymbol{u}}{\partial \boldsymbol{x}} \quad (\boldsymbol{u} = u(\boldsymbol{x}))$$

$$\frac{\partial f(g(\boldsymbol{u}))}{\partial \boldsymbol{x}} = \frac{\partial f(g(\boldsymbol{u}))}{\partial g(\boldsymbol{u})}\frac{\partial g(\boldsymbol{u})}{\partial \boldsymbol{u}}\frac{\partial \boldsymbol{u}}{\partial \boldsymbol{x}} \quad (\boldsymbol{u} = u(\boldsymbol{x}))$$

$$\frac{\partial \boldsymbol{u}^{\mathrm{T}}\boldsymbol{v}}{\partial \boldsymbol{x}} = \boldsymbol{v}^{\mathrm{T}}\frac{\partial \boldsymbol{u}}{\mathrm{d}\boldsymbol{x}} + \boldsymbol{u}^{\mathrm{T}}\frac{\mathrm{d}\boldsymbol{v}}{\mathrm{d}\boldsymbol{x}} \quad (\boldsymbol{u} = u(\boldsymbol{x}), \boldsymbol{v} = v(\boldsymbol{x}))$$

$$\frac{\mathrm{d}\boldsymbol{u}^{\mathrm{T}}\boldsymbol{A}\,\boldsymbol{v}}{\mathrm{d}\boldsymbol{x}} = \boldsymbol{v}^{\mathrm{T}}\boldsymbol{A}^{\mathrm{T}}\,\frac{\mathrm{d}\boldsymbol{u}}{\mathrm{d}\boldsymbol{x}} + \boldsymbol{u}^{\mathrm{T}}\boldsymbol{A}\,\frac{\mathrm{d}\boldsymbol{v}}{\mathrm{d}\boldsymbol{x}}(\boldsymbol{u} = u(\boldsymbol{x}), \boldsymbol{v} = v(\boldsymbol{x}))$$

$$\frac{\mathrm{d}\boldsymbol{x}^{\mathrm{T}}\boldsymbol{A}\boldsymbol{x}}{\mathrm{d}\boldsymbol{x}} = \boldsymbol{x}^{\mathrm{T}}(\boldsymbol{A} + \boldsymbol{A}^{\mathrm{T}})$$

1.2.2 泰勒公式

泰勒公式是一个利用多项式来逼近函数值的方法。如果函数 $f(x)$ 在包含 $x = x_0$ 的闭区间 $[a,b]$ 上具有 n 阶导数,且在开区间 (a,b) 上具有 $n+1$ 阶导数,则对闭区间 $[a,b]$ 上的任意一点 x,下式成立:

$$f(x) = \frac{f(x_0)}{0!} + \frac{f'(x_0)}{1!}(x - x_0) + \frac{f''(x_0)}{2!}(x - x_0)^2 + \cdots + \frac{f^{(n)}(x_0)}{n!}(x - x_0)^n + R_n(x)$$

其中,$R_n(x)$ 是泰勒公式的余项,它是 $(x - x_0)^n$ 的高阶无穷小。常见的余项有皮亚诺(Peano)余项和拉格朗日(Lagrange)余项。

皮亚诺余项为

$$R_n(x) = o[(x - x_0)^n]$$

此处只需要函数的 n 阶导数存在即可。

拉格朗日余项为

$$R_n(x) = f^{(n+1)}[x_0 + \theta(x - x_0)]\frac{(x - x_0)^{n+1}}{(n+1)!}$$

其中,$\theta \in (0,1)$。

在实际的应用当中,我们会根据实际需求对泰勒公式截断,只取前有限项进行计算。截取的泰勒公式的前有限项叫作函数的泰勒展开式。有限项取出后,泰勒公式的余项通常可以用于估计泰勒展开所产生的误差。

1.2.3 拉格朗日乘数法

拉格朗日乘数法(**Lagrange Multiplier Method**)是解决有约束优化问题的常用方法,该方法将一个有 N 个变量和 K 个约束条件的最优化问题转化为一个有 $N+K$ 个变量的方程组求极值的问题。

约束优化问题可以分为等式约束问题、不等式约束问题和混合约束问题。本小节只讨论等式约束问题和不等式约束问题,而混合约束问题只需结合前两者即可。

等式约束优化问题:等式约束的优化问题定义如下:

$$\begin{cases} \min f(x_1, x_2, \cdots, x_n) \\ \text{s. t. } h_j(x_1, x_2, \cdots, x_n) = 0, \quad j = 1, 2, \cdots, k \end{cases}$$

该问题的解决方法有消元法和拉格朗日乘数法。消元法在中学阶段就接触过,此处不再赘述。下面介绍拉格朗日乘数法。

首先,我们定义 K 个拉格朗日乘子 $\lambda_j, j = 1, 2, \cdots, k$,从而向目标函数中引入了额外的 K 个自由变量。

$$F(x_1, x_2, \cdots, x_n; \lambda_1, \lambda_2, \cdots, \lambda_k) = f(x, x_2, \cdots, x_n) + \sum_{j=1}^{k} \lambda_j h_j(x_1, x_2, \cdots, x_n)$$

然后让该目标函数对这 $N+K$ 个变量求偏导数,并令它们的偏导数为零。

$$\frac{\partial F}{\partial x_i} = 0, \quad i = 1, 2, \cdots, n$$

$$\frac{\partial F}{\partial \lambda_j} = 0, \quad j = 1, 2, \cdots, k$$

最后求解这 $N+K$ 个方程即可得到最优值 x。

从几何意义上来理解拉格朗日乘数法,这 K 个偏导数为 0 的方程代表要满足这 K 条约束条件,而 N 个偏导数为 0 的方程代表目标函数 $f(x)$ 取得最小值 $f(x_0)$ 时,$f(x)$ 曲线在 $x=x_0$ 处的法线与约束 $h(x)$ 在 $x=x_0$ 处的法线方向共线,法向量大小差 λ 倍。

不等式约束优化问题:不等式约束的问题定义如下:

$$\begin{cases} \min f(x_1, x_2, \cdots, x_n) \\ \text{s. t. } h_j(x_1, x_2, \cdots, x_n) \leqslant 0, \quad j = 1, 2, \cdots, k \end{cases}$$

该问题的解决方法是利用 **KKT(Karush Kuhn Tucker)条件**根据不等式约束创建等式约束。

首先,我们定义 K 个拉格朗日乘子 $\lambda_j, j = 1, 2, \cdots, k$,从而向目标函数中引入了额外的 K 个自由变量。

$$F(x_1, x_2, \cdots, x_n; \lambda_1, \lambda_2, \cdots, \lambda_k) = f(x_1, x_2, \cdots, x_n) + \sum_{j=1}^{k} \lambda_j h_j(x_1, x_2, \cdots, x_n)$$

上式右端可以表示成 $F(x, \lambda)$,其中 $x = (x_1, x_2, \cdots, x_n)$,$\lambda = (\lambda_1, \lambda_2, \cdots, \lambda_k)$。记 $\nabla_x F(x, \lambda) = \left(\frac{\partial F}{\partial x_1}, \frac{\partial F}{\partial x_2}, \cdots, \frac{\partial F}{\partial x_n} \right)$。

KKT 条件由如下四组等式和不等式组成:

$$\nabla_x F(x, \lambda) = 0$$
$$h_j \leqslant 0, \quad j = 1, 2, \cdots, k$$
$$\lambda_j \geqslant 0, \quad j = 1, 2, \cdots, k$$
$$\lambda_j h_j(x) = 0, \quad j = 1, 2, \cdots, k$$

可以证明,当不等式的约束优化问题中 $f(x)$ 和 $h(x)$ 都是凸函数时(此时称为凸优化问题),满足 KKT 条件的 $x = (x_1, x_2, \cdots, x_n)$ 就是最优解。对于一般的不等式约束优化问题,其最优解必须满足 KKT 条件。因此,求解不等式约束优化问题,可转化为求解 KKT 条件的方程组和不等式组。

求解带约束的优化问题的根本是求解 KKT 条件,下面我们来理解 KKT 条件的含义。理解的重点放在最后一个方程上,我们可以从几何的角度来理解。

根据约束 $h_j(x) \leqslant 0$,我们可知,当 $h_j(x) = 0$ 时,λ_j 可以为任意值,此时该不等式约束的优化问题变成了等式约束的优化问题,λ_j 的作用如同拉格朗日乘数法中乘子的作用;当 $h_j(x) < 0$ 时,λ_j 必须为 0,在目标函数中就不存在该不等式的约束,实际上相当于目标函数 $f(x)$ 必须在该 $h_j(x) < 0$ 的一侧寻找最优解,并不是在解析式 $h_j(x) = 0$ 上寻找最优解,因此目标函数中就不用存在该函数项。

在机器学习中,使用拉格朗日乘数法和 KKT 条件的地方有很多。例如,最大熵模型和支持向量机的推导，目标函数中正则化项的运用等等。

1.3 概率模型的基础——概率论

概率论是研究不确定性事件的数量规律的数学分支。不确定性事件是相对确定性事件而言的。确定性事件是指在一定条件下必然发生的事件，例如在标准大气压下，纯水冷冻至零摄氏度以下一定会凝固。不确定性事件，或称为随机事件，是指在基本条件不变的情况下，在每一次试验或观察前，都不能肯定出现哪一种结果，每一次试验的结果都呈现出偶然性的事件，例如投掷的骰子向上的点数是不确定的。

在机器学习领域，概率可以告诉智能系统如何进行推理，例如朴素贝叶斯方法就是寻找后验概率最大的事件作为预测结果。其次，概率论还可以指导我们从理论上分析智能算法的行为、上下界、误差等。

随机事件的不确定性来源有三种。

（1）被建模系统内在的不确定性。例如，一个假想的纸牌游戏，每一张纸牌被真正的混洗成了随机序列。

（2）不完全观测。即使是确定性系统，在我们的观测不完全时，系统也会呈现随机性。例如，在一个闯关节目中有两扇门，一扇后面有奖品，另一扇没有，选手需要选择其中一扇门通过。对于观众来说，选择的结果是确定的，但是对于选手来说，选择则是随机的。

（3）不完全建模。有一些建模的模型会导致舍去某些信息，这时会导致模型的预测出现不确定性。例如，在导航的过程中，栅格地图的使用会导致机器人的位置存在系统误差，从而导致到达真正目标的事件不是确定的。

在接下来的几小节当中，我们将会介绍概率论中的一些重要概念和常用规则。

1.3.1 随机变量

概率论中，一个非常重要的概念就是**随机变量**（**random variable**）。随机变量就是可以随机地取不同可能值的变量，是概率论研究的主体。只有一个变量是随机变量，我们研究它的概率分布和数学统计特性才有意义。

随机变量可以是离散的或者是连续的。例如，每天的气温是一个连续的随机变量，骰子向上的点数是一个离散的随机变量。离散型随机变量拥有有限多或者可数无限多的状态，并且这些状态不一定是整数，可能只是一些被命名的状态。连续型随机变量通常用实数值表示。

1.3.2 概率分布

概率分布（**probability distribution**）是用来描述随机变量或一簇随机变量取得每一个可能的状态的可能性大小。

对于离散型随机变量，通常用**概率质量函数**（**Probability Mass Function**，**PMF**）来描述随机变量的取值概率，又称为概率分布律。概率质量函数将随机变量能够取得的每个状态映射到随机变量取得该状态的概率。概率质量函数在所有可能状态的概率之和为1。

针对单个随机变量的概率质量函数,我们用 $P(X=x)$ 表示随机变量 X 为 x 的概率。针对多个随机变量,我们可以构建**联合概率分布**(**joint probability distribution**),用 $P(X=x,Y=y)$ 表示随机变量 X 为 x 和随机变量 Y 为 y 同时发生的概率。

概率质量函数必须满足如下三个条件。

(1) 函数的定义域必须是该随机变量所有状态的集合。

(2) 对于随机变量的每个状态 X,都有

$$0 \leqslant P(X) \leqslant 1$$

(3) 归一化(normalized)性质,即随机变量所有状态的概率和为1。

$$\sum_x P(X) = 1$$

对于连续型随机变量,通常用**概率密度函数**(**Probability Density Function**,**PDF**)来描述该随机变量的概率分布。

与概率质量函数类似,概率密度函数也有如下三条性质。

(1) 函数的定义域必须是该随机变量所有状态的集合。

(2) 对于随机变量的每个状态值 X,都有:

$$P(X) \geqslant 0$$

(3) 函数在它的定义域上的积分为1。

$$\int_{-\infty}^{+\infty} P(x)\mathrm{d}x = 1$$

概率密度函数并没有直接给出特定状态的概率,因为考虑连续函数某一点的概率都是没有意义的,概率都为 0。我们可以对概率密度函数求积分,来得到随机变量落入定义域上某一个区间的概率。例如,在[0,1]区间上,随机取一个实数,取到 0.5 的概率为 0,但是取到 0.4 ～ 0.6 的概率为 0.2。

1.3.3　边缘概率

有些时候,我们知道了一簇离散型随机变量或连续型随机变量的联合概率分布,想要了解其中一个子集的概率分布。这种子集上的概率分布被称为**边缘概率分布**(**marginal probability distribution**)。

对于离散型随机变量,边缘概率分布的求取在于某些随机变量对它们可能状态概率的求和:

$$P(X=x) = \sum_y P(X=x,Y=y)$$

对于连续型随机变量,边缘概率分布的求解需要用积分代替求和:

$$P(X) = \int P(X,Y)\mathrm{d}y$$

1.3.4　条件概率

很多时候,我们更感兴趣在某些给定的条件下,某个事件发生的概率,这种概率叫作条

件概率。条件概率可以通过如下公式求取:

$$P(Y=y \mid X=x) = \frac{P(Y=y, X=x)}{P(X=x)}$$

在条件概率中需要注意,给定的条件 $X=x$ 是确定性事件,不再是随机变量。

通过条件概率的基本公式,我们可以得到条件概率的链式法则:任何多维随机变量的联合概率分布都可以分解为只有一个变量的概率分布与条件概率相乘的形式。

$$P(x^{(1)}, x^{(2)}, \cdots, x^{(n)}) = P(X^{(1)}) \prod_{i=2}^{n} P(X^{(i)} \mid x^{(1)}, \cdots, x^{(i-1)})$$

以三个随机变量的联合概率分布为例,我们可以得到:

$$P(a, b, c) = P(a)P(b \mid a)P(c \mid a, b)$$

条件概率的链式法则又称为乘法法则,在机器学习中运用广泛,例如广为人知的隐马尔可夫模型的前后向算法的推导。

1.3.5 独立性

对于两个随机变量 x 和 y,如果它们的联合概率分布可以表示成各自的边缘概率的乘积的形式,那么这两个随机变量**相互独立**(independent)。

$$P(X=x, Y=y) = P(X=x)P(Y=y)$$

设有三个随机变量 x, y, z,如果其中两个随机变量 x, y 对于随机变量 z 的每一个状态取值都可以写成上述乘积的形式,那么我们称这两个随机变量 x 和 y 在给定随机变量 z 的情况下是**条件独立的**(conditionally independent)。

$$P(X=x, Y=y \mid Z=z) = P(X=x \mid Z=z)P(Y=y \mid Z=z)$$

对于独立性和条件独立性,我们可以用一种简化的形式来表示:$x \perp y$ 表示随机变量 x 和随机变量 y 相互独立,$x \perp y \mid z$ 表示随机变量 x 和随机变量 y 在给定随机变量 z 时条件独立。

1.3.6 期望、方差与协方差

函数 $f(x)$ 关于某个概率分布 $P(x)$ 的**期望**(expectation)是指,当随机变量 x 由概率分布 $P(x)$ 产生,函数 f 作用于随机变量 x 时,函数值 $f(x)$ 的平均值。

对于离散型随机变量,期望可以通过求和实现:

$$E[f(x)] = \sum_x P(x)f(x)$$

对于连续型随机变量,期望可以通过求积分实现:

$$E[f(x)] = \int_{-\infty}^{+\infty} p(x)f(x)\,\mathrm{d}x$$

期望是线性的:

$$E[af(x) + bg(x)] = aE[f(x)] + bE[g(x)]$$

方差(variance)衡量的是,当我们对随机变量 x 依据它的概率分布 $P(x)$ 进行采样时,随机变量 x 的函数值 $f(x)$ 会呈现多大的变化:

$$\text{Var}(f(x)) = E\big[(f(x) - E[f(x)])^2\big]$$

根据方差的定义式,我们可以推导一个根据期望来快速计算方差的公式:

$$\text{Var}(f(x)) = E[f^2(x)] - E^2[f(x)]$$

方差的平方根被称为**标准差**(**standard deviation**)。

协方差(**covariance**)从某种意义上反映了两个随机变量线性相关性的强度:

$$\text{Cov}(f(x), g(x)) = E\big[(f(x) - E[f(x)])(g(x) - E[g(x)])\big]$$

协方差的正负反映了两个变量的值变化的一致性。

协方差还可以按照下列公式计算:

$$\text{Cov}(f(x), g(x)) = E[f(x) \cdot g(x)] - E[f(x)] \cdot E[g(x)]$$

协方差具有下列性质:

$$\text{Cov}(f(x), g(x)) = \text{Cov}(g(x), f(x))$$
$$\text{Cov}(af(x), bg(x)) = ab\text{Cov}(f(x), g(x))$$
$$\text{Cov}(f(x) + g(x), h(x)) = \text{Cov}(f(x), h(x)) + \text{Cov}(g(x), h(x))$$
$$\text{Var}(f(x) \pm g(x)) = \text{Var}(f(x)) + \text{Var}(g(x)) \pm 2\text{Cov}(f(x), g(x))$$

协方差和相关性是有联系的,但是它们实际上是两个不同的概念。如果两个变量相互独立,那么它们的协方差一定为 0;如果两个变量的协方差不为 0,那么它们一定是相关的。但是,独立性比零协方差要求更强,因为零协方差只要求两个随机变量没有线性关系,还可能存在非线性关系,而两个随机变量相互独立表示它们没有任何关系。

对于一个多维随机变量组成的随机向量 $\boldsymbol{x} \in \Re^n$,它所构成的**协方差矩阵**(**covariance matrix**)是一个 $n \times n$ 的矩阵,并且每个元素为:

$$\text{Cov}(\boldsymbol{x})_{i,j} = \text{Cov}(x_i, x_j)$$

协方差矩阵的对角线元素就是方差。

协方差 $\text{Cov}(f(x), g(x))$ 虽然可以反映 $f(x)$ 和 $g(x)$ 取值的相关性,但协方差的大小会受到 $f(x), g(x)$ 取值大小的影响。因此,人们常用**相关系数**(**coefficient of correlation**)来衡量随机变量函数 $f(x)$ 和 $g(x)$ 之间的线性相关性。相关系数的定义为:

$$\rho(f(x), g(x)) = \frac{\text{Cov}(f(x), g(x))}{\sqrt{\text{Var}(f(x))} \cdot \sqrt{\text{Var}(g(x))}}$$

当 $|\rho(f(x), g(x))|$ 越大时,说明 $f(x)$ 和 $g(x)$ 之间的线性关系越显著。

1.3.7　常用的概率分布

在此介绍几个常用的概率分布,列举出它们的概率分布、期望和方差。

伯努利分布(**bernoulli distribution**):伯努利分布是单个二值随机变量的分布,它由单个参数 p 控制,p 就是随机变量 x 取值为 1 的概率。

$$P(X = x) = p^x(1 - p)^{1-x}$$
$$E_X[x] = p$$
$$\text{Var}_x[x] = p(1 - p)$$

正态分布(**normal distribution**):正态分布又称为**高斯分布**(**gaussian distribution**),是实数域上最常用的概率分布。均值和方差分别为 μ 和 σ^2。正态分布的函数图像是一个"钟形曲线",是"单峰"曲线的代表。均值反映了"单峰"的位置,方差反映了"单峰"的尖锐程度。方差越大,图像越"矮胖";方差越小,图像越"瘦高"。**中心极限定理**(**central limit theorem**)说明,多个独立随机变量的求和近似服从正态分布。这也是正态分布广泛应用的理论基础。

正态分布(**normal distribution**)的概率密度函数为:

$$N(x;\mu,\sigma^2)=\sqrt{\frac{1}{2\pi\sigma^2}}\exp\left(-\frac{1}{2\sigma^2}(x-\mu)^2\right)$$

指数分布(**exponential distribution**):指数分布是一个定义在 $x\geq0$ 的概率分布。

$$p(x;\lambda)=\lambda\exp(-\lambda x)$$

$$E_X[x]=\frac{1}{\lambda}$$

$$\mathrm{Var}_x[x]=\frac{1}{\lambda^2}$$

指数分布的一大特点就是**无记忆性**(**memoryless property**),即一个电子元器件的使用寿命如果服从指数分布,那么它已经使用了 t 分钟,总共能使用 $t+s$ 分钟的概率等于它从现在起能使用 s 分钟的概率。

$$\forall s,t>0,P(x>t+s\mid x>t)=P(x>s)$$

逻辑斯谛分布(**logistic distribution**):逻辑斯谛分布的累积分布函数为

$$F(x)=\frac{1}{1+e^{-\frac{x-\mu}{\gamma}}}$$

函数图像呈现一种"S形"曲线。它的累积分布函数又称为**逻辑斯谛函数**(**logistic function**)。其中有两个参数,μ 是散布中心,也是数学期望,γ 是散布程度,γ 越大,"S型"曲线越平缓。当 μ 为 0,γ 为 1 时,我们称它为标准逻辑斯谛分布。此时的数学期望为 0,方差为 $\frac{\pi^2}{3}$。

逻辑斯谛函数使用广泛的一大原因在于求导非常方便。标准逻辑斯谛函数的导数如下:

$$F(x)=\frac{1}{1+e^{-x}}$$

$$F'(x)=F(x)(1-F(x))$$

1.4　习题

1. 请对矩阵 A 进行特征分解。

$$A=\begin{bmatrix}2&\sqrt{3}\\\sqrt{3}&0\end{bmatrix}$$

2. 请对矩阵 B 进行奇异值分解。

$$B=\begin{bmatrix}\frac{3}{\sqrt{2}}&-\frac{1}{2}&\frac{1}{2}\\-\frac{3}{\sqrt{2}}&-\frac{1}{2}&\frac{1}{2}\end{bmatrix}$$

3. 已知

$$y = \tanh(Wx + b)$$
$$z = \sin(Uy + Vx + c) + x$$

请使用向量求导的链式法则，求得偏导数：

$$\frac{\partial z}{\partial x}$$

4. （线性可分支持向量机）由 N 个点组成的点集为 $\{x_i\}$，每个点对应一个标签 $y_i \in \{+1, -1\}$。我们需要将这些点按照它们的标签划分为两类（这些点是线性可分的），划分函数为线性超平面：

$$y = w^{\mathrm{T}}x + b$$

要求该超平面距离两类点的最近距离都最远。于是，我们可以写出如下约束函数：

$$\begin{cases} \min_{w} \dfrac{1}{2}w^{\mathrm{T}}w \\ \mathrm{s.\,t.}\ y_i(w^{\mathrm{T}}x_i + b) \geqslant 0, \quad j = 1, 2, \cdots, N \end{cases}$$

请根据拉格朗日乘数法和 KKT 条件求解该最优的超平面解析式。

5. 随机变量 X 服从正态分布 $N(\mu, \sigma^2)$，请求解随机变量 Y 的期望和方差。

$$Y = e^X$$

第2章 Python入门

Python 由 Guido van Rossum 于 1989 年底发明,第一个公开发行版发行于 1991 年。Python 语言通用性高、可读性强、学习曲线平缓,在深度学习社区中流行程度高。本书将使用 Python 语言实现深度学习系统。在进入正式学习之前,本章将简单地介绍一下 Python。本章适合 Python 零基础的读者,已经熟练使用 Python 的读者可跳过本章,直接进行后续章节的学习。

2.1 Python 简介

Python 是一个具有解释性、交互性的开源脚本语言。与其他编程语言相比,Python 有相对较少的关键字和明确定义的语法,这使 Python 不仅易于学习与阅读,也更有利于团队合作与代码维护。此外,Python 为用户提供了非常完善的基础代码库,覆盖了网络、文件、数据库等大量内容,支持广泛的应用程序开发。从简单的文字处理到网络开发或游戏工程等,Python 都能写出高性能、高并发的代码。

此外,Python 有丰富的第三方扩展包支持,例如 NumPy、SciPy 等优秀的数值计算库和科学计算库使得 Python 的数值计算能力能与 MATLAB 媲美。而 Python 开源、免费的特征使得 Python 在机器学习、数据科学领域广泛使用。Python 对自定义包也很方便并且支持跨语言调用,可以快速引入或者跨平台调用 C/C++ 项目或库,实现功能和性能上的扩展。在深度学习框架中,Python 成为首选语言,Caffe、Keras、TensorFlow 和 Pytorch 等流行的深度学习框架都使用了 Python 的接口。这也让开发者在大规模计算中,可以从内存分配等繁杂工作中解放出来,更关注逻辑与数据本身。

在学习 Python 之前,需要先把 Python 安装到我们的电脑里。目前,Python 有两个版本:Python 2. x 版本和 Python 3. x 版本。与其他语言不同,Python 没有向后兼容性,Python 3. x 会对部分 Python 2. x 语法的支持有问题,使用者应该根据自身的需求选择相应的 Python 版本。

Python 的安装非常方便,Python 官方网站为 Windows、Linux 和 MacOS 提供不同的安装方法。Windows 和 MacOS 用户可以直接下载官方安装包,Linux 用户可以通过命令行安装或者在本地编译安装,例如 Ubuntu 用户可以使用如下命令

```
apt-get install python2.7        # 安装 python2.7
apt-get install python3.6        # 安装 python3.6
```

更多 Linux 发行版的安装方式可以参考 https://docs. python. org/3. 7/using/unix. html♯。

除了官方提供的安装方式,还可以安装 Python 的发行版本 Anaconda。 Anaconda 是一个开源的包、环境管理器,集成了 conda、Python 等 180 多个科学包及其依赖项,也可以很方便地管理和使用 Numpy 与 Matplotlib 等数值计算和画图的库,前往 Anaconda 的官网(https://www. anaconda. com/distribution/♯macos)选择对应的版本并下载安装。

2.2 Python 基础语法

Python 可采用交互式编程,不需要创建脚本文件,能够实现用户与 Python 的"对话"编程。Linux 上,在命令行中输入 Python 命令,即可启动交互式编程;Windows 上,在安装 Python 时已经安装了交互式编程客户端,打开窗口,输入 python -version 命令,可检测已经安装的 Python 版本信息。

在 Python 提示符中输入以下文本,然后按 Enter 键查看运行效果:

```
>>> print "Hello, world!"
Hello, world!
>>> 2 + 3
5
```

在命令行输入 2+3,Python 解释器会输出结果 5。这种类似于一问一答模式的交互,即"对话模式"。接下来,就用 Python 解释器演示具体的 Python 语言编码规则。

2.2.1 数据结构类型

内存中存储的数据可以有多种类型,Python 中的变量不需要类型声明,每个变量都可以在内存中被创建,包括变量的类型、标识、名称等,因此又称为"动态类型"。在 Python 语言中,每个变量在使用前必须赋值。只有在赋值后,该变量才算真正被创建。

Python 定义了五个标准的数据类型:
- Numbers(数字);
- String(字符串);
- List(列表);
- Tuple(元组);
- Dictionary(字典)。

1. 数字

数据类型(data type)用于存储数值,是不可变的数据类型。Python 支持多种不同的数据类型,如 int(有符号整型)、long(长整型)、float(浮点型)等。可以使用 Python 中的 type()来查看数据的具体类型。

```
>>> type(5)
<class 'int'>
>>> type(3.14)
<class 'float'>
```

2. 字符串

字符串或串(String)是由数字、字母、下画线组成的一串字符,主要用来表示文本。在Python中,可使用[头下标:尾下标]来截取相应的字符串。其中下标是从 0 开始算起,可以是正数或负数。正数表示从左到右索引,默认以 0 开始,最大范围是字符串长度少 1;负数表示从右到左索引,默认以−1 开始,最大范围是字符串开头。[**头下标:**]尾下标为空,表示取到尾;[**:尾下标**]头下标为空,表示从头开始截取。

```
>>> type("hello")
<class 'str'>
>>> s = 'abcdef'
>>> s[1:5]
'bcde'
>>> s[1:]
'bcdef'
```

3. 列表

列表(List)是 Python 中使用率最高的数据类型。它可以用来汇总数字、字符、字符串等类型数据。列表用[ ]标识,里面的元素用逗号分隔。元素的访问可以通过 a[0]这样的方式进行。其中,[ ]中的数字称为下标(索引),列表中第一个元素的下标为 0,第二个元素的下标为 1,以此类推。如下所示:

```
>>> p = [ 'one', 2, 3.14, 'lily', 5 ]
>>> print(p)
['one', 2, 3.14, 'lily', 5]
>>> p[1]
2
```

列表中值的切割也可以用到[**头下标:尾下标**]的方式,不仅可以访问某个值,还可以截取相应的列表。另外,列表可以用＋号表示连接运算,用星号 * 表示重复操作,具体示例如下:

```
>>> p = [ 'one', 2, 3.14, 'lily', 5 ]
>>> p[1:4]
[2, 3.14, 'lily']
>>> p[2:]
[3.14, 'lily', 5]
>>> q = ['abc', 11]
>>> print(q * 2)
['abc', 11, 'abc', 11]
>>> print(p + q)
['one', 2, 3.14, 'lily', 5, 'abc', 11]
```

我们可以直接对列表中的值进行更改,也可以使用 append()方法来添加列表项。此外,还可以用 del 语句来删除列表的元素。如下所示:

```
>>> q = ['abc', 11]
>>> q.append('12a')
>>> q
['abc', 11, '12a']
>>> q[0] = 'python'
>>> q
['python', 11, '12a']
>>> del q[1]
>>> q
['python', '12a']
```

此外,Python 中还有一些常用的脚本操作符与方法,如判断某个元素是否存在于列表中的操作符 in,获取列表长度的 len()方法,计算某个元素出现次数的 count()方法等。如下所示:

```
>>> t = [1,2,3,2,5,2,1]
>>> t
[1, 2, 3, 2, 5, 2, 1]
>>> 5 in t
True
>>> 4 in t
False
>>> len(t)
7
>>> t.count(2)
3
```

4. 元组

元组(Tuple)是另一种数据类型,与列表(List)类似。列表用[]标识,元组用()标识,内部元素用逗号相隔。

创建元组时,若只包含一个元素,需要在元素后面添加逗号。

元组元素的访问与列表类似。

但是元组的元素值是不允许修改的,相当于只读列表。

可以对元组进行重复、连接组合等操作,也可以使用 len()、in 等方法或操作符。

```
>>> pTuple = ()
>>> print(pTuple)
()
>>> pTuple = ('abc')
>>> print(pTuple)
'abc'
>>> pTuple = ('abc',)
>>> print(pTuple)
('abc',)
>>> qTuple = ('eee', 11)
```

```
>>> pTuple + qTuple
('abc', 'eee', 11)
>>> qTuple * 2
('eee', 11, 'eee', 11)
>>> len(pTuple + qTuple)
3
>>> 11 in qTuple
True
>>> pTuple[2] = 'two' #元组中是非法应用
```

5. 字典

在 Python 语言中,字典(dictionary)是除列表以外最灵活的内置数据类型。列表是有序的,通过索引进行存取,而字典是无序的对象集合,通过键值对来存取数据。

字典存储的数据可以是任意类型对象。

字典用"{ }"标识。像真正的字典文件一样,每个键值用索引(key)和它对应的值(value)组成。key 与 value 对用冒号分隔,每个键值对之间用逗号分隔。

字典里的键是唯一的,值不需要唯一。

字典里的键的数据类型是不可变的,如字符串、数字或元组,而字典里的值可以取任何数据类型。我们可以通过 keys()方法获取字典里所有的 key,同理可以通过 values()方法获取字典里所有的 value。如下例所示:

```
>>> pDict = {}                    #生成一个空字典
>>> pDict['name'] = 'Lily'        #添加元素
>>> print(pDict)
{'name': 'Lily'}
>>> pDict['age'] = 30
>>> print(pDict.keys())           #输出所有键
['name', 'age']
>>> print(pDict.values())         #输出所有值
['Lily', 30]
```

我们可以通过把相应的键放入方括号[]中来访问字典里的值,但是如果字典里没有这个键,会输出错误。像列表和元组一样,我们可以通过 len()方法来获取字典的元素个数,通过 del 语句来删除字典的条目。也可以通过调用 clear()方法来对字典进行清空操作。如下例所示:

```
>>> pDict = {}
>>> pDict['name'] = 'Lily'
>>> pDict['sex'] = 'woman'
>>> pDict['age'] = 30
>>> pDict
{'name': 'Lily', 'sex': 'woman', 'age': 30}
>>> pDict['sex']
'woman'
>>> pDict['height']
Traceback(most recent call last):
  File "< stdin >", line 1, in < module >
```

```
KeyError: 'height'
>>> len(pDict)
3
>>> del pDict['age']
>>> pDict
{'name': 'Lily', 'sex': 'woman'}
>>> pDict.clear()
>>> pDict
{}
```

2.2.2 运算符

在 Python 中,算术运算可以按如下方式进行。

```
>>> 3 + 5
8
```

其中,3 和 5 被称为操作数,"+"被称为运算符。Python 支持以下类型的运算符:

- 算术运算符;
- 比较(关系)运算符;
- 赋值运算符;
- 逻辑运算符;
- 位运算符;
- 成员运算符;
- 身份运算符。

1. 算术运算符

```
>>> 3 - 5
-2
>>> 3 * 5
15
>>> 7 / 5
1.4
>>> 2 ** 3
8
```

如上例所示,-表示减法,*表示乘法,/表示除法,** 表示乘方(2 的 3 次方)。注意,在 Python 2.x 中,整数相除的结果仍然是整数,如上 7/5 的结果是 1。但是在 Python 3.x 中,整数相除的结果是浮点数,如上 7/5 的结果是 1.4。

2. 关系运算符

Python 语言中的比较运算符有等于(==)、大于(>)、小于(<)、大于或等于(>=)、小于或等于(<=)、不等于(!=)、不等于(<>)等。其中!=与<>都表示不等于,作用类似。具体示例如下:

```
>>> a = 11
>>> b = 5
>>> c = 0
>>> a == b
False
>>> a != b
True
>>> a <> b
True
>>> a >= b
True
>>> a <= b
False
>>> c - a <= b
True
```

3. 赋值运算符

Python 语言中的赋值运算符有直接赋值运算符(＝)、加法赋值运算符(＋＝)、减法赋值运算符(－＝)、乘法赋值运算符(＊＝)、除法赋值运算符(/＝)、取模赋值运算符(％＝)、幂赋值运算符(＊＊＝)、整除赋值运算符(//＝)等。具体使用示例如下：

```
>>> a = 11
>>> b = 5
>>> c = 0
>>> c = a + b
>>> c
16
>>> c += a
>>> c
27
>>> b * = a
>>> b
55
>>> c / = a
>>> c
2
```

4. 逻辑运算符

Python 语言的逻辑运算符主要有以下三种：布尔与(and)、布尔或(or)、布尔非(not)。具体示例如下：

```
>>> a = 11
>>> b = 5
>>> a and b        #布尔"与" - 如果 x 为 False,则 x and y 返回 False,否则它返回 y 的计算值
5
>>> a or b         #布尔"或" - 如果 x 是非 0,它返回 x 的值,否则它返回 y 的计算值
11
```

```
>>> not a          # 布尔"非" — 如果 x 为 True,返回 False . 如果 x 为 False,它返回 True
False
```

5. 位运算符

Python 语言的按位运算符是把数字看作二进制来计算。

- 按位与运算符(&):参与运算的两个值,如果它们某个对应二进制位上都为 1,则该位的计算结果为 1,否则为 0。
- 按位或运算符(|):只要参与运算的两个数值对应的某个二进制位有一个为 1 时,该位的计算结果就为 1,如果两个全为 0,则结果为 0。
- 按位异或运算符(^):当参与运算的两个数值对应的某二进制位相异时,结果为 1,否则为 0。
- 按位取反运算符(~):对数据的每个二进制位取反,即把 1 变为 0,把 0 变为 1。
- 左移运算符(<<):运算数的各二进制位左移若干位,由 << 右边的数指定移动的位数,高位丢弃,低位补 0。
- 右移运算符(>>):把 >> 左边的运算数的各二进制位右移若干位,>> 右边的数指定移动的位数。

具体示例如下:

```
>>> num1 = 50        # 00110010
>>> num2 = 15        # 00001111
>>> num1 & num2      # 00000010
2
>>> num1 | num2      # 00111111
63
>>> num1 ^ num2      # 00111101
61
>>> ~num1            # 11001101
 -51
>>> num1 << 2        # 11001000
200
>>> num1 >> 2        # 00001100
12
```

6. 成员运算符

Python 语言支持成员运算符。包括字符串、列表和元组。使用示例如下:

```
>>> a = 'abc'
>>> b = 5
>>> c = [1, 3, 'abc', 3.14, 'name']
>>> a in c           # 如果在指定的序列中找到值 a,则返回 True,否则返回 False
True
>>> b not in c       # 如果在指定的序列中没有找到值 b,则返回 True,否则返回 False
True
```

7. 身份运算符

Python 语言用身份运算符比较两个对象的存储单元。具体使用示例如下：

```
>>> a = 20
>>> b = 20
>>> a is b            # is 是判断两个标识符是不是引用自一个对象
True
>>> a is not b        # is not 是判断两个标识符是不是引用自不同对象
False
```

注意 is 与＝＝的区别。is 用来判断两个变量引用对象是否为同一个，＝＝用来判断引用变量的值是否相等。例如：

```
>>> p = [a, b, c]
>>> q = p
>>> q is p
True
>>> q == p
True
>>> t = p[:]
>>> t is p
False
>>> t == p
True
```

2.2.3　条件语句

条件语句也称为判断语句，判断的定义为：如果条件满足（判断条件为 True），我们就做某件事情；如果条件不满足（判断条件为 False），就做另外一件事情，或者什么也不做。

在 Python 的 if 语句中，通过判断一个或多个条件的布尔类型（True 或 False），选择不同的处理逻辑分支。当判断条件为 True 时，则执行条件语句后的代码块，否则执行 else 后的代码块。

注意，在 python 语言中，我们以相同的缩进来表示同一个代码块。示例如下：

```
>>> if 1:
        print("肯定分支逻辑")
肯定分支逻辑
>>> obj = {}
>>> if obj:
        print("肯定分支逻辑")
    else:
        print("否定分支逻辑")
print("否定分支第二语句")
否定分支逻辑
否定分支第二语句
```

在上述例子中，因为"print("否定分支逻辑")"与"print("否定分支第二语句")"具有相同的缩进,所以它们被认为属于同一个代码块,当判断条件为 false 时,同时被执行。

另外,在 Python 语言中,False,None,0,"",(),[],{}在作为布尔表达式时,都会被解释器看成是假。在 Python 解释器中,True == 1,False == 0。

```
>>> bool({})
False
>>> bool(1)
True
>>> bool(True == 1)
True
>>> bool(True + False + 11)
True
>>> True + False + 11
12
```

因此,在上述第一个 if 语句的例子中,条件 1 被判断为 true,走肯定逻辑分支,而第二个 if 语句将空对象 obj 判断为 false,走 else 分支。

2.2.4　循环语句

循环语句允许我们多次重复执行某个语句,使我们能根据具体数据的不同设置更加复杂的控制结构和执行路径。Python 语言中的循环语句包括 for 语句和 while 语句。具体示例如下:

```
>>> for name in ['lilei', 'hanmeimei', 'Lily']:
print(name)
lilei
hanmeimei
Lily
>>> n = 10
>>> sum = 0
>>> counter = 1
>>> while counter <= n
        sum = sum + counter
        counter += 1
>>> print("1 到 %d 之和为: %d" % (n,sum))
55
```

2.2.5　函数

Python 语言的函数分为内建函数(如 print())与用户自定义函数。函数是组织好的,一连串的处理逻辑具有高可复用性与功能模块性,合理地使用函数能使模块功能模块化,提高代码的复用率。

Python 本身提供了很多内建函数,其中 print()已经多次使用,这就是内建函数的范例,通过函数名,并指定函数的参数就可以调用函数,下面的例子中通过调用 Python 内建的最大值函数 max 取数列中的最大值。

```
>>> T = [2,3,56,32,54,7,45,75,29]
>>> max(T)
75
```

Python 虽然已经提供了许多内建函数,但这些函数的功能是有限的,为了使用一个符合自己要求的函数就需要自定义函数,定义一个函数需要使用关键字 def,格式如下:

```
def 函数名(参数列表):
    函数体
    return 返回值
```

(在 Python 交互环境中定义函数时,注意会出现...的提示。函数定义结束后,需要按两次回车才能重新回到>>>提示符下。)

在 Python 中,函数有几大要点,分别是 def、函数名、函数体、参数、返回值,以及括号(括号内为参数)和冒号(:)。其中函数体是函数中进行的一系列具体操作,参数为函数体提供数据。

Python 的函数定义非常简单,但灵活度很大,调用者必须正确传递参数,才能得到正确的返回值。函数的参数类型有:位置参数、默认参数、可变参数、命名关键字参数和关键字参数。在以下示例,我们封装一个简单函数,其作用就是对输入的数组求和,并写出每一次累加的结果:

```
T = [12,23,4,52,8,9,20]
def sum_list(x):
    summation = 0
    for item in x:
        summation += item
        print(item,summation)
    return summation
print('Result:', sum_list(T))
其输出为
12 12
23 35
4 39
52 91
8 99
9 108
20 128
Result: 128
```

函数中还有个特例是匿名函数,所谓匿名函数就是没有名字的函数,通过 Lambda 表达式来创建,如下所示

```
>>> import math
>>> sigmoid = lambda x: 1.0 / (1.0 + math.exp(-x))
>>> sigmoid(0.2)
0.549833997312478
>>> sigmoid(1.2)
```

```
0.7685247834990175
>>> sq_sum = lambda x,y : x * x + y * y
>>> sq_sum(3,4)
25
```

2.2.6　面向对象与类

从设计之初,Python 就是一门面向对象的语言。不同于 Numbers 和 String 等内置的数据类型,我们可以通过定义一个"类"来描述具有相同属性和方法的对象的集合。即用"类"这个数据类型定义一系列对象共有的属性和方法,而对象就是类的一个实例。类的定义如下:

```
class 类的名称:
    < statement … >              # 数据成员
    def __init__(self, 参数, … ):  # 构造函数
    def fun(self, 参数, … )         # 方法
    …
```

类中通常包含以下内容:

- 类变量
- 数据成员
- 局部变量
- 构造函数
- 方法

类变量定义在类中,且在函数体之外,一般不作为实例变量使用。类变量用于处理类及其实例对象相关的数据。局部变量是定义在方法中的变量,只作用于当前实例的类。构造函数只在生成类的示例中调用一次。

如上定义示例中,__init__ 构造函数,fun 是类中的一个方法。注意与其他面向对象语言的不同是,Python 语言的方法中,会明确地把代表自身实例的 self 作为第一个参数传入。接下来,我们通过创建一个简单的类,了解一下类的实际运用。我们创建一个文件 animal.py。

```
class Animal:
    def __init__(self, name):
        self.name = name
        print("动物名称初始化!")
    def eat(self):
        print(self.name + "要吃东西啦!")
    def drink(self):
        print(self.name + "需要喝水啦!")

cat = Animal("miaomiao")
cat.eat()
cat.drink()
```

从终端运行 animal.py.
动物名称初始化!
miaomiao 要吃东西啦!
miaomiao 需要喝水啦!

在这个例子中,我们定义了一个动物类 Animal。随后创建了一个动物类的实例 cat。动物类 Animal 的构造函数会接收我们传入的参数 name,然后用这个参数去初始化 cat 实例的变量 self.name。随后可以通过实例调用类中的方法 cat.eat() 与 cat.drink()。方法中用到的参数 name 属于实例变量,每个对象实例的变量都是独立的,不会相互影响。

2.2.7　脚本

在前面几个小节中,示例都是使用 Python 解释器来处理的。Python 解释器以对话模式执行程序,使我们能方便快捷地学习基本语法。但是一旦退出解释器,我们所编写的代码就会消失,每次都需要重新输入,这是非常不友好的。因此我们经常将一连串的逻辑处理代码以一个 Python 脚本文件的形式保存,这个脚本文件也可以被称为模块。

脚本的后缀名是.py,它可以包含一段具有完整功能的代码,包含定义的函数和变量。如同使用 Python 的标准库一样,我们可以在程序中引入模块,并使用模块中具体的函数。

新建一个名为 hello.py 的文件。在 hello.py 中,写下如下代码:

```
#!/bin/python
print("hello world!")
```

其中第一句常在 UNIX 类操作系统中使用,然后在命令行下运行这个脚本文件:

```
$ python hello.py
hello world!
```

也可以为文件添加执行权限然后直接运行

```
$ chmod +x hello.py
$ ./hello.py
hello world!
```

2.3　NumPy

NumPy(Numeric Python)是 Python 的一种开源的数值计算扩展包,它提供了高性能的多维数组对象以及许多高级的数值编程工具,如矩阵数据类型、矢量处理,以及精密的运算库等。

NumPy 是 Python 开发环境的一个独立模块,它本身不包含在标准版的 Python 中,所以在使用之前,我们需要先将 NumPy 导入。

```
>>> import numpy as np
```

在 Python 中,可以通过 import 语句将 Numpy 导入。在导入时,我们将 numpy 命名为

np,之后就可以通过 np 来调用 numpy 的方法。

2.3.1 NumPy 数组创建与访问

NumPy 提供了一个 N 维数组类型 ndarray,它描述了相同类型的"items"的集合。

我们可以使用 np.array()方法生成 NumPy 数组,np.array()接受 Python 列表作为参数。

此外,我们可以利用方括号访问数组的元素,也可以像 Python 列表一样,以切片的方式访问数组。

```
>>> import numpy as np                          # 引入 NumPy
>>> array1 = np.array([1.0,2.0,3.0])            # 生成一维数组,参数为 Python 列表
>>> print(array1)
[1. 2. 3.]
>>> print(array1[0])                            # 通过[]访问数组的元素
1.0
>>> print(array1[0:2])                          # 通过切片访问数组
[1. 2.]
>>> array2 = np.array([[1,2,3],[4,5,6],[7,8,9]])    # 生成多维数组
>>> print(array2)
[[1 2 3]
 [4 5 6]
 [7 8 9]]
>>> print(array2[1,1])                          # 通过[]访问多维数组
5
>>> array3 = array2[1:,1:3]                     # 通过切片访问多维数组
>>> print(array3)
[[5 6]
 [8 9]]
>>> array3[0,0] = 555                           # array3[0,0] 与 array2[1,1]是同一个元素
>>> print(array2[1,1])
555
```

除了 np.array()方法,NumPy 还提供了很多其他创建数组的方法,使我们可以根据需求选择更加简便的方法,示例如下:

```
>>> import numpy as np
>>> array1 = np.zeros((3,3))                    # 创建元素全为 0 的 3 维数组
>>> print(array1)
[[0. 0. 0.]
 [0. 0. 0.]
 [0. 0. 0.]]
>>> array2 = np.full((2,2),5)                   # 创建元素全部为 5 的 2 维数组
>>> print(array2)
[[5 5]
 [5 5]]
>>> array3 = np.ones((2,2))                     # 创建元素全部为 1 的 2 维数组
>>> print(array3)
[[1. 1.]
```

```
[1. 1.]]
>>> array4 = np.random.random((2,2))          #创建元素全部为随机数的2维数组
>>> print(array4)
[[0.40018711 0.75140206]
[0.71485475 0.17133833]]
```

此外,除了[]与切片的方法,NumPy也提供了一些其他访问数组的方法。示例如下:

```
>>> import numpy as np
>>> array1 = np.array([[1.0,2.0,3.0],[4.0,5.0,6.0],[7.0,8.0,9.0]])
>>> for item in array1:
        print(item)                            #通过for循环访问元素
[1. 2. 3.]
[4. 5. 6.]
[7. 8. 9.]
>>> array2 = array1.flatten()                  #将多维数组转换为一维数组
>>> print(array2)
[1. 2. 3. 4. 5. 6. 7. 8. 9.]
>>> print(array1 > 5)                           #对NumPy数组使用不等号运算符,得到一个布尔型数组
[[False False False]
[False False True]
[ True True True]]
>>> print(array1[array1 > 5])                   #通过不等号运算符判断,获取满足一定条件的元素
[6. 7. 8. 9.]
```

2.3.2 NumPy 数组计算

在 Python 中,可以使用 NumPy 数组中的基本数学计算函数,对数组中的元素逐个进行对应计算。

```
>>> import numpy as np
>>> a = np.array([[1.0,2.0],[3.0,4.0]])
>>> b = np.array([[5.0,6.0],[7.0,8.0]])
>>> print(a + b)
[[ 6. 8.]
[10. 12.]]
>>> print(a - b)
[[-4. -4.]
[-4. -4.]]
>>> print(a * b)
[[ 5. 12.]
[21. 32.]]
>>> print(a / b)
[[0.2 0.33333333]
[0.42857143 0.5]]
```

如上所示,NumPy 数组的乘法将对应位置的元素分别相乘,而不是按矩阵乘法相乘。NumPy 中用 dot 表示矩阵乘法。

```
>>> import numpy as np
```

```
>>> a = np.array([[1.0,2.0],[3.0,4.0]])
>>> b = np.array([[5.0,6.0],[7.0,8.0]])
>>> print(a.dot(b))
[[19. 22.]
 [43. 50.]]
>>> print(np.dot(a,b))
[[19. 22.]
 [43. 50.]]
```

在 NumPy 中,用 T 来将矩阵转置:

```
>>> import numpy as np
>>> array1 = np.array([[1.0,2.0,3.0],[4.0,5.0,6.0]])
>>> print(array1)
[[1. 2. 3.]
 [4. 5. 6.]]
>>> print(array1.T)                    # 对多维数组进行转置
[[1. 4.]
 [2. 5.]
 [3. 6.]]
```

2.3.3 广播

在 NumPy 中,形状不同的数组之间也可以进行运算,如下所示

```
>>> import numpy as np
>>> a = np.array([[5,3],[1,6]])
>>> b = np.array([2,7])
>>> x = 10
>>> print(a * x)                       # 数组与标量进行乘法运算
[[50 30]
 [10 60]]
>>> print(a * b)                       # 形状不同的数组乘法
[[10 21]
 [ 2 42]]
>>> c = np.array([[2,7],[2,7]])
>>> print(a * c)                       # 形状相同的数组乘法
[[10 21]
 [ 2 42]]
```

从上例中可以看到,当数组 a 与标量 10 进行运算时,相当于先将标量扩展成与数组 a 相同的形状,再进行 NumPy 的乘法运算。而当二维数组 a 和一维数组 b 相乘时,也相当于 NumPy 先将 b 扩展到与 a 相同的形状,再进行乘法运算,运算结果与 c 和 a 的乘法相同。这种通过对低维数组进行扩展以满足不同维度数组之间进行运算的过程就叫**广播** (**Broadcasting**)。

广播是一种强有力的机制,它允许我们使用较小的矩阵对较大的矩阵做出改变。数组的广播要遵守如下规则。

- 如果两个数组有不同的秩,则需要使用 1 将秩较小的数组进行扩展,直到两个数组

的尺寸都一样。

- 如果两个数组在某个维度上的长度相等,或者其中一个数组在该维度上长度为1,则称这两个数组在该维度上是相容的。当且仅当两个数组在所有维度上都相容时,就能使用广播。

2.4 Matplotlib

Matplotlib 是 Python 中经常使用的一个绘图库,它可以在各种平台上和交互式环境中生成高质量的图形,Matplotlib 可用于 Python 脚本、IPython shell、Jupyter notebook 和 Web 应用程序服务器等。Matplotlib 将各种绘图功能进行了封装,只需要少量的代码即可生成绘图、直方图、功率谱、条形图、错误图、散点图等各种图形。Matplotlib 还有大量第三方包扩展可供选择使用,包括几个较高级别的绘图接口(seaborn、holoviews、ggplot 等),以及两个投影和绘图工具包(basemap 和 cartopy)。

pyplot 是 Matplotlib 中最常用的绘图包,pyplot 包提供了类似于 MATLAB 的界面与编程逻辑,可以编程接口或 MATLAB 用户熟悉的一组函数完全控制线条样式、字体属性、轴属性等。

2.4.1 Matplotlib 的安装

Matplotlib 的安装非常简单,通过命令行可以快速安装。如果使用 Anaconda 发行版,则已经集成 Matplotlib。

```
python - m pip install - U pip
python - m pip install - U matplotlib
```

如有特殊的需要,详细的安装可以参考官方给出的安装指南:
https://matplotlib.org/users/installing.html
安装完后,你可以使用 python -m pip list 命令来查看是否安装了 Matplotlib 模块。

2.4.2 Matplotlib 图像的组成部分

Matplotlib 中的所有对象都按层次结构进行组织。在顶层是 Matplotlib 状态机环境,由 matplotlib.pyplot 模块提供,接下来为图形对象(figure)、轴对对象(axes)和绘图元素(线条、图像、文本等),可以通过简单的接口函数添加到当前图形(figure)中。Matplotlib 状态机环境与 MATLAB 的绘图环境非常相似,熟悉 MATLAB 绘图的用户使用 Pyplot 会感到得心应手。Matplotlib 的官方网站中给出一张图来解释各个对象,如图 2.1 所示。

Pyplot 可以通过函数定制调整这些元素绘制所需要的图形,这使得绘图变成一个简单的工作。在深度学习的过程中,图形的绘制与数据的可视化非常重要,下面介绍使用 Matplotlib 进行一些常用图形的绘制。

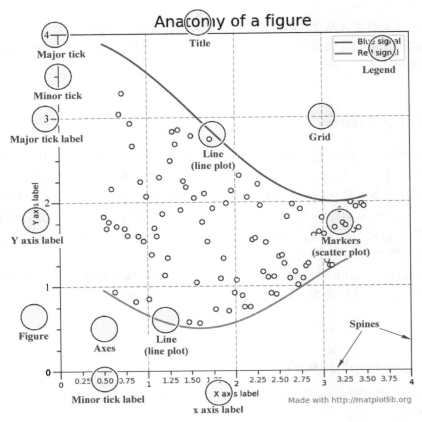

图 2.1 Pyplot 图像对象实例

2.4.3 Pyplot 绘制简单图形

在回归分析时,常用数据散点图来粗略观察数据的分布,使用 Pyplot 绘制散点图非常简单,下面给出一个示例。

```
import numpy as np
import matplotlib.pyplot as plt
np.random.seed(2019)                            #设置一个随机数种子
N = 100
x = np.random.rand(N)                           #产生 100 个随机数
y = 10 * x ** 2 + np.random.rand(N)
colors = np.random.rand(N)                      #设置随机颜色
area = (20 * np.random.rand(N)) ** 2            #设置随机面积
plt.scatter(x, y, s = area, c = colors, alpha = 0.5)
plt.show()
```

由此可以绘制带有噪声的平方函数,如图 2.2 所示。

对于已知的函数,可以使用折线图绘制函数。下面的例子给出了绘制正弦函数的代码,并对坐标轴、网格、标题等属性进行设置,最后保存图像。

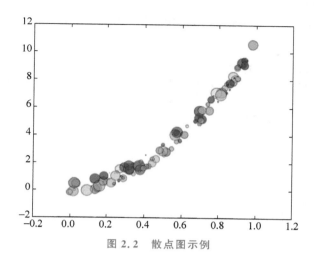

图 2.2 散点图示例

```
import matplotlib
import matplotlib.pyplot as plt
import numpy as np
x = np.arange(0.0, 2.0, 0.01)
s = np.sin(2 * np.pi * x)
fig, ax = plt.subplots()
ax.plot(t, s)

ax.set(xlabel = 'x', ylabel = 'y', title = 'y = sin(x)')    # 设置坐标轴文字
ax.grid()                                                    # 使用网络
fig.savefig("sin.png")                                       # 保存图形
plt.show()
```

绘制的正弦函数如图 2.3 所示。

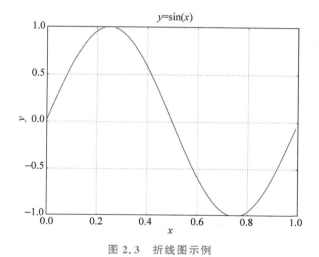

图 2.3 折线图示例

在绘制时经常需要对不同的线条设置不同颜色、标识符号等,如图 2.4 所示。在 pyplot 中也提供了非常丰富的属性供选择,下面给出了一个示例,更完整的属性请参考官方文档

(https://matplotlib.org/api/_as_gen/matplotlib.lines.Line2D.html # matplotlib.lines.Line2D)。

```
x = np.arange(0.0, 3.0, 0.1)
plt.plot(x, np.sin(x), 'r--', x, x * 2, 'c1', x, x ** 2, 'b+')        //设置颜色与标识
```

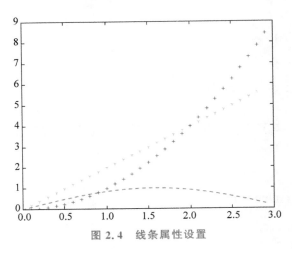

图 2.4　线条属性设置

2.4.4　Matplotlib 多图像绘制

类似 MATLAB 的多图像绘制方式,使用 matplotlib 绘制时需要指定绘制的图像数及当前子图所在的行数与列数,接着就可以进行多图像的绘制,如下例所示。

```
import numpy as np
import matplotlib.pyplot as plt
def f1(x):
    return np.log(x) * np.sin(2 * np.pi * x)
def f2(x):
    return np.exp(x) * np.cos(2 * np.pi * x)
x1 = np.arange(0.1, 5.0, 0.1)
x2 = np.arange(0.1, 5.0, 0.05)
plt.figure(1)
plt.subplot(211)                      #设置两个子图,位于 1 行 1 列
plt.plot(x1, f1(x1), 'go', x2, f1(x2), 'k')
plt.subplot(212)                      #设置两个子图,位于 2 行 1 列
plt.scatter(x2, f2(x2))
plt.show()
```

两个子图绘制在一个图形里的结果如图 2.5 所示。

本节简要介绍了 matplotlib 库的使用,给出了几个 pyplot 制图的实例,其实 matplotlib 的功能非常丰富,除了介绍的散点图和折线图外,还可以绘制直方图、等高线图、条形图、柱状图,等等,并且还支持部分 3D 图形的绘制。为了更好地交互,matplotlib 还提供了图形的绘制及各种交互界面。Matplotlib 作为 python 的核心库之一,其设计理念是能够用轻松简

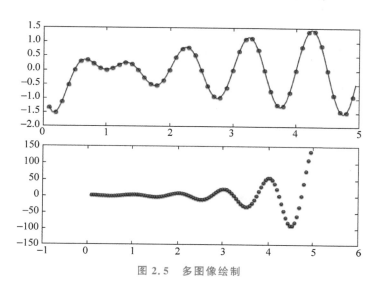

图 2.5　多图像绘制

单的方式生成强大的可视化效果,因此也非常容易上手,极大方便了数据可视化,是数据分析时的好帮手。

2.5　实践:豆瓣高分电影爬取

　　网络资源丰富多样,而有效提取网络数据往往成为分析问题的基础,爬虫所承担的作用就在于此。本节以豆瓣高分电影的爬取为例,旨在熟悉 Python 基础语法和掌握爬虫的基本原理。本实践代码已在 AI Studio 上公开,通过扫描上方二维码或访问 https://aistudio.baidu.com/aistudio/projectDetail/101810,可在页面中找到本章节对应实践代码。

2.5.1　思路分析

　　首先使用 Chrome 浏览器打开豆瓣电影 TOP250 页面(https://movie.douban.com/top250)。总共 250 部电影,每页 25 部,共 10 页。每一页的网址都有规律,就是 start 参数不同,等于(页数−1)×25,而且 filter 参数去掉也不影响结果。使用浏览器或者编写代码发送请求时,返回的都是 HTML 代码,浏览器中看到的页面其实是 HTML 代码经过浏览器渲染后的结果。所以为了获取需要的数据,就必须找到数据在 HTML 代码中的位置,即 HTML 解析。当然解析的工具很多,比如正则表达式、BeautifulSoup、xpath 等,本节采用 BeautifulSoup 和正则表达式的方法。

　　在浏览器上右键点击"查看网页源代码"或者使用开发者工具(F12)选项(Sources 或 Network)都可以查看页面的 HTML 代码,也可以右键选中"检查",点击左上角箭头,就可以通过移动鼠标查看自己想要的信息对应的 HTML 代码,如图 2.6 所示。HTML 代码一般是层层嵌套的,通过 HTML 的标签和属性可以很快定位到数据的位置,再使用正则表达式就可以提取出自己想要的数据。

图 2.6　豆瓣电影 TOP250 界面

2.5.2　获取页面

使用 urllib 发送请求，获取 HTML 文本，如代码清单 2.1 所示。

代码清单 2.1　获取页面信息

```python
import urllib
def askURL(url):
    request = urllib.request.Request(url)
    try:
        response = urllib.request.urlopen(request)
        html = response.read()
        print(html)
    except urllib.error.URLError as e:
        if hasattr(e, "code"):
            print(e.code)
        if hasattr(e, "reason"):
            print(e.reason)
    return html
```

获取 HTML 页面可能会遇到很多异常，如目标网站无法连接或拒绝连接、目标服务器资源不存在等，因此在获取页面内容时需要添加异常捕获的代码。

2.5.3　解析页面

针对爬取的页面和所需数据在页面中的位置，构造正则表达式进行解析，如代码清单 2.2 所示。

代码清单2.2　解析页面

```
from bs4 import BeautifulSoup
import re
def getData(baseurl):
#构造正则表达式
    findLink = re.compile(r'<a href = "(.*?)">')
    findImgSrc = re.compile(r'<img.*src = "(.*?)"', re.S)
    findTitle = re.compile(r'<span class = "title">(.*)</span>')
    findRating = re.compile(r'<span class = "rating_num" property = "v:average">(.*)</span>')
    findJudge = re.compile(r'<span>(\d*)人评价</span>')
    findInq = re.compile(r'<span class = "inq">(.*)</span>')
    findBd = re.compile(r'<p class = "">(.*?)</p>', re.S)
    remove = re.compile(r'  |\n|</br>|\.*')
    datalist = []
    for page in range(0,10):
        url = baseurl + str(page * 25)
        html = askURL(url)
        soup = BeautifulSoup(html, "html.parser")
        for item in soup.find_all('div', class_ = 'item'):
            data = []
            item = str(item)
            link = re.findall(findLink, item)[0]
            data.append(link)
            imgSrc = re.findall(findImgSrc, item)[0]
            data.append(imgSrc)
            titles = re.findall(findTitle, item)
            ctitle = titles[0]
            data.append(ctitle)
            if(len(titles) == 2):
                otitle = titles[1].replace("/","")
                data.append(otitle)
            else:
                data.append(' ')
            rating = re.findall(findRating, item)[0]
            data.append(rating)
            judgeNum = re.findall(findJudge, item)[0]
            data.append(judgeNum)
            inq = re.findall(findInq, item)
            if len(inq) != 0:
                inq = inq[0].replace(".","")
                data.append(inq)
            else:
                data.append(' ')
            bd = re.findall(findBd, item)[0]
            bd = re.sub(remove, "", bd)
            bd = re.sub('<br(\s+)?\/?>(\s+)?'," ",bd)
            bd = re.sub('/', " ",bd)
            data.append(bd.strip())
            datalist.append(data)
```

```
        return datalist
```

根据所需数据构造正则表达式,使用 BeautifulSoup 解析页面并定位到数据所在的标签,然后对所需数据进行抽取并作简单的处理,如去掉冗余字符,最后使用列表进行临时存储。这样就可以获得每一个影片的数据。

2.5.4　存储数据

使用 xlwt 库将上一步获得的数据存入 Excel 表格(当然也可以采用其他存储,如数据库等),如代码清单 2.3 所示。

代码清单 2.3　存储爬取数据

```python
import xlwt
# 将处理的数据存入 Excel 表格
def saveData(datalist, savepath):
    book = xlwt.Workbook(encoding = 'utf-8', style_compression = 0)
    sheet = book.add_sheet('豆瓣电影 Top250', cell_overwrite_ok = True)
    cols = ('电影详情链接', '图片链接', '影片中文名', '影片外文名', '评分',
'评价数', '概况', '相关信息')
    for col in range(0, 8):
        sheet.write(0,col, cols[col])
    for row in range(0, 250):
        data = datalist[row]
        for col in range(0,8):
            sheet.write(row + 1, col, data[col])
    book.save(savepath)
```

2.5.5　数据展示与分析

2.5.4 节已经将数据存储在文件中,为了更直观地展示结果,本小节使用 Python 库 matplotlib 对数据进行可视化,如代码清单 2.4 所示。

代码清单 2.4　存储爬取数据

```python
import pandas as pd
import matplotlib.pyplot as plt
import matplotlib
df = pd.read_excel("/home/aistudio/data/豆瓣电影 Top250.xls")      # 读取文件
# 配置中文字体和修改字体大小
matplotlib.rcParams['font.family'] = 'SimHei'
matplotlib.rcParams['font.size'] = 20
plt.figure(figsize=(20,5))
plt.subplot(1,2,1)
plt.scatter(df['评分'], range(1,251))
```

```
plt.xlabel('评分')
plt.ylabel('排名')
plt.gca().invert_yaxis()
#集中趋势的直方图
plt.subplot(1,2,2)
plt.hist(df['评分'],bins = 15)
```

获得的结果展示如图 2.7 和图 2.8 所示。

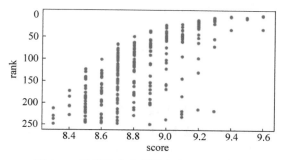

图 2.7　豆瓣高分电影排名和评分相关性

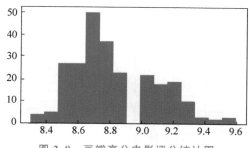

图 2.8　豆瓣高分电影评分统计图

从结果中可以简单看出评分越高,排名一般就会越高;而大多数高分电影评分为 8.5～9.2。

2.6　习题

1. 简述解释型语言与编译型语言的区别。
2. Python 编程实现输入项数 N,输出所得圆周率。
3. 寻找水仙花数,所谓"水仙花数"是指一个 3 位数,其各位数字立方和等于该数本身。
4. 使用 Numpy 创建一个长度为 100 的随机整数组并将最大值替换为—1。
5. 使用 Numpy 随机生成一个 2 维矩阵,并将每一行元素减去此行的平均值。
6. 使用 Numpy 随机生成一个 4 维矩阵,计算最后两维的和。
7. 使用 Matplotlib 画出一维正态分布的图像。

第3章 机器学习基础

机器学习作为实现人工智能的一种手段,近年来日益流行。而本书的重点——深度学习,也正是实现机器学习的一种重要技术。因此,了解机器学习中的一些概念和算法对于理解深度学习算法有很大的帮助。在这一章,我们将介绍这些机器学习中的重要概念、数据处理方法、评价指标等,人工智能、机器学习和深度学习之间的关系,如图 3.1 所示。

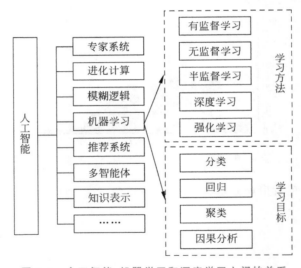

图 3.1 人工智能、机器学习和深度学习之间的关系

3.1 机器学习概述

3.1.1 机器学习定义与基本术语

首先,还是从人工智能出发来介绍机器学习。人工智能是一门研究用于模拟、延伸和拓展人的智能的理论和方法的学科。根据实现效果,可以将人工智能分为强人工智能和弱人

工智能。强人工智能是指机器能够实现推理、独立思考、解决未知问题并且拥有自我意识和价值观；弱人工智能是指机器不能真正实现自我思考、推理和解决问题，它们只是看起来像拥有了智能。虽然科幻电影中大多描绘的是强人工智能，但是目前人们做出的努力只是集中在弱人工智能部分，只能赋予机器感知环境的能力。而这部分的成功主要归功于一种实现人工智能的方法——机器学习。

机器学习（Machine Learning，ML）就是让机器通过学习数据来获得某种知识，从而获得解决问题的能力。从学科的角度出发，机器学习往往指一类通过学习数据来完成任务的算法。其实，这种通过学习数据来解决问题的思路还是源于人思考的方式。我们经常会听到很多的俗语，例如"朝霞不出门，晚霞行千里""瑞雪兆丰年""干冬湿年"等，这些都体现了从古至今人类的智慧。那么为什么朝霞出现就会下雨，晚霞出现天气就会晴朗呢？原因就在于人具有很强大的归纳能力，根据每天的观察和总结，慢慢"训练"出了这样一种分辨是否下雨的"分类器"。

针对机器学习的定义，Mitchell 给出了一个更形式化的说明：对于一个**任务**（Task）T 和**性能指标**（Performance Metric）P，如果程序通过**经验**（Experience）E 在任务 T 上的指标 P 获得了提升，那么我们就说针对 T 和 P，程序对 E 进行了学习。这个定义可能比较拗口，表 3.1 列举了几个例子来帮助理解。

表 3.1　机器学习中的任务、性能指标和经验

实例 1	T	下象棋
	P	对弈任意对手的胜率
	E	与自己不断对战
实例 2	T	识别人脸
	P	识别结果的正确率、误检率和漏检率
	E	人工标定的图片数据集
实例 3	T	自动驾驶
	P	从出发点到目的地的碰撞次数、行驶时间、耗油量等
	E	有驾驶规则的行驶环境数据集
实例 4	T	通过面部观察判断罪犯
	P	识别结果的正确率、误检率和漏检率
	E	包含罪犯与非罪犯面部照片的数据集

了解了机器学习的定义之后，再来关注所有机器学习算法都会涉及的一些概念。以"预测下雨"为例，在预测之前，我们肯定需要获取一些**特征**（Feature）或**属性**（Attribute），比如是否出现了朝霞、是否出现了晚霞、温度、空气湿度、云量，甚至是卫星云图，等等。通常，为了能够进行数学计算，我们需要将这些特征表示为一个 d 维的**特征向量**（Feature Vector），记作 $x = [x_1, x_2, \cdots, x_d]^T$，向量的每一个维度代表一个特征，总共选取了 d 个特征。

这样的特征有无穷多种，但是并不是每一种都对最终的判断有帮助。所以，为了通过学习来了解哪些特征是有帮助的，以及这些特征取哪些值时会下雨，我们还要获得它们对应的**标签**（Label）。标签可以是连续值，比如下雨量、下雨持续时间等；标签也可以是离散的，比如是否会下雨。标签的选取通常与需要完成的任务有关。当标签是连续值时，这样的机器学习任务称为**回归**（Regression）问题；当标签是有限数量的离散值时，这样的机器学习任务

称为**分类**（**Classification**）问题；当标签是标记序列时，这样的机器学习任务称为**标注**（**Tagging**）问题。标注问题可以看成是分类问题的一种。

一组记录好的特征值以及它的标签称为一个**样本**（**Sample**）或**实例**（**Instance**），例如（特征：（出现朝霞、没有出现晚霞、空气湿度为 50%），标签：（下雨））。一组样本构成的集合称为**数据集**（**Dataset**）。

现在再回顾机器学习的定义，为了能够在任务 T 上提高性能 P，需要学习某种经验 E。这里，需要学习的就是数据集，而为了确定性能 P 是否能够提高，还需要一个不同的数据集来测量性能 P。因此，数据集需要分为两部分，用于学习的数据集称为**训练集**（**Training Set**），用于测试最终性能 P 的数据集称为**测试集**（**Test Set**）。为了保证学习的有效性，我们需要保证这两个集合不相交。

数据集中的样本还需要保证一个基本的特性——**独立同分布**（**Identically and Independently Distributed**，**IID**）假设，即每一个样本都需要独立地从相同的数据分布中提取。“独立”保证了任意两个样本之间不存在依赖关系；“同分布”保证了数据分布的统一，从而在训练集上的训练结果对于测试集也是适用的。例如，当训练集的数据都是“地球的天气”，而测试集中都是“火星的天气”，这很显然是不合理的。

机器学习的重点是如何更好地利用这些数据。给定训练集，我们希望算法能够拟合一个函数 $f(x,\theta)$ 来完成从输入特征向量到标签的映射。对于连续的标签或者非概率模型，我们通常会直接拟合标签的值：

$$\hat{y} = f(x,\theta)$$

其中，θ 为算法模型可学习的参数。对于离散的标签或者概率模型，通常会拟合一个条件概率分布函数：

$$p(\hat{y} \mid x) = f(x,\theta)$$

用于预测每一类的概率值。

为了获得这样的一组模型参数 θ，我们需要有一套**学习算法**（**Learning Algorithm**）来优化这个函数映射，这个优化的过程就称为学习（**Learning**）或者**训练**（**Training**），这个需要拟合的函数就称为**模型**（**Model**）。学习的目的就在于找到一个最好的模型，而这样一个模型应当是输入空间至输出空间映射集合中的一个映射，这个映射集合称为**假设空间**（**Hypothesis Space**）。换句话说，学习的目的就在于从这个假设空间中选择出一个最好的元素。

3.1.2 机器学习的三要素

在了解了机器学习的基本概念之后，继续讨论机器学习算法的三个基本要素：模型、学习准则（策略）和优化算法。

（1）模型。

机器学习的第一要素就是模型，而学习的目的就是在模型的假设空间中选择一个最佳的模型，即最接近真实映射的映射函数或条件概率分布，然后再利用该模型去完成相应的任务。

形式化的表述为，如果用 F 表示该假设空间，则它可以定义为决策函数的集合：

$$F = \{f \mid Y = f_\theta(X), \theta \in \mathbf{R}^m\}$$

其中,该函数族是由参数 θ 决定的,该参数 θ 所在的空间为 m 维欧式空间,称为**参数空间**（**Parameter Space**）。学习的目的就变为在该参数空间中选择最优的参数。

另一方面,对于概率模型,假设空间可以构造为条件概率分布的集合：

$$F = \{P \mid P_\theta(Y \mid X), \theta \in \mathbf{R}^m\}$$

其中,该条件概率分布族也是由参数 θ 决定,该参数 θ 所在的空间为 m 维欧式空间,称为参数空间。学习的目的就变为在该参数空间中选择出最优的参数。

假设空间的分类方法有很多,上述表示就将其分为概率模型和非概率模型。另一种常见的分类方式是将假设空间分为线性和非线性两种,对应的模型就称为线性模型和非线性模型。

对于线性模型,它的假设空间是一个包含可学习参数的线性函数族：

$$f(x, \theta) = w^{\mathrm{T}} x + b$$

其中,参数向量 θ 由权重向量 w 和偏置 b 组成。

对于非线性模型,则可以表示为若干非线性基函数 $\phi(x)$ 的线性组合：

$$f(x, \theta) = w^{\mathrm{T}} \phi(x) + b$$

其中, $\phi(x)$ 代表由若干非线性基函数拼接成的向量,参数向量 θ 由权重向量 w 和偏置 b 组成。如果该非线性基函数组成的向量本身也是带参数、可学习的,即

$$\phi(x) = h(w^{\mathrm{T}} \phi'(x) + b)$$

其中, $h(\cdot)$ 代表一个非线性函数,那么该模型 $f(x, \theta)$ 就是一个**多层感知机**（**Multi-Layer Perceptron,MLP**）。

（2）学习准则（策略）。

在明确了模型的假设空间之后,接下来需要做的是：如何从假设空间中选出最优的模型,即学习准则或学习策略问题。如果选出的模型不是最优的,那么这个模型函数的预测值 $f(X)$ 和样本的真实标签值 Y 会出现不一致的情况,这时通常用**损失函数**（**Loss Function**）或者**代价函数**（**Cost Function**）来衡量它们不一致的大小,损失函数是一个非负值的实值函数,记作 $L(Y, f(X))$。

下面来介绍几种常见的损失函数。

0-1 损失函数（**0-1 Loss Function**）：0-1 损失函数是最直接地反映正确与错误的损失函数,对于正确的预测,损失值就为 0；对于错误的预测,损失值就为 1。虽然 0-1 损失函数能够直观地反映模型的错误情况,但是它的数学性质并不是很好——不连续也不可导,因此在优化时很困难。通常,我们会选择其他相似的连续可导函数来替代它。

$$L(Y, f(X)) = \begin{cases} 0, & Y = f(X) \\ 1, & Y \neq f(X) \end{cases}$$

平方损失函数（**Quadratic Loss Function**）：平方损失函数就是预测值和标签值差的平方,经常用于需要预测连续实值的任务中,适用于回归任务,一般不用于分类任务。该函数拥有良好的数学性质——连续、可微且为凸函数。通常,为了保证其导数前的系数为 1,我们对原函数乘以 $\frac{1}{2}$ 的系数。

$$L\left(\boldsymbol{Y}, f(\boldsymbol{X})\right) = \frac{1}{2}(\boldsymbol{Y} - f(\boldsymbol{X}))^2$$

绝对损失函数（Absolute Loss Function）：绝对损失函数就是预测值和标签值差的绝对值，与平方损失函数类似，经常用于预测连续实值的回归任务。不同的是，绝对损失函数的导函数值只可能为 +1 和 −1，避免了平方损失函数在偏差很大的情况下梯度太大的问题。它对每个样本的重视程度一视同仁，不会过于偏向误差更大的样本。这是它的优点，同时也是缺点，因此需要仔细考虑、合理利用。

$$L\left(\boldsymbol{Y}, f(\boldsymbol{X})\right) = |\boldsymbol{Y} - f(\boldsymbol{X})|$$

对数损失函数（Logarithmic Loss Function）或负对数似然损失函数（Negative Log-Likelihood Loss Function）：这个损失函数源于极大似然原理——极大化对数似然函数，而我们通常习惯于最小化损失函数，因此将它转变为最小化负对数似然函数。究其根本，这个损失函数是为了最大化预测条件概率的正确率。

$$L\left(\boldsymbol{Y}, f(\boldsymbol{X})\right) = -\log P(\boldsymbol{Y} \mid \boldsymbol{X})$$

交叉熵损失函数（Cross-Entropy Loss Function）：交叉熵损失一般用于分类任务。对于一个多分类任务，共有 C 个类别可供选择。我们通常将分类的标签写作一个 one-hot 向量，仅有目标类别的元素为 1，其余元素都为 0。针对分类的预测值，我们通常也会写作一个向量，它的 L_1 范数为 1，每个元素代表对应类别的概率值。为了衡量两个概率分布，我们就需要用交叉熵来衡量他们的差异：

$$L\left(\boldsymbol{Y}, f(\boldsymbol{X})\right) = -\sum_{c=1}^{c} \boldsymbol{Y}_c \log f(\boldsymbol{X}_c)$$

这里我们再回顾对数损失函数和交叉熵损失函数，会发现它们其实是等价的。因为这里的标签 $\boldsymbol{Y}$ 是一个 one-hot 向量，因此交叉熵损失函数的目标就是使目标类别的条件概率极大化，即最小化负对数似然函数。

Hinge 损失函数（Hinge Loss Function）：对于一个两分类的问题，数据集的标签取值是 $\{+1, -1\}$，模型的预测值是一个连续的实值函数，那么 hinge 损失的定义为：

$$L\left(\boldsymbol{Y}, f(\boldsymbol{X})\right) = \max(0, 1 - \boldsymbol{Y} f(\boldsymbol{X}))$$

Huber 损失函数（Huber Loss Function）：Huber 损失函数通常用于回归问题。它结合了平方损失函数和绝对损失函数的优点，针对特定的问题进行了优化。在预测值与标签值偏差小的时候选择用平方损失计算，而偏差大的时候选择用绝对损失计算。这样设计的主要目的是减少数据集中离群点的影响，这部分离群点通常为噪声或者是错误标定的点，因此在计算损失的时候不需要关注太多。

$$L_\delta(\boldsymbol{Y}, f(\boldsymbol{X})) = \begin{cases} \dfrac{1}{2}(\boldsymbol{Y} - f(\boldsymbol{X}))^2, & |\boldsymbol{Y} - f(\boldsymbol{X})| < \delta \\[2mm] \delta \cdot \left(|\boldsymbol{Y} - f(\boldsymbol{X})| - \dfrac{1}{2}\delta\right), & \text{其他} \end{cases}$$

BerHu 损失函数（BerHu Loss Function）：我们知道 Huber 损失是为了减弱外点对模型的影响，但是当我们确定外点不多或者急切地想减小大的偏差时，我们会选择另一种相反组合的函数——BerHu 函数。该函数更偏向于偏差大的那些样本，而对于偏差小的样本，我们也可以利用绝对损失函数的导数恒定的优点，来保证学习步长足够大，不至于像平方损失那样学习缓慢。

$$L_\delta(\boldsymbol{Y}, f(\boldsymbol{X})) = \begin{cases} |\boldsymbol{Y} - f(\boldsymbol{X})|, & \text{当 } |\boldsymbol{Y} - f(\boldsymbol{X})| < \delta \\ \dfrac{(\boldsymbol{Y} - f(\boldsymbol{X}))^2 + \delta^2}{2\delta}, & \text{其他} \end{cases}$$

除了上述的几种损失函数外,还有很多其他对特定问题实用的损失函数。总而言之,损失函数的设计是以能够更好地解决具体问题为目的的。

损失函数的作用就类似于机器学习的形式化定义中的性能 E,损失函数越小,模型的性能 E 就越大。模型的输入 $\boldsymbol{X}$ 和输出 $\boldsymbol{Y}$ 都可以看作是输入和输出联合空间的随机变量,遵循着联合分布 $P(\boldsymbol{X}, \boldsymbol{Y})$,我们称损失函数在该联合分布上的期望为**风险函数**(**Risk Function**)或**期望损失**(**Expected Loss**)。

$$R_{\exp}(f) = E_{P(\boldsymbol{X}, \boldsymbol{Y})}\left[L(\boldsymbol{Y}, f(\boldsymbol{X}))\right] = \iint L(\boldsymbol{y}, f(\boldsymbol{x})) P(\boldsymbol{x}, \boldsymbol{y}) \, \mathrm{d}x \, \mathrm{d}y$$

一个好的模型应当有较小的期望损失,但是实际上,我们无法得知真实的数据分布情况,因此也没有办法真的去计算期望风险。事实上,如果我们知道数据的联合分布 $P(\boldsymbol{X}, \boldsymbol{Y})$,我们就可以直接利用贝叶斯公式求得条件概率分布 $P(\boldsymbol{Y}|\boldsymbol{X})$,也就不用学习的过程了。所以,这样的循环依赖的问题是一个**病态问题**(**Ill-Formed Problem**)。

然而,从另一个方面来看,我们可以近似地求得期望风险。给定一个数据集,可以很容易计算出模型的**经验风险**(**Empirical Risk**)或**经验损失**(**Empirical Loss**),即在训练集上的平均误差:

$$R_{\mathrm{emp}}(f) = \frac{1}{N} \sum_{i=1}^{N} L(\boldsymbol{y}_i, f(\boldsymbol{x}_i))$$

如此,一个可以具体实施的学习策略就诞生了,那就是在假设空间中找到一个最优模型 f^* 使得经验风险最小,这就是**经验风险最小化**(**Empirical Risk Minimization,ERM**)准则。

$$f^* = \underset{f \in \boldsymbol{F}}{\arg\min} R_{\mathrm{emp}}(f)$$

根据大数定律,当训练集的数据量趋向于无穷大时,经验风险能够保证收敛于期望风险。但是通常情况下,我们无法获得无穷大量的训练集,并且实际中训练集的样本包含了各种噪声,因此实际所用的训练集不能很好地反映数据的真实分布。在这种情况下,如果利用经验风险最小化很容易导致训练集上的损失很低,但是对于未知的数据预测误差很大。这种训练误差不断降低、测试误差反而提高的现象称为**过拟合**(**Overfitting**)。

过拟合发生的因素有很多,最主要的两点是因为训练数据量不足以及模型能力过强或模型函数过于复杂。为了解决这一问题,我们将经验风险函数进行修改,增加了**正则化**(**Regularization**)项或**惩罚**(**Penalty**)项,得到了结构风险函数:

$$R_{\mathrm{str}}(f) = \frac{1}{N} \sum_{i=1}^{N} (\boldsymbol{y}_i, f(\boldsymbol{x}_i)) + \lambda J(f)$$

其中,$J(f)$ 代表模型函数的复杂度,是定义在假设空间 $\boldsymbol{F}$ 上的泛函,简单来说就是函数的函数。模型函数的复杂度越大,$J(f)$ 也就越大。一般我们使用模型参数向量的 L_2 范数来近似模型的复杂度。因此,该风险函数强制使模型的复杂度不应过高,这种学习策略称为**结构风险最小化**(**Structural Risk Minimization,SRM**)。

从数学优化的角度来看结构风险函数,可以将模型的复杂度项看作是引入拉格朗日乘子的带约束优化问题,约束条件为模型函数的复杂度为 0,目标为经验风险最小。而从贝叶斯学习的角度来看,正则化项可以看作人为给定的先验分布,即在不确定目标的分布时,选择最"模糊"的分布。

此外,还有一种与过拟合相反的极端就是**欠拟合**(Underfitting),即模型过于简单而导致训练误差一直很大。

(3) 优化算法。

在获得了数据集、确定了假设空间以及选定了合适的学习准则之后,最后一步就是要解决一个**最优化**(Optimization)问题。机器学习的训练和学习的过程,实际上就是求解最优化问题的过程。

如果最优化问题存在显式的解析解,那么我们就可以很容易求取它的闭式解;但是如果不存在解析解,我们就只能通过数值方法来不断逼近。并且在机器学习中,很多优化函数不是凸函数,因此如何寻找全局最优解就成了一个很重要的问题。

最简单也最常用的优化算法就是**梯度下降法**(Gradient Descent,GD)。梯度下降法通过不断迭代的方式来降低风险函数的值:

$$\theta_{t+1} = \theta_t - \alpha \frac{\partial R(\theta)}{\partial \theta}$$

其中,θ_t 为第 t 次迭代时的参数值,α 代表优化的步长,又称为学习率。学习率过小,会导致学习速度太慢,还有可能会导致陷入局部最优;学习率过大又会出现震荡,严重时会导致发散。

针对梯度下降法,后续还有很多的改进。例如为了优化它的收敛速度以及越过局部"平缓"区域,可以加入"**冲量项**"(Momentum)来使优化保持一定的速度;为了优化迭代的速度以及质量,采用**随机梯度下降**(Stochastic Gradient Descent,SGD)和**小批量梯度下降**(Mini-Batch Gradient Descent,MBGD)等。这些"小技巧"在接下来的章节中会一一介绍。

3.1.3　机器学习方法概述

机器学习按照学习方法来分类,可以分为有监督学习、非监督学习、半监督学习、深度学习和强化学习等内容。需要注意的是,这几种方法并不是非此即彼的关系,而是可以相互交叉的。例如深度学习中的任务有监督学习的方法,也有非监督学习的方法;深度学习和强化学习可以相互结合,称为深度强化学习。

首先,**有监督学习**(Supervised Learning)又称有教师学习,是指利用带标签的样本来优化算法的参数,使其性能提高的过程。监督学习利用的数据集都不仅包含特征,还包含标签。根据这些标签,我们可以设计一种学习策略(损失函数)来优化模型。监督学习也是目前使用最广、效果最好的一种学习方式。监督学习的优点是模型性能往往较好,精度高;缺点是需要人为的参与,对数据集的标定工作耗时耗力,获取大量标记的数据成本很高。

表 3.2 列出了传统机器学习方法中的一些代表性的监督学习方法以及它们的学习策略、优化方法。

表 3.2 传统机器学习方法中的部分监督学习方法

方 法	适用任务	学 习 策 略	损 失 函 数	优 化 算 法
感知机 (线性分类器)	二分类	最小化误分点到分类超平面的距离	平方损失	随机梯度下降
朴素贝叶斯 (NB)	多分类	极大后验概率估计	对数似然损失	概率计算公式
决策树 (DT)	多分类或回归	正则化的极大似然估计	对数似然损失	特征选择,生成,剪枝
最大熵模型 (ME)	多分类	正则化的极大似然估计	逻辑斯蒂损失	改进的迭代尺度法等
支持向量机 (SVM)	二分类	最小正则化合页损失,软间隔最大化	合页损失	序列最小最优化算法
提升方法 (Boosting)	二分类	极小化加法模型的指数损失	指数损失	前向分步加法算法
隐马尔可夫模型 (HMM)	标注问题	极大后验概率估计	对数似然损失	EM 算法等
条件随机场 (CRF)	标注问题	正则化极大似然估计	对数似然损失	改进的迭代尺度法等

无监督学习(**Unsupervised Learning**)又称为无导师学习,是指算法根据没有标签的样本来解决各种问题的过程。现实生活中经常会出现如下情况:(1)缺乏足够的先验知识,有些数据难以标注;(2)人工标注的成本太高;(3)有无穷多的可行解,无法确定哪一种最优或者这些解都是可接受的。因此,我们希望机器或者算法能够脱离人为的标签,来完成这些任务,或者是辅助完成这样的任务。在无监督学习中,数据集中的样本只有特征,没有标签,这些标签是模型根据特征按某种规则归纳得出的。近年来,无监督学习受到越来越多的关注。无监督学习因为不需要人参与,所以训练数据量可以更大。在传统机器学习算法中,聚类算法和主成分分析 PCA 是两个最有代表性的无监督学习算法。

图 3.2 展示了 K-means 聚类算法的结果。对于同样的特征点,使用不同的迭代初始值可能会得到完全不同的结果。这也反映了无监督学习算法的一个问题——难以衡量高维数据的相似度,直观的评价标准还是具有人为的主观性。

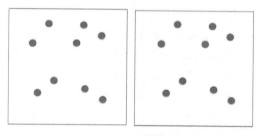

图 3.2 K-means 聚类的结果

半监督学习(**Semi-Supervised Learning**)是有监督学习和无监督学习相结合的一种学习方法,它既利用了有标签的数据,也利用了没有标签的数据,因此人为的参与度较少,同时准确度也比较高。半监督学习有三个常用的基本假设:**平滑假设**(**Smoothness Assumption**)、聚类假设（**Cluster Assumption**）和**流形假设**（**Manifold Assumption**）。究其根本，这三个假设说的都是一回事——对于两个样本，如果它们在稠密区域距离很近或者位于同一簇中时，它们的标签有很大概率相同。通过这样的假设设计出的算法，我们可以利用半监督学习得到比只用带标签数据的监督学习更好的结果。

监督学习、非监督学习和半监督学习都是以是否有数据的标签来分类，而深度学习和强化学习是按照算法模型的结构和功能取得名字。

深度学习（**Deep Learning**）是指深层的人工神经网络结构，这种结构通过深度的网络不断提取高层次的特征来达到非常优秀的结果。深度学习是一种基于数据表征学习的方法，动机在于模拟人脑的分析过程，从底层特征到高层特征一一建模。深度学习有几种比较有代表性的网络结构，比如前馈神经网络——**多层感知机**（**Multi-Layer Perceptron，MLP**）和**卷积神经网络**（**Convolutional Neural Network，CNN**），反馈神经网络——**循环神经网络**（**Recurrent Neural Network，RNN**）。这些结构根据其特点有不同的功能，同时也可以组合起来使用，来更好地利用它们各自的特点。

深度学习也有监督学习、无监督学习和半监督学习之分。在众多深度学习模型中，监督学习方法占大多数（虽然有些方法称为非监督深度学习，实际是通过一些其他的方法间接地获得标签，而不是人为标定标签），包括卷积神经网络、循环神经网络和多层感知机完成的大多数分类、回归等任务；无监督学习方法也是近期的研究热点，包括**编码解码器**（**Encoder-Decoder**）、**生成对抗网络**（**Generative Adversarial Network，GAN**）、**深度信念网络**（**Deep Belief Network，DBN**）和**深度玻尔兹曼机**（**Deep Boltzmann Machine，DBM**）等结构完成的特征降维和概率分布估计等任务。

目前深度学习在很多任务上都达到了非常好的结果。例如基于卷积神经网络的图像识别、物体检测、语义分割等任务，基于循环神经网络的动作检测、语音识别、机器翻译等任务。然而，深度学习也有很多的缺点：网络的可解释性不强——大多数的网络结构并不能让人清楚知道每一层学习到的是什么；训练代价太大——动辄几天的训练时间和大量的运算加速器让人难以接受；优化困难——深层的结构让基于梯度的优化变得艰难……当然这些问题目前也有大量研究人员尝试解决，例如人工推演网络的参数、使用预训练的网络参数来加速训练等。

深度学习是本书的重点内容，我们会在后续的章节中介绍常用的深度学习模型以及它们的特点和应用。

强化学习（**Reinforcement Learning**）又称为再励学习，是通过**智能体**（**Agent**）以试错的方式进行的学习。不同于之前所讲的监督学习与非监督学习，强化学习并不需要真实的标签来指导模型的修改。它是通过智能体不断与环境进行交互来获得奖励或者惩罚，目标是使智能体最终获得的奖励值最大。

强化学习非常适合于那些没有绝对的正确标准的任务，如棋牌类对弈、公路自动驾驶策略、游戏中的人机对战等。这里以自动驾驶中的决策过程为例，汽车从出发地驶往目的地的路线并没有绝对的正确标准，因此很难人为地规定学习的标签，我们只能给予它一些正确和错误的规则，比如"与其他车发生碰撞"会得到惩罚而"安全无事故地到达了目的地"则会得到奖励。通过这些奖励和惩罚的措施，我们想让智能体"自发"地决定应该如何行驶才能获得最大的奖励。因此，强化学习和一句老话很像——"不管黑猫白猫，抓住老鼠的就是好猫"。

强化学习是一种思想,它突破了传统"问题只有唯一答案"的想法,成为目前火热的解决决策问题的一种机器学习算法。在解决问题的过程中,强化学习经常会与深度学习相结合,从而使模型获取强大的特征提取和综合能力,这种模型被称为**深度强化学习**(**Deep Reinforcement Learning**)。在后续的章节中,我们会对强化学习算法的设计和用途作进一步的说明。

3.2　数据预处理

数据对于机器学习算法的重要性就如同空气对于人的重要性。数据的质量直接影响模型的效果,在这一节中,我们将会介绍几种常用的数据预处理方法与流程。

3.2.1　数据清洗

数据清洗,顾名思义就是将数据集中的"脏"数据去除。在这个大数据的时代,我们在获取海量数据的同时,肯定会遇到很多的"脏"数据,这些"脏"数据主要包括残缺的数据、错误的数据和重复的数据等。这些数据显然是我们不想要的,因此我们就需要根据某种规则将它"清洗"掉,这就是数据清洗。注意,数据清洗的工作一般是由计算机完成,而不是人工去除。

数据清洗的步骤主要包括:分析数据、残缺数据处理、错误数据处理和重复数据处理等。

首先,当我们得知任务需求之后,我们为了满足需求,就会去寻找相应的数据。获得数据后,就需要对数据进行**统计分析**,观察合理的数据大概是什么样的,看看哪些数据是不合理的,同时了解基本的数据情况。既然是统计分析,我们可以利用一些数学上的统计工具来协助完成,例如直方图、散点图等,通过观察图像我们可以很容易地找到那些不合理的数据样本。

缺失数据是不可避免的。我们在网上爬取的数据不一定包含所有我们需要的属性,每一个独立的数据样本可能会包含不同的缺失值。有些人对于缺失值就直接删去,而有些人则是将它们赋予0或者其他特殊的值。那么究竟应该怎么做呢?我们应当根据实际情况选择不同的处理方式。就如同10 000个样本中,有缺失属性的样本只有5个,我们可以直接删除,因为删除对整体的数据影响不大;而如果10 000个样本中有90%的样本都存在缺失属性的问题,或者这些存在缺失数据的特征维度非常重要,我们就需要仔细考虑解决方式了。

通常,对于缺失数据我们有以下几种处理方式。

(1)直接删去。这种方法适合于缺失数据少,并且缺失数据随机出现,删除对结果影响不大的情况。

(2)赋予一个常量。例如我们可以将缺失的属性赋予0值或者Unknown值,但是这样处理的效果不一定好,因为算法可能会将赋予的常量当作数据本身的属性值,因此该方法使用较少。

(3)赋予均值或中位数。与赋予常量不同,该方法赋予的是这一属性维度的统计特征,处理简单,与直接删去相比也不会减少样本数量。但是赋予的缺失数据可能会存在偏差。

因此,对于数据分布正常的数据,我们可以用均值来赋予;而对于数据分布不对称或倾斜的情况,用中位数可能比均值更好。

(4)插补法。使用现有未缺失数据通过某种方法来生成该缺失数据。

① 随机插补法:随机选取一个未缺失的值来填充该缺失的部分。

② 热平台插补法:在非缺失的数据中找到一个与缺失样本最相似的样本,使用该样本对缺失的部分进行填充。

③ 拉格朗日插值法或牛顿插值法。

(5)建模法。可以使用机器学习中的方法对数据进行建模,然后进行推理预测。比如可以构造一棵决策树来预测缺失的值。

以上的几种方法各有优缺点,具体使用时我们需要根据数据的分布情况和缺失情况来综合考虑。一般而言,建模法是使用较多的方法,因为它能建模未缺省数据来预测缺失值,准确率较高。

错误数据又称为异常值,也叫作离群点。在分析数据时,我们可以通过画图的方法很容易找到离群点,但是画图的目的毕竟是通过人来判断离群点,并且数据量大时,画图的效率很低。在这里,我们继续介绍一些分析错误数据的方法。

(1)通过简单的数据分析。对于收集的数据,我们一般会对其中的属性值有大概的先验感受。我们可以利用这种先验来制定某种规则,从而筛选出错误的数据。例如,人的身高体重不可能存在负值,人的年龄不可能超过 200 岁等。

(2)3-sigma 原则。对于服从正态分布的数据,异常值是那些观测值与均值的偏差超过三维标准差的数据。对于正态分布,我们很清楚地知道 $P(|x-\mu|>3\sigma)\approx0.003$,因此这部分数据属于小概率情况。

(3)箱型图。通过寻找数据的上四分位值 P 和下四分位值 Q 来估计数据大概的上界和下界,那些超过上、下界的数据就被称为异常值。因为有 25% 的数据可以变得任意远而不会影响四分位值,因此四分位值具有很强的稳定性。利用箱型图来判断错误数据是一种非常常见的方法。

$$upperbound = P + 1.5(P-Q)$$
$$lowerbound = Q - 1.5(P-Q)$$

(4)建模法。在分析异常数据时同样可以通过建模的方法来判断,对于那些不能很好拟合模型的数据,就可以判断为异常值。对于聚类的模型,那些不属于任何一类的数据被称为离群点;对于回归模型,那些偏离预测值的数据被称为离群点。在了解数据分布的时候建模的方法效果通常比较好,但是对于高维数据效果可能很差。

(5)基于距离。比较任意两个样本的空间距离,对于那个远离其他样本的样本可以视为离群点。该方法操作简单,但是计算复杂度很高,并且对于那种多簇分布、数据密度不均的情况适用度不高。

(6)基于密度。如果一个样本的局部密度低于它的大部分临近样本的密度,我们可以视它为离群点。

在识别出错误数据之后,对于错误数据的处理也类似于缺省值。

(1)直接删去。对于错误数据少的情况比较适用。

(2)不作处理。如果算法对于异常值很鲁棒可以采用这种方式,但是如果算法对于离群点很敏感,尤其是基于度量距离的算法,如 K-means 和最近邻等,不建议使用。

（3）将异常值删去,视为缺省值,并且按照缺省值的处理方法来处理。

缺省数据和错误数据是两种比较严重的问题,在解决了这两个问题之后,数据集中的样本基本"正常"。下一步需要做的就是去除**重复数据**,保证数据集中且相同特征的数据只有一份。去重的方法有很多,包括直接比较、排序后删除相邻重复数据,使用哈希函数映射后再进行匹配可以提高比较效率,利用"**集合**"(**Set**)这种数据结构可以很方便快捷地去重等。

3.2.2　数据集拆分

在清洗数据之后,我们就可以正式使用数据集了。根据之前的讲解,我们知道模型应当在训练集上进行训练,训练结束后在测试集上进行评价。但是由于训练迭代次数太多很有可能引起过拟合,而训练迭代次数不足会导致欠拟合,我们不知道训练的次数应该选取多少为优。因此,我们还需要另外一个与它们都不相交的集合——**验证集**(**Validation Dataset**)。

在机器学习中,我们通常将获得的数据集分为三份。

（1）**训练集**(**Training Dataset**)：用来模型迭代训练的数据集。

（2）**验证集**(**Validation Dataset**)：用来预防过拟合的发生,辅助训练过程的数据集。

（3）**测试集**(**Test Dataset**)：用来评估最终训练好的模型性能的数据集。

这里需要注意的一点是测试集在训练的过程中是不可见的,我们在训练的时候能评估模型好坏的数据集只有验证集,而不应该在训练时直接使用测试集来评估训练,更不应该将测试集加入到训练集中参与模型的训练。在训练过程中,参与模型训练的只有测试集中的数据,验证集可以辅助我们调整网络的超参数等工作。通常,我们会选择在验证集中评估最好的模型作为最终的输出模型。

通常有以下三种划分数据集的方法。

（1）**留出法**(**Hold-Out**)：留出法将数据集分为两个互斥的集合,通常选择 70% 的样本作为训练集,剩下 30% 的样本作为测试集,没有验证集。使用留出法对数据集进行划分时,需要注意训练集和测试集的数据分布应当相同,不能引入额外的偏差导致对最终模型的训练和评价产生影响。为达此目的,通常我们需要进行多次划分,然后重复训练和评估,最后取平均作为最终留出法的评估结果。

（2）**K-折交叉验证法**(**K-Fold Cross Validation**)：将原始数据均分为 K 个互斥的集合,并且尽量保证每个集合的数据分布一致。如此,就可以获取 K 组训练集-测试集对,从而可以进行 K 次训练和测试,最终再通过 K 次交叉验证取平均得到评估结果。通常,K 的取值为 5、10、20 等。

（3）**自助法**(**Bootstrap**)：自助法主要通过自助采样的方式进行：初始数据集大小为 m 个样本,每次从数据集中选出一个样本放入训练集中(初始训练集为空,选出的数据并不从原始数据集中删除),这样的操作重复 m 次,那么我们就得到了包含 m 个样本的训练集,最后从原始数据集中选出不在训练集中的那部分样本作为测试集。如此,一个样本不被选入训练集的概率为

$$p = \left(1 - \frac{1}{m}\right)^m$$

当数据集很大时，该概率为

$$p = \lim_{m \to \infty} \left(1 - \frac{1}{m}\right)^m = \frac{1}{e} \approx 0.368$$

自助法在多次实验下的性能评估变化小，适合于数据集小且难以划分的情况。此外，自助法在集成学习中应用非常广泛——可以通过多次自助采样来生成多个弱分类器，然后集合为一个强分类器。但是自助法在采样的过程中会引入重复的数据，因此会改变数据分布，引入偏差，在数据量足够大的情况下，使用留出法和交叉验证法的效果会更好。

3.2.3　数据集不平衡

数据集不平衡的问题很常见，而对于此类任务，如果不对不平衡的数据集作调整，那么机器学习算法的效果会非常差，例如判断罪犯任务。我们知道，生活中大部分人都是良民，罪犯占极少数。对于一个 10 000 人的样本，其中的罪犯可能不超过 50 个，那么如果不对这样的数据集作处理，算法会更倾向于将一个人分类为非罪犯。一个更极端的情况是将所有人都分类为非罪犯，这样的正确率能打到 99.5%，但是这显然不是我们想要的模型，因为它没有做任何事。如果要预测的事件比例小于 5%，那么这样的事件我们称之为罕见事件（Rare Event）。

处理数据集不平衡的问题有很多方法，包括数据层面的重采样、集成算法等方法，这里只介绍对数据集的处理。

数据层面的**重采样**（Resampling）主要目标大多都是为了增加少数类的样本数量或者减少多数类的样本数量，从而达成基本平衡。常用的几种重采样技术如下。

（1）**随机欠采样**（Random Under-Sampling）：随机欠采样的目的是降低多数类参与训练的样本数量，从而使多数类和少数类的样本数量趋于平衡。在上例中，我们可以从非罪犯的群体中抽取 1% 的个体作为训练的负样本，从而达到平衡。随机欠采样的优点是减少了训练样本，提高训练的速度；缺点是丢弃了很多可能有用的信息，严重时会导致欠采样的数据分布改变。

（2）**随机过采样**（Random Over-Sampling）：随机过采样与随机欠采样的目的相反，它的目标在于通过复制少数类的样本来增加少数类的数量。在上例中，我们可以将罪犯的群体复制 100 倍从而达到平衡。随机过采样不会丢失那些有用的信息，但是单纯地复制少数类的样本很容易导致过拟合。

（3）**基于聚类的过采样**（Cluster-Based Over-Sampling）：该方法将 K-means 聚类算法分别用于多数类和少数类样本，然后每一个聚类都被过采样使得所有相同类的聚类都拥有相同数量的样本。在上例中，我们可以将罪犯的群体和非罪犯群体分别聚类，得到了如下结果：

罪犯群体：2 个聚类 (20, 30)

非罪犯群体：4 个聚类 (4000, 3000, 2000, 500)

然后我们进行过采样，使得每个群体中的所有聚类的样本数相同：

罪犯群体：2 个聚类 (2000, 2000)

非罪犯群体：4 个聚类 (4000, 4000, 4000, 4000)

通过基于聚类的过采样方法，克服了不同聚类的类间不平衡性，同时也克服了多数类与少数类之间的不平衡性；但是与其他过采样方法相同，该方法也没有逃脱过拟合的可能。

（4）**合成少数类过采样技术**（**Synthetic Minority Over-Sampling Technique，SMOTE**）：该过采样方法并不是完全相同的复制少数类样本，而是将新产生样本与原来的样本作一些改变再加入数据集中。通常做法是，选取少数类中的若干点，然后对于点 A，寻找距离它最近的 m 个少数类的点，然后从中随机选出一个点 B，最后将线段 AB 连线上的任意一点加入数据集中作为新的少数类点。这种过采样方式可以缓解过拟合问题，且不会有信息损失，但是由于没有考虑每个少数类点周围的多数类点的分布，可能会增加多数类与少数类样本的空间重叠，从而引入额外的噪声，且 SMOTE 算法通常对高维数据并不是那么有效。

3.3 特征工程

3.3.1 特征编码

现实应用中，我们使用的数据的种类是多种多样的，例如图像、视频、音频、文本等。而不同类型的数据的**原始特征**（**Raw Feature**）也是不同的，因此我们需要将这些原始特征编码为机器学习算法可使用的类型。

图像（**Image**）。对于图像特征，我们比较熟悉的一种形式是将其表示为三维张量的结构，其中前两个维度是图像的高和宽，最后一个维度与图像的颜色空间有关。对于彩色图像，它的颜色空间一般为红-绿-蓝（RGB）、色调-饱和度-亮度（HSI）等；对于灰度图像，它的颜色空间仅仅只有灰度值一个维度。一般地，考虑到图像特征提取过程中产生的中间特征图（Feature Map），我们通常称它的第三维为**通道**（**Channel**），它反映了图像中每个像素点的特征向量。因此，图像的原始特征空间大小为 $[0,255]^{m \times n \times c}$，其中 m 为图像的高、n 为图像的宽、c 为图像的通道数。

在传统机器学习算法中，我们一般会将图像的原始特征进行进一步的特征提取，得到高层次的特征后再进行特征的学习、分类等工作。一个典型例子是基于图像的行人检测任务，具有代表性的做法是首先对图像提取**梯度直方图特征**（**Histogram of Gradient，HOG**），然后再利用**支持向量机**（**Support Vector Machine，SVM**）对其中的候选区域分类。

在当今的深度学习时代，由于深度神经网络拥有强大的提取特征的能力，我们经常会直接对图像的原始特征进行处理。

文本（**Text**）。机器学习算法能够直接利用的特征大多都是数值量化后的特征（也有例外，如决策树等），而文本特征就是这一类需要进行特征编码才能使用的特征。以中文文本为例，我们需要将"我爱你"进行编码。

最简单的做法就是将每个字按顺序编码，如"我"：00，"爱"：01，"你"：10。对于每个文字，我们都可以从字库 V 中找到它对应的编码，编码的长度为 $\lceil \log |V| \rceil$。这种编码方式简单快捷、编码长度短，但是编码的可解释性较差，不利于数值计算中的特征提取过程。你可能会发现"我"和"你"的编码平均值是"爱"，这其实是不合理的。因此，该编码方式应用场景不大。

另一种比较简单的编码方式是 One-Hot 编码,如"我":001,"爱":010,"你":100。对于每个文字,我们都通过向量的某一位设置 1 来编码,编码的长度为字库的大小 $|V|$。这种编码方式能得到稀疏编码,很快捷,文字特征之间相互垂直,但是当字库非常庞大时特征向量的维度会非常大,会导致维度灾难。

考虑到文字之间的相关性,我们可以将这种 One-Hot 向量压缩为较低维的向量。这个过程叫作**词嵌入**(**Word Embedding**),即将高维的特征向量嵌入到低维空间中,并且映射前后的信息应当不被损失,一个典型的词嵌入方法就是 word2vec。对于两个意思相近的词,它们的"距离"也应当近;对于意思不同的词,它们的"距离"应当远。这种考虑词语语义上下文的编码方式目前使用最广泛。

3.3.2　特征选择与特征降维

特征选择就是选择出对模型的预测有用的特征,将那些无用的、有干扰的特征去除的过程。在实际应用中,我们通常能得到海量的数据和它们的特征。一方面,特征的数量很多可能会导致学习到了一些实际不相关特征,模型的性能从而有所下降;另一方面,大量的特征对于模型的学习本就是一种负担,最终导致模型需要花费大量时间来训练,同时模型也会变得很复杂。严重时则会导致**维度灾难**(**Curse of Dimensionality**),即维度增加会导致计算量以指数速度增长。

为了避免维度灾难的问题,我们就需要从全部的特征中选择出一个最优的特征子集,使得在某个评价指标下,训练数据和测试数据的评估效果最好。因此,特征选择通常有三种做法。

(1)从大量特征中选出固定数量的特征,并且使得模型效果最好。这是一个无约束的组合优化问题。

(2)对于给定的目标性能,找到数量最小的特征子集。这是一个有约束的最优化问题。

(3)在模型性能和特征数量之间找到一个折中点。

不幸的是,这三个问题都是 NP 难问题,当可选特征数量很大时,寻找最优解变得不可能。所以,我们的目标就变为寻找一个较优的特征子集。

一种简单直接的特征选择方法是**子集搜索**(**Subset Search**)。原始特征数量为 d 的非空子集数量为 $2^d - 1$ 个。我们可以通过穷举法尝试所有的特征子集,然后选择最优的结果,这种暴力搜索的方法耗时最多,但是理论上可以找到最优子集。为了权衡搜索速度和特征子集的质量,我们可以加入贪心的策略。常用的两种贪心策略为:从空集合开始不断选择当前最优特征的**前向搜索法**(**Forward Search**)和从全集开始不断删去无用特征的**反向搜索法**(**Backward Search**)。

此外,子集搜索的方法也能分为过滤式和包裹式两种。

(1)**过滤式**(**Filter**)方法不依赖于将要使用的算法模型,通过信息量或信息增益来衡量特征的有用与无用的程度,然后向空集中加入有用特征或从全集中删除无用特征。

(2)**包裹式**(**Wrapper**)方法依赖于将要使用的算法模型,它通过后续算法模型的评价指标来衡量当前特征的有用与否,然后向空集中加入有用特征或从全集中删除无用特征。

另一种获得较优特征子集的过程借助了一些随机算法,比较有代表性的例如**模拟退火**

算法（**Simulated Annealing**）和**遗传算法**（**Genetic Algorithm**）。这些算法都是通过某种规则随机地寻找优化函数的最优点，但不一定保证是全局最优。

最后，我们介绍一种常用的无监督数据降维方法——**主成分分析**（**Principal Component Analysis，PCA**）。一方面，PCA可以通过线性变换，降低特征之间的相关性；另一方面，在线性变换之后，我们可以找到数据差异性最大的方向，称之为主方向，通常主方向的维度对模型的分类是有帮助的，而那些数据差异性较小的方向（那些维度的数据方差通常接近0）对于后续任务帮助不大。因此，PCA的目的就在于通过一个线性变换（或者找到一组新的基底），使得变换后的数据方差最大，协方差最小。

对于一组特征 $\{x_1, x_2, \cdots, x_n\}$，我们先求出这组特征的中心

$$\bar{x} = \frac{1}{n} \sum_{i=1}^{n} x_i$$

然后对所有特征进行去中心化，并且按行组织成矩阵的形式

$$\boldsymbol{X} = [x_1 - \bar{x}, x_2 - \bar{x}, \cdots, x_n - \bar{x}]$$

再求特征的协方差矩阵

$$\boldsymbol{C} = \frac{1}{n} \boldsymbol{X} \boldsymbol{X}^{\mathrm{T}}$$

该协方差矩阵是一个对称矩阵，其对角线元素为特征的方差，其他元素为特征间的协方差。对此，我们需要找的线性变换矩阵就是使得协方差矩阵对角化的特征向量，即对协方差矩阵 $\boldsymbol{C}$ 进行特征分解，得到

$$\boldsymbol{C} = \boldsymbol{V} \boldsymbol{A} \boldsymbol{V}^{\mathrm{T}}$$

对特征值按从大到小排列，最后取前 K 个最大的特征值对应的特征向量为新的基底，就组成了所求线性变换的矩阵：

$$\boldsymbol{P} = [\boldsymbol{V}^{\mathrm{T}}]_{1:K}$$

其中，$\boldsymbol{P} = [\boldsymbol{V}^{\mathrm{T}}]_{1:K}$ 代表特征向量组成的矩阵的转置的前 K 行。

PCA的本质就是将方差最大的方向作为新的主基底（方向），并且在其各个正交的方向上去相关性。但是PCA降维也有一定的限制，诸如PCA虽然能够解除线性相关性，但是对于高阶的非线性相关，传统的PCA算法就无能为力了，这时可以考虑Kernel PCA。此外，PCA作为一种无监督的特征选取器，没有调参的过程，这就意味着谁来做PCA都可以得到相同的结果，没有个性化。

3.3.3 特征标准化

我们搜集到的特征一般是有某种含义的，例如判断一个人是否身体健康，我们可能提取身高、体重、血压、红细胞计数等特征作为参考。但是如果这些特征不作任何处理，机器学习算法可能不能得到很好的效果。以此为例，大部分成人的身高在150～200cm，极差大概为50厘米；但是每个人的红细胞计数可能相差很大，每立方毫米的计数从4 000 000～5 500 000都是正常的，极差大概为1 500 000。由于特征之间的量纲不同，导致每一个特征如果没有归一化完全没有可比性。如果不经归一化就进行PCA降维，那么就会筛除掉很多可能有用的特征。

特征归一化又称为特征标准化,其目标就在于使不同特征的量纲一致,并且数据变为 0 至 1 之间的小数。常用的标准化算法如下。

(1) 线性标准化:

$$y = \frac{x - MinValue}{MaxValue - MinValue}$$

(2) 标准差标准化:

$$y = \frac{x - \bar{x}}{\sigma}$$

(3) Logistic 标准化:利用逻辑斯蒂函数进行非线性映射。

$$y = \frac{1}{1 + \mathrm{e}^{-x}}$$

(4) 反正切函数标准化:利用反正切函数进行非线性映射。

$$y = \frac{\arctan(x) \times 2}{\pi}$$

(5) 小数定标标准化:直接移动小数点的位置来实现标准化,其中 j 是使得最大的 y 小于 1 的最小值。

$$y = \frac{x}{10^j}$$

特征的标准化是一种定制的操作,需要根据实际数据的特点进行设计。除上述方法外,还有很多其他方法。

综上所述,线性标准化适用于样本分布比较均匀的情况;标准差标准化适用于样本近似于正态分布,或者当最大值最小值未知,以及在最大最小处存在孤立点的情况;而非线性映射的方法通常用于数据分化比较大的情况,即有的数据很大、有的数据很小,通过非线性函数映射,使得数据变得尽量均匀或"有特点"。

3.4　模型评估

获得了训练数据,做了数据清洗并选择了备选特征,训练了模型参数,最后一步便是评估该模型的好坏。在训练的时候,模型评估的工作在验证集上进行;在测试的时候,模型评估的工作在测试集上进行。

对于回归问题,可供选择的评价指标较少,大部分情况下会选择平均平方误差、平均绝对误差、平均对数误差等指标进行评价,或者针对特定问题设计特定的评价指标。这里不作过多的介绍。

对于分类问题,我们总能得到类别 c 预测结果的混淆矩阵,如表 3.3 所示。

表 3.3　类别预测结果的混淆矩阵

真实类别	y 值	预测类别	
		$\hat{y} = c$	$\hat{y} \neq c$
	$y = c$	TP	FN
	$y \neq c$	FP	TN

在混淆矩阵中,有四个常用的概念,分别是:

真正例(**True Positive,TP**):真实类别为 c 且预测结果也为 c 的样本。

假负例(**False Negative,FN**):又称为假阴性样本,真实类别为 c 却预测为其他类别的样本。

假正例(**False Positive,FP**):又称为假阳性样本,真实类别不为 c 却预测为类别 c 的样本。

真负例(**True Negative,TN**):真实类别不为 c 且预测结果也不为 c 的样本。

根据这四个概念,我们可以得到如下常用的评价标准。

准确率(**Accuracy**):最常用,衡量分类结果的正确性。

$$\text{Accuracy} = \frac{1}{N}\sum_{i=1}^{N} I(y_i = \hat{y}_i)$$

其中,$I(\cdot)$ 为指示函数,相等为 1,不等为 0。对于二分类问题,准确率也等于

$$\text{Accuracy} = \frac{\text{TP} + \text{TN}}{\text{TP} + \text{FN} + \text{FP} + \text{TN}}$$

错误率(**Error Rate**):与准确率对应的就是错误率。

$$\text{ErrorRate} = 1 - \text{Accuracy} = \frac{1}{N}\sum_{i=1}^{N} I(y_i \neq \hat{y}_i)$$

对于二分类问题,错误率也等于

$$\text{ErrorRate} = \frac{\text{FN} + \text{FP}}{\text{TP} + \text{FN} + \text{FP} + \text{TN}}$$

准确率和错误率对于评价模型是远远不够的,现在考虑这样一种场景:一个任务的真实类别中,有 99 个是负样本,只有 1 个是正样本;或者有 99 个正样本,仅有 1 个是负样本。那么模型有可能会将结果全部预测为负样本或者正样本,这其实是我们不想看到的结果,因为模型相当于什么都没有做! 因此,我们还需要考虑其他的一些性能指标,用于区别这种实际中常见的情况。

查准率(**Precision**):又称为精确率或精度,代表的是预测为类别 c 的样本中有多少预测正确了。

$$\text{Precision} = \frac{\text{TP}}{\text{TP} + \text{FP}}$$

查全率(**Recall**):也称为召回率,代表真实标签为类别 c 的众多样本中,有多少被真正检测出来了。

$$\text{Recall} = \frac{\text{TP}}{\text{TP} + \text{FN}}$$

查准率与查全率往往不能得兼,例如在物体检测的应用中,随着最终置信度的阈值调整,查准率与查全率此消彼长。但是如果一个算法能够同时拥有很高的查准率与查全率,这一定是极好的。

F 值(**F Measure**):综合查准率与查全率两者关系的一个综合性指标。

$$F = \frac{(1 + \beta^2) \cdot \text{Precision} \cdot \text{Recall}}{\beta^2 \cdot \text{Precision} + \text{Recall}}$$

其中,β 值用于平衡准确率与召回率,一般取值为 1,称为 F1 值。

　　宏平均（**Macro Average**）和**微平均**（**Micro Average**）是用于计算所有类别整体的精确率、召回率和 F1 值的方法。宏平均计算的是每一类的精确率、召回率和 F1 值的算术平均值：

$$\text{Precision}_{\text{macro}} = \frac{1}{C} \sum_{c=1}^{C} \text{Precision}_c$$

$$\text{Recall}_{\text{macro}} = \frac{1}{C} \sum_{c=1}^{C} \text{Recall}_c$$

$$\text{F1}_{\text{macro}} = \frac{2 \cdot \text{Precision}_{\text{macro}} \cdot \text{Recall}_{\text{macro}}}{\text{Precision}_{\text{macro}} + \text{Recall}_{\text{macro}}}$$

　　微平均计算的是每一个样本的精确率、召回率和 F1 值的算术平均值。由于对单个样本而言，准确率和召回率是相同的，要么是 0，要么是 1，因此准确率的微平均和召回率的微平均是相同的。对于不同类别样本数量不均衡的情况，使用宏平均更合理，宏平均更关注于少数类的评价指标。

　　最后，我们又回到数据集划分时谈到的**交叉验证**（**Cross Validation**）。交叉验证可以避免因划分训练集和测试集带来的破坏数据分布的问题。因此，通过交叉验证，我们可以缓解不同划分带来的性能评估不准的问题。

3.5　实践：鸢尾花分类

　　分类模型是机器学习非常重要的一个组成部分，它的目标是根据已知训练集提供的样本，通过计算选择特征参数，创建判别函数，以此对新的样本进行分类，属于监督学习的一个实例。本节以鸢尾花分类为例，根据鸢尾花的花萼和花瓣大小将其分为三种不同的品种，如图 3.3 所示。

图 3.3　鸢尾花分类

　　本实践代码已在 AI Studio 上公开，通过扫描上方二维码或访问 https://aistudio.baidu.com/aistudio/projectDetail/101810，可在页面中找到本章节对应实践代码。

3.5.1　数据准备

　　鸢尾花（Iris）数据集是机器学习领域一个非常经典的数据集，鸢尾花数据集共收集三类鸢尾花，即 Iris Setosa、Iris Versicolour 和 Iris Virginica，每类鸢尾花包含 50 条样本记录，共计 150 条。数据集包含 4 个属性，分别为花萼长度、花萼宽度、花瓣长度和花瓣宽度，单位

cm。数据示例如图 3.4 所示。

```
5.1,3.5,1.4,0.2,Iris-setosa
4.9,3.0,1.4,0.2,Iris-setosa
4.7,3.2,1.3,0.2,Iris-setosa
4.6,3.1,1.5,0.2,Iris-setosa
5.0,3.6,1.4,0.2,Iris-setosa
5.4,3.9,1.7,0.4,Iris-setosa
4.6,3.4,1.4,0.3,Iris-setosa
5.0,3.4,1.5,0.2,Iris-setosa
4.4,2.9,1.4,0.2,Iris-setosa
4.9,3.1,1.5,0.1,Iris-setosa
5.4,3.7,1.5,0.2,Iris-setosa
```

图 3.4 鸢尾花分类数据集示例

首先导入必要的 Python 包，如代码清单 3.1 所示，其中 numpy 是 Python 提供的数据处理和分析工具，sklearn 是 Python 提供的非常强力的机器学习库，灵活使用这些库可以极大地节省编写代码的时间。Matplotlib 为 Python 绘图库，可方便绘制折线图、散点图等图形。

代码清单 3.1　导入必要的包

```
import numpy as np
from matplotlib import colors
from sklearn import svm
from sklearn.svm import SVC
from sklearn import model_selection
import matplotlib.pyplot as plt
import matplotlib as mpl
```

如代码清单 3.2 所示。完成数据集的加载，并随机挑选出训练集和测试集作为模型训练使用，其中测试集占比 30%。

代码清单 3.2　加载数据

```
# 加载数据
data = np.loadtxt('/home/aistudio/data/data5423/iris.data',
                  dtype = float,
                  delimiter = ',',
                  converters = {4:iris_type})
# 数据分割
x, y = np.split(data, 4, ), axis = 1)
x = x[:, :3]
x_train, x_test, y_train, y_test = model_selection.train_test_split(x, y, random_state = 1, test_size = 0.3)
```

其中，使用 iris_type()方法将目标值 Iris-setosa、Iris-versicolor、Iris-virginica 分别转换为 0、1、2。如代码清单 3.3 所示。

代码清单 3.3　目标值转换

```
def iris_type(s):
    it = {b'Iris - setosa':0, b'Iris - versicolor':1, b'Iris - virginica':2}
    return it[s]
```

3.5.2　配置模型

支持向量机（Support Vector Machine，SVM）是机器学习中解决分类问题的一种常见模型，本节采用 sklearn 提供的 SVM 函数进行计算。模型定义如代码清单 3.4 所示。

代码清单 3.4　SVM 模型定义

```
def classifier():
    clf = svm.SVC(C = 0.5,
                  kernel = 'linear',
                  decision_function_shape = 'ovr')
    return clf
```

其中，C 表示错误项的惩罚系数，是 0～1 的浮点数，默认 1.0。C 越大，即对分错样本的惩罚程度越大，趋向于对数据全部分类正确，这样在训练集中准确率越高，但是泛化能力就会降低；相反，C 越小，惩罚力度减小，允许分类错误，将错误分类的样本当作噪声处理，泛化能力就会较强。

kernel 参数表示核函数，核函数可以简化 SVM 中的运算。常用的核函数包括以下几种：线性核函数 linear、高斯核函数 rbf、多项式核函数 poly 等。

decision_function_shape 参数表示决策函数（样本到分离超平面的距离）的类型，取值 'ovo'、'ovr' 或 None，默认 None。

3.5.3　模型训练

在定义好模型后，就可以使用训练数据进行模型训练。训练过程如代码清单 3.5 所示。

代码清单 3.5　模型训练

```
clf = classifier()
clf.fit(x_train,
        y_train.ravel())
```

在训练好模型后，需要加载模型对结果进行预测，并对预测结果的准确度进行评估。预测和评估如代码清单 3.6 所示。

代码清单 3.6　准确度评估

```
def show_accuracy(a, b, tip):
    acc = a.ravel() == b.ravel()
    print('%s Accuracy:%.3f' % (tip, np.mean(acc)))
def print_accuracy(clf, x_train, y_train, x_test, y_test):
    print('traing prediction:%.3f' % clf.score(x_train, y_train))
    print('test data prediction:%.3f' % clf.score(x_test, y_test))
    show_accuracy(clf.predict(x_train), y_train, 'traing data')
    show_accuracy(clf.predict(x_test), y_test, 'testing data')
    print('decision_function:\n', clf.decision_function(x_train))
```

3.5.4　数据可视化

模型训练完成后,使用训练好的分类器模型对鸢尾花分布进行可视化展示,如代码清单 3.7 所示。

代码清单 3.7　数据可视化

```
def draw(clf,x):
    iris_feature = 'sepal length', 'sepal width', 'petal lenght', 'petal width'
    x1_min, x1_max = x[:, 0].min(), x[:, 0].max()
    x2_min, x2_max = x[:, 1].min(), x[:, 1].max()
    x1, x2 = np.mgrid[x1_min:x1_max:200j, x2_min:x2_max:200j]
    grid_test = np.stack((x1.flat, x2.flat), axis=1)
    z = clf.decision_function(grid_test)
    grid_hat = clf.predict(grid_test)
    grid_hat = grid_hat.reshape(x1.shape)
    cm_light = mpl.colors.ListedColormap(['#A0FFA0', '#FFA0A0', '#A0A0FF'])
    cm_dark = mpl.colors.ListedColormap(['g', 'b', 'r'])
    plt.pcolormesh(x1, x2, grid_hat, cmap=cm_light)
    plt.scatter(x[:, 0], x[:, 1], c=np.squeeze(y), edgecolor='k', s=50, cmap=cm_dark)
    plt.scatter(x_test[:, 0], x_test[:, 1], s=120, facecolor='none', zorder=10)
    plt.xlabel(iris_feature[0], fontsize=20)
    plt.ylabel(iris_feature[1], fontsize=20)
    plt.xlim(x1_min, x1_max)
    plt.ylim(x2_min, x2_max)
    plt.title('svm in iris data classification', fontsize=30)
    plt.grid()
    plt.show()
```

最终鸢尾花分布如图 3.5 所示。

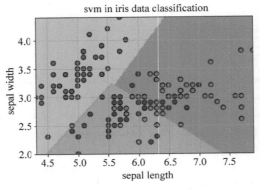

图 3.5　鸢尾花分类效果

3.6　习题

1. 对于分类问题能不能用平方误差? 试分析其中原因。

2. 回顾第一章的习题 4(线性可分支持向量机),回答:求解带约束的优化问题是如何变为最小化结构风险的? 为什么代价函数是 Hinge 损失?

3. 如果有 N 个样本服从正态分布,其中分布的均值 μ 未知。

(1) 请使用极大似然估计求解均值 μ 的最优值。

(2) 如果均值 μ 也为随机变量,并且服从正态分布 $N(\mu_0,\sigma_0^2)$,请使用极大后验估计求解均值 μ 的最优值。

(3) 试证明,为什么当样本数量足够大的时候,最大后验估计等于极大似然估计。

4. 对于一个四分类问题,模型的预测结果以及真实标签如下所示:

预测值	1	2	3	4	1	3	4	2	2
真实值	1	2	3	4	4	2	4	2	1

请求出模型的精确率、召回率、F1 值以及它们的宏平均与微平均。

第4章　深度学习基础

深度学习（**Deep Learning**）是近年来计算机专业发展十分迅速的研究领域之一，并且在人工智能的很多子领域都取得了突破性的进展。特别是在 2016 年年初，由 Deep Mind 公司研发的 AlphaGo 以 4：1 的成绩击败了曾 18 次荣获世界冠军的围棋选手李世石（Lee Sedol）。AlphaGo 声名鹊起，一时间"人工智能""机器学习""深度神经网络"和"深度学习"的报道在媒体铺天盖地般的宣传下席卷了全球。那么"人工智能""机器学习""深度神经网络"和"深度学习"之间有怎么样的关系呢？人工智能自 20 世纪 50 年代提出以来，经过几十年的发展，目前研究的问题包括知识表现、智能搜索、推理、规划、机器学习与知识获取、组合调度问题、感知问题、模式识别、逻辑程序设计软计算、不精确和不确定的管理等。人工智能包括机器学习，机器学习主要解决的问题为分类、回归和关联，其中最具代表性的有支持向量机、决策树、逻辑回归、朴素贝叶斯等算法。深度学习是机器学习中的重要分支，由神经网络深化而来，如图 4.1 所示。

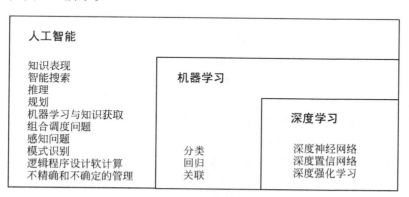

图 4.1　人工智能、机器学习、深度神经网络与深度学习之间的关系

本章将从深度学习发展历程讲起，介绍早期的感知机模型，然后引出前馈神经网络，对前馈神经网络基本组件、网络结构和学习方法进行深入讲解，最后介绍一些提升神经网络训练的技巧。

4.1 深度学习发展历程

早期绝大多数机器学习与信号处理技术都使用浅层结构,在这些浅层结构中一般含有一到两层非线性特征变换,常见的浅层结构包括支持向量机、高斯混合模型、条件随机场、逻辑回归等。目前的研究已经证明,浅层结构在解决大多数简单问题或者有较多限制条件的问题上效果明显,但是受制于有限的建模和表示能力,在遇到一些复杂的涉及自然信号的问题(如人类语言、声音、图像与视觉场景等)时就会陷入困境。

受人类信息处理机制的启发,研究者们开始模仿视觉和听觉等系统中的深度层次化结构,从丰富的感官输入信号中提取复杂结构并构建内部表示,提出了更高效的深度学习方法。追溯到 20 世纪 40 年代初,美国著名的控制论学家 Warren Maculloach 和逻辑学家 Walter Pitts 在分析与总结了生物神经元的基本特征后,设计了一种人工神经元模型,并指出了它们运行简单逻辑运算的机制,这种简单的神经元被称为 M-P 神经元。20 世纪 40 年代末,心理学家 Donald Hebbian 在生物神经可塑性机制的基础上提出了一种无监督学习规则,称为 Hebbian 学习。同期 Alan Turing 的论文中描述了一种"B 型图灵机"。之后,研究人员将 Hebbian 学习的思想应用到"B 型图灵机"上。到了 1958 年,Rosenblatt 提出可以模拟人类感知能力的神经网络模型——称之为**感知器**(**Perceptron**),并提出了一种接近于人类学习过程的学习算法,通过迭代、试错使得模型逼近正解。在这一时期,神经网络在自动控制、模式识别等众多应用领域取得了显著的成效,大量的神经网络计算器也在科学家们的努力中问世,神经网络从萌芽期进入第一个发展高潮。

好景不长,1969 年,Minsky 和 Papert 指出了感知机网络的两个关键缺陷:第一个是感知机无法处理异或回路问题;第二个是当时的计算资源严重制约了大型神经网络所需要的计算。以上两大缺陷使得大批研究人员对神经网络失去了信心,神经网络的研究进入了十多年的"冰河期"。

1975 年,Werbos 博士在论文中发表了反向传播算法,使得训练多层神经网络模型成为现实。1983 年,John Hopfield 提出了一种用于联想记忆和优化计算的神经网络,称为 Hopfield 网络,在旅行商问题上获得了突破。受此启发,Geoffrey Hinton 于 1984 年提出了一种随机化版本的 Hopfield 网络——玻尔兹曼机。1989 年,Yann Lecun 将反向传播算法应用到卷积神经网络,用于识别邮政写手数字并投入真实应用。

神经网络的研究热潮刚起,支持向量机和其他机器算法却更快地流行起来。神经网络虽然构建简单,通过增加神经元数量、堆叠网络层就可以增强网络的能力,但是付出的代价是指数级增长的计算量。20 世纪末期的计算机性能和数据规模不足以支持训练大规模的神经网络。相比之下,Vapnik 基于统计学习理论提出了**支持向量机**(**Support Vector Machine,SVM**),通过核(kernel)技巧把非线性问题转换成线性问题,其理论基础清晰、证明完备、可解释性好,得到了广泛认同。同时,统计机器学习专家从理论角度怀疑神经网络的泛化能力,使得神经网络的研究又一次陷入低潮。

2006 年,Hinton 等人提出用**限制玻尔兹曼机**(**Restricted Boltzmann Machine**)通过非监督学习的方式建模神经网络的结构,再由反向传播算法学习网络内部的参数,使用逐层预训练的方法提取数据的高维特征。逐层预训练的技巧后来被推广到不同的神经网络架构上,极大地提高了神经网络的泛化能力。而随着计算机硬件能力的提高,特别是**图形处理器**(**Graphics Processing Unit,GPU**)强大的并行计算能力非常适合神经网络运行时的矩阵运算,计算机硬件平台可以为更多的层的神经网络提供足够的算力支持,神经网络的层数不断加深,因此以 Hinton 为代表的研究人员将不断变深的神经网络重新定义为深度学习。2012 年,Hinton 的学生 Alex Krizhevsky 在计算机视觉领域闻名的 ImageNet 分类比赛中脱颖而出,以高出第二名 10 个百分点的成绩震惊四座。而发展到现在,随着深度神经网络不断加深,能力不断加强,其对照片的分类能力已经超过人类,2010—2016 年的 ImageNet 分类错误率从 0.28% 降到了 0.03%;物体识别的平均准确率从 0.23% 上升到了 0.66%。

深度学习方法不仅在计算机领域大放异彩,也在无人驾驶、自然语言处理、语音识别与金融大数据分析方面都有广泛应用,图 4.2 给出了深度学习方法的精彩应用实例。在接下来的章节中,我们将从神经网经的起源——感知机讲起,逐步介绍神经网络的运行机制与其核心算法,一步步走进深度学习精彩的世界。

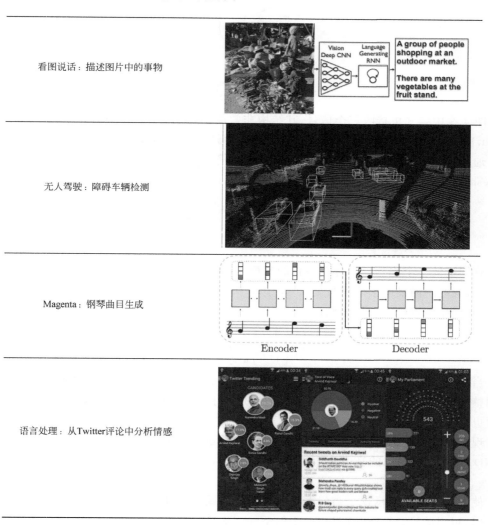

图 4.2 深度学习应用实例

4.2 感知机

本节将介绍**感知机**（**perceptron**）算法，并用感知机解决一些简单的问题。感知机算法是由美国科学家 Frank Rosenblatt 在 1957 年提出的，由此揭开了人工神经网络研究的序幕。因此，学习感知机的构造也是在领略通往神经网络的思路。

4.2.1 感知机的起源

感知机接收多个输入信号，输出一个信号，如图 4.3 所示。

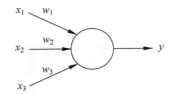

图 4.3 接收三个输入信号的感知机

图 4.3 中感知机接收三个信号，其结构非常简单，x_1, x_2, x_3 代表人们选择的输入信号（input），y 为输出信号（output），w_1, w_2, w_3 为感知机内部的参数，称为权重（weight），图中的○通常称为"神经元"或者"节点"。输入信号与权重相乘后求和，与一个阈值 θ（threshold）比较输出 0 或 1，用数学式来表达就是

$$y = \begin{cases} 0 & \left(\sum_j w_j x_j \leqslant \theta \right) \\ 1 & \left(\sum_j w_j x_j > \theta \right) \end{cases}$$

感知机的多个输入信号都有各自的权重，权重越大，对应信号的重要性就越高。为了表达简洁，我们用向量的形式重写上式，其中 w 和 x 都是向量，向量中的元素分别代表权重与输入，并使用偏置（bias）代表阈值，令 $b = -\theta$，则

$$y = \begin{cases} 0 & (\boldsymbol{w}^{\mathrm{T}} \boldsymbol{x} + b \leqslant 0) \\ 1 & (\boldsymbol{w}^{\mathrm{T}} \boldsymbol{x} + b > 0) \end{cases}$$

当输出 1 时，称此神经元被激活，其中权重 w 是体现输入信号重要性的参数，而偏置 b 是调整神经元被激活的容易程度的参数，此处我们称 w 为权重，称 b 为偏置，但参照上下文有时也会将 w、b 统称为权重。

现在让我们考虑用感知机解决一个简单的问题：使用感知机来实现一个两输入的与门（AND gate）。由与门的真值表（表 4.1）可以知道，与门仅在两个输入为 1 时输出 1，否则输出 0。

使用感知机来表示这个与门需要做的就是设置感知机中的参数，设置参数 $w = [1, 1]$ 和 $b = -1$，可以验证，感知机满足表 4.1 的条件；设置参数 $w = [0.5, 0.5]$ 和 $b = -0.6$ 也可以满足表 4.1 的条件。实际上，满足表 4.1 的条件的参数有无数多个。

表 4.1 二输入与门真值表

x_1	x_2	y
0	0	0
0	1	0
1	0	0
1	1	1

那么对于二输入的与非门（NAND gate）与或门（OR gate）呢？对照与非门与或门的真值表，设置参数 $w=[-0.2,-0.2]$，$b=0.3$ 可以让感知机表达与非门；设置参数 $w=[0.4,0.5]$，$b=-0.3$ 可以让感知机表达或门，如表 4.2 和表 4.3 所示。

表 4.2 二输入与非门真值表

x_1	x_2	y
0	0	1
0	1	1
1	0	1
1	1	0

表 4.3 二输入或门真值表

x_1	x_2	y
0	0	0
0	1	1
1	0	1
1	1	1

如上，我们已经使用感知机表达了与门、与非门、或门，而其中重要的一点是我们使用的感知机的形式是相同的，只有参数的权重与阈值不同。而这里决定感知机参数的不是计算机而是人，对权重和偏置赋予了不同值而让感知机实现了不同的功能。看起来感知机只不过是一种新的逻辑门，没有特别之处。但是，我们可以设计**学习算法**（learning algorithm），使得计算机能够自动地调整感知的权重和偏移，而不需要人的直接干预。这些学习算法使得我们能够用一种根本上区别于传统逻辑门的方法使用感知机，不需要手工设置参数，也无须显式地排布逻辑门组成电路，取而代之地，可以通过简单的学习来解决问题。

4.2.2 感知机的局限性

感知机的研究成果让人感到兴奋，但是在 1969 年，Minksy 等人对当时的感知机方法进行了深入的研究，对感知机的"能"与"不能"作了细致的分析。然而当时人们更多地关注了感知机所"不能"解决的问题，悲观地论断了感知机的普适难题也会是神经网络面临的问题，神经网络的研究一度陷入寒冬。

感知机所面临的问题主要分为两个方面。一方面是这类算法只能处理线性可分的问题，即它只能表示由一条直线分割的空间。对于线性不可分的问题，简单的单层感知机没有可行解，一个代表性的例子就是感知机的**异或门**（**XOR Gate**）问题，如表 4.4 所示。

表 4.4　二输入异或门真值表

x_1	x_2	y
0	0	0
0	1	1
1	0	1
1	1	0

我们已经使用感知机来表示与门、与非门和或门，但是对于这种逻辑电路门，我们找不出一组合适的参数 w 和 b 来满足表 4.4 的条件。将或门与异或门的响应可视化，如图 4.4 所示。

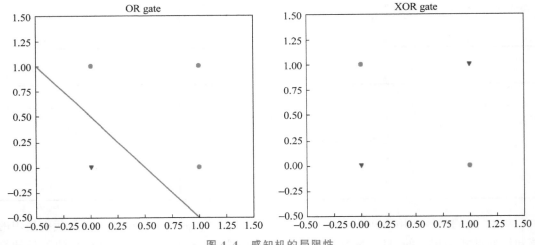

图 4.4　感知机的局限性

对于图 4.4 中左侧的或门，对应的感知机表示如下。

$$y = \begin{cases} 0 & (x_1 + x_2 - 0.5 \leqslant 0) \\ 1 & (x_1 + x_2 - 0.5 > 0) \end{cases}$$

上式所示的感知机会生成由直线 $x_1 + x_2 - 0.5 = 0$ 分割开的两个空间，其中一个空间输出 1，另一个空间输出 0。或门在 $(x_1, x_2) = (0, 0)$ 处输出 0，在 (x_1, x_2) 处为 $(0, 1)$，$(1, 0)$ 和 $(1, 1)$ 处输出 1，而直线 $x_1 + x_2 - 0.5 = 0$ 正确地分割开了这四个点。而对于异或门，想用一条直线将不同标记的点分开是不可能做到的。

感知机需要人工选择特定的特征作为输入，这就意味着很多的问题被转移到了如何提取特征，使得特征的线性关系得以解决。对于这样的特征，还是需要人来提取，感知机爱莫能助，这就极大地限制了感知机的应用，而对于研究者而言，最紧迫的任务是如何自动提取这些复杂的特征。然而当研究者找到自动提取特征的方法时，感知机已经陷入了寒冬二十余年。

4.3 前馈神经网络

4.2 节中我们介绍了感知机,了解到感知机隐含着表示复杂函数的可能性,也看到了感知的局限性。而解决感知机困境的方法就是将感知机堆叠,进而形成多层神经网络,研究者们也称为**深度神经网络(Deep Neural Network,DNN)**。从这一节开始,我们将从感知机过渡到神经网络,在 4.3.1 节中先介绍神经网络的基本组成单元——神经元;在 4.3.2 节中介绍神经网络的层级结构,并讲解如何理解前馈神经网络,给出神经网络可以计算任何函数的可视化证明;然后在 4.3.4 节中介绍神经网络的训练与预测,并在 4.3.5 节中使用反向传播算法高效训练神经网络;最后在 4.3.6 节中介绍提升神经网络训练效果的技巧。

1975 年,Werbos 博士在其论文中证明将多层感知机堆叠成神经网络,并利用反向传播算法训练神经网络自动学习参数,解决了"异或门"等问题,图 4.5 给出了多层感知机对于"异或门"的可行解。

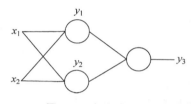

图 4.5 多层感知机

使用三个简单感知机 y_1,y_2,y_3 组成一个两层的感知机,可以满足表 4.2 中的异或门响应条件,感知机 y_1,y_2,y_3 的形式如下面 3 个式子所示。不难验证这个两层的感知机对输入信号的响应与异或门一致。

$$y_1 = \begin{cases} 0 & (x_1 - x_2 - 0.5 \leqslant 0) \\ 1 & (x_1 - x_2 - 0.5 > 0) \end{cases}$$

$$y_2 = \begin{cases} 0 & (-x_1 + x_2 - 0.5 \leqslant 0) \\ 1 & (-x_1 + x_2 - 0.5 > 0) \end{cases}$$

$$y_3 = \begin{cases} 0 & (x_1 + x_2 - 0.5 \leqslant 0) \\ 1 & (x_1 + x_2 - 0.5 > 0) \end{cases}$$

虽然多层神经网络的出现解决了感知机的问题,但是相比于同时期的支持向量机算法,多层神经网络缺乏完备的数学理论证明,多层神经网络依然没有得到人们的重视。这也是神经网络一直面临的问题,即使神经网络已经在各领域取得了突破性的进展,其解决问题的"可解释性"依然是研究者们在不断探究的问题,而随着神经网络可视化等研究的发展,研究者开始触摸到神经网络背后的机制,逐渐完善神经网络的理论体系。

4.3.1 神经元

神经元(Neuron)是构成神经网络的基本单元,其主要是模拟生物神经元的结构和特性,接受一组输入信号并产生输出。

20 世纪初生物学家就发现了生物神经元的结构,最近生物学家更完整地显影了神经元的结构。生物神经元由多个树突和一条轴突组成,其中树突用来接收信号;而轴突用来发送信号。随着神经元所获得的输入信号积累到一定水平,神经元就开始处于兴奋状态,并发出电脉冲信号。神经元轴突尾端有许多末梢与其他神经元的树突产生连接,通过这些连接,神经元产生的电脉冲信号传播到与它连接的其他神经元。心理学家 McCulloch 和数学家 Pitts 根据生物神经元的结构,将一种简单的人工神经元模型逐渐发展为现代人工神经元模型。

现代人工神经元模型由连接、求和节点和激活函数组起,如图 4.6 所示。

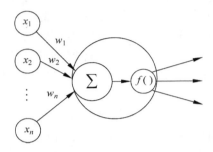

图 4.6　人工神经元结构图,$\sum$ 表示求和,$f(\ )$ 表示激活函数

神经元接受 n 个输入信号 $x_1, x_2, \cdots, x_n$,用向量 $\boldsymbol{x} = [x_1, x_2, \cdots, x_n]$ 表示,神经元中的加权和称为**净输入**(**Net Input**)

$$z = \sum_{j=1}^{n} w_j x_j + b$$
$$= \boldsymbol{w}^{\mathrm{T}} \boldsymbol{x} + b$$

回顾一下感知机的表达式:

$$y = \begin{cases} 0 & (\sum_j w_j x_j + b \leqslant 0) \\ 1 & (\sum_j w_j x_j + b > 0) \end{cases}$$

并将其形式改写成

$$y = f(z)$$
$$f(x) = \begin{cases} 0 & (x \leqslant 0) \\ 1 & (x > 0) \end{cases}$$

在引入了函数 $f(x)$ 后,感知机就可以写成神经元的形式,输入信号会被 $f(x)$ 转换,转换后的值就是输出 y。这种将输入信号的总和转换为输出信号的函数称为**激活函数**(**Activation Function**)。

$f(x)$ 表示的激活函数以阈值为界,一旦输入超过阈值就切换输出,这样的函数称为**阶跃函数**。可以说感知机是使用阶跃函数作为激活函数,实际上,当我们将阶跃函数换作其他的激活函数时,就开始进入神经网络的世界了。那么为什么需要使用激活函数呢?又有哪些激活函数可供使用呢?

首先讨论第一个问题,之前介绍的感知机无法解决线性不可分的问题,是因为这类线性模型的表达力不够,从输入到加权求和都是线性运算,而激活函数一般是非线性的,为神经网络引入了非线性因素,这样才能逼近更复杂的数据分布。激活函数也限制了输出的范围,控制该神经元是否激活。激活函数对于神经网络有非常重要的意义,它提升非线性表达能力,缓解梯度消失问题,将特征图映射到新的特征空间以加速网络收敛等。

不同的激活函数对神经网络的训练与预测都有不同的影响,接下来回答第二个问题,详细介绍神经网络中经常使用的激活函数及它们的特点。

1)sigmoid

sigmoid 函数是一个在生物学中常见的 S 型函数,也称为 S 型生长曲线,在信息学科中也称为 Logistic 函数。sigmoid 函数可以使输出平滑而连续地限制在 0~1,在 0 附近表现为近似线性函数,而远离 0 的区域表现出非线性,输入越小,越接近于 0;输入越大,越接近于 1。

sigmoid 函数的数学表达式为:

$$\sigma(x) = \frac{1}{1 + e^{-x}}$$

其函数图像如图 4.7 所示。

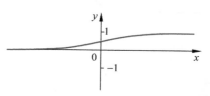

图 4.7 sigmoid 函数

与感知机使用的阶跃激活函数相比,sigmoid 函数是连续可导的,其数学性质更好。sigmoid 函数的导数如下:

$$\begin{aligned}
\frac{\partial y}{\partial x} &= -\frac{1}{(1+e^{-x})^2} \cdot e^{-x} \cdot (-1) \\
&= \frac{e^{-x}}{(1+e^{-x})^2} \\
&= \frac{1}{1+e^{-x}} \cdot \left(1 - \frac{1}{1+e^{-x}}\right) \\
&= \sigma(x)(1-\sigma(x))
\end{aligned}$$

sigmoid 函数的导数可直接用函数的输出计算,简单高效,但 sigmoid 函数的输出恒大于 0。非零中心化的输出会使得其后一层的神经元的输入发生**偏置偏移(Bias Shift)**,可能导致梯度下降的收敛速度变慢。另一个缺点是 sigmoid 函数导致的梯度消失问题,由上面 sigmoid 函数的导数表达式可知在远离 0 的两端,导数值趋于 0,梯度也趋于 0,此时神经元的权重无法再更新,神经网络的训练变得困难。

2)tanh

tanh 函数继承自 sigmoid 函数,改进了 sigmoid 变化过于平缓的问题,它将输入平滑地限制在 −1~1 的范围内。

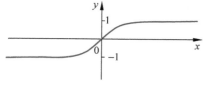

图 4.8 tanh 函数

tanh 函数的数学表达式为:

$$\tanh(x) = \frac{e^x - e^{-x}}{e^x + e^{-x}}$$

$$\tanh(x) = 2\sigma(2x) - 1$$

其函数图像如图 4.8 所示。

tanh 函数的导数为:

$$\frac{\partial y}{\partial x} = \frac{(e^x + e^{-x})(e^x + e^{-x}) - (e^x - e^{-x})(e^x - e^{-x})}{e^x + e^{-x}} = 1 - y^2$$

tanh 函数可以看作 sigmoid 的缩放平移版,见上式。tanh 函数的输出是以零为中心的,解决了 sigmoid 函数的偏置偏移问题。而且 tanh 在线性区的梯度更大,能加快神经网络的收敛,但是在 tanh 函数两端的梯度也趋于零,梯度消失问题依然没有解决。

3) ReLU

修正线性单元(**Rectified Linear Unit,ReLU**),也称 rectifier 函数,如图 4.9 所示。ReLU 是目前深层神经网络中广泛使用的激活函数,ReLU 函数首次大显身手是在 2012 年的 ImageNet 分类比赛中,比赛冠军深度神经网络模型 AlexNet 使用的激活函数正是 ReLU。

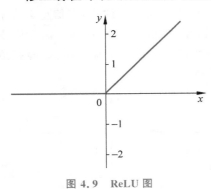

图 4.9 ReLU 图

ReLU 的数学表达式为:

$$\text{ReLU}(x) = \begin{cases} x, & x > 0 \\ 0, & x \leqslant 0 \end{cases}$$
$$= \max(x, 0)$$

ReLU 是分段可导的,并人为规定在 0 处其梯度为 0,它的导数形式是:

$$\frac{\partial y}{\partial x} = \begin{cases} 1, & x > 0 \\ 0, & x \leqslant 0 \end{cases}$$

ReLU 具有生物上的可解释性,Lennie 等人的研究表明大脑中同一时刻大概只有 1%～4% 的神经元处于激活状态,从信号上看神经元同时只对小部分输入信号进行响应,屏蔽了大部分信号。sigmoid 函数和 tanh 函数会导致形成一个稠密的神经网络,ReLU 则有较好的稀疏性,大约有 50% 的神经元处于激活状态。ReLU 引入的稀疏激活性,让神经网络在训练时会有更好的表现。ReLU 的梯度为 0 或常数,可以有效缓解梯度消失的问题。此外,ReLU 还有个优点,它计算快、开销小,相比 sigmoid 函数与 tanh 的复杂函数运算,ReLU 仅需要简单的阈值运算。

ReLU 的缺点也很明显,同 sigmoid 函数一样,它是非零中心化的,会给后一层的神经网络引入偏置偏移,影响梯度下降的效率。ReLU 还可能出现"死亡",即神经网络在某次不恰当的参数更新后,某个 ReLU 神经元可能在所有的输入上都不能被激活,此时它的梯度固定为 0,没有梯度便无法调整神经元的参数,在之后的训练中此神经元再不会被激活。

针对 ReLU 的"死亡"问题,研究者们对 ReLU 进行了改进,提出了若干 ReLU 的变种。

4) LReLU

带泄露的 ReLU(Leaky ReLU,LReLU)在 ReLU 梯度为 0 的区域保留了一个很小的梯度,以维持参数更新。

LReLU 的数学表示式如下:

$$\text{LReLU}(x) = \begin{cases} x, & x > 0 \\ \alpha x, & x \leqslant 0 \end{cases}$$

α 是一个很小的常数,如 0.01,当 $\alpha < 1$ 时,LReLU 也可以写作

$$\text{LReLU}(x) = \max(x, \alpha x)$$

其导数形式是：

$$\frac{\partial y}{\partial x} = \begin{cases} 1, & x > 0 \\ \alpha, & x \leqslant 0 \end{cases}$$

其函数图像如图 4.10 所示。

5）PReLU

何恺明等人在 ReLU 的基础上引入了一个可学习的参数，不同的神经元有不同的参数 α_i，其数学表达式如下：

$$PReLU(x) = \begin{cases} x, & x > 0 \\ \alpha_i x, & x \leqslant 0 \end{cases}$$
$$= \max(x, \alpha_i x)$$

其导数形式是：

$$\frac{\partial y}{\partial x} = \begin{cases} 1, & x > 0 \\ \alpha_i, & x \leqslant 0 \end{cases}$$

其函数图像如图 4.11 所示。

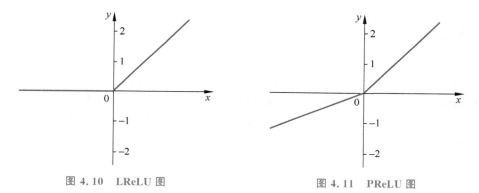

图 4.10　LReLU 图　　　　　　　　图 4.11　PReLU 图

不同于 LReLU，PReLU 神经元中的 α_i 不是一个固定的常数，而是每个神经元中可学习的参数，也可以是一组 PReLU 神经元共享的参数。当 $\alpha_i = 0$ 时，PReLU 可以看作 ReLU，当 α_i 是一个很小的数时，PReLU 可以看作 LReLU。

6）ELU

LReLU 和 PReLU 解决了 ReLU"死亡"问题，但 ReLU 非零中心化的问题依然存在，而**指数线性单元（Exponential Linear Unit，ELU）**解决了这个问题，ELU 输出均值接近于零，是一个近似的零中心化的非线性函数，其数学表达式如下：

$$ELU(x) = \begin{cases} x, & x > 0 \\ \alpha(e^x - 1), & x \leqslant 0 \end{cases}$$
$$= \max(0, x) + \min(0, \alpha(e^x - 1))$$

其中 α 是一个可调整的参数，控制着 ELU 负值部分的饱和。

其导数形式是：

$$\frac{\partial y}{\partial x} = \begin{cases} 1, & x > 0 \\ \alpha e^x, & x \leqslant 0 \end{cases}$$

其函数图像如图 4.12 所示。

7) Maxout

Maxout 单元的激活函数是最大值函数 max,不同于之前的激活函数,Maxout 单元接收的不是神经元的净输入 z,而是神经元的接入,每个 Maxout 神经元有 K 个权重向量与偏置,其数学表示式为:

$$y = \max_k(z_k)$$
$$= \max(\boldsymbol{w}_1^T x + b_1, \boldsymbol{w}_2^T x + b_2, \cdots, \boldsymbol{w}_K^T x + b_K)$$

其导数形式为:

$$\frac{\partial y}{\partial z_k} = \begin{cases} 1, & z_k \text{ 为最大值} \\ 0, & \text{其他} \end{cases}$$

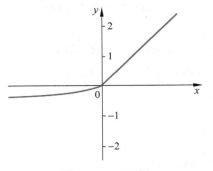

图 4.12　ELU 图

只有取最大值的一路保留梯度,其他没有梯度。ReLU 也可以看作是一种特殊的 Maxout。

4.3.2　网络结构

单一神经元的功能是有限的,需要很多神经元连接在一起传递信息来协作完成复杂的功能,这就是神经网络。按神经网络的拓扑结构可以分为**前馈神经网络**(**Feedforward Neural Network**)、**反馈网络神经**(**Recurrent Neural Network**)和**图网络**(**Graph Neural Network**),如图 4.13 所示。本章重点讨论前馈神经网络,其他两种网络将在第 6 章和第 8 章中详细介绍。

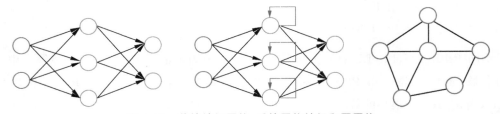

图 4.13　前馈神经网络、反馈网络神经和图网络

在图 4.13 中,我们给出了一个三层的前馈神经网络。在这样的网络中,神经元按接受信息的先后分组,每组构成神经网络的一层,下一层的接入仅来自上一层的输入,不存在回环,信息总是向前传播,没有反向回馈,网络结构可以用一个有向无环图来表示。

1. 输入层、输出层及隐层

图 4.14 给出了一个更复杂的前馈神经网络,网络中最左边的一层被称作输入层(Input Layer),其中的神经元被称为**输入神经元**(**Input Neurons**)。最右边的一层是**输出层**(**Output Layer**),包含的神经元被称为**输出神经元**(**Output Neurons**)。本例中,输入层有 5 个神经元,输出层有 2 个神经元。网络中处于输入层与输出层之间的层被称作**隐层**(**Hidden Layer**),一

个网络中往往有多个隐层。

在图 4.14 所示的网络中,输入层为 5 个元素组成的一维向量,隐层有 3 个神经元,从输入层到隐层有 $5 \times 3 = 15$ 条连接线。两个隐层之间有 $3 \times 3 = 9$ 条连接线。输出层是由 2 个元素组成的一维向量,从隐层到输出层有 $3 \times 2 = 6$ 条连接线。每层神经元与下一层多个神经元相连,其中的每个连接都有独自的权重参数,控制神经元输入信息的权重,这些关键的参数由网络训练得到。若网络中前一层的所有神经元都与下一层的所有神经元连接,这种结构的网络被称为**全连接网络**(**Fully Connected Network**)。

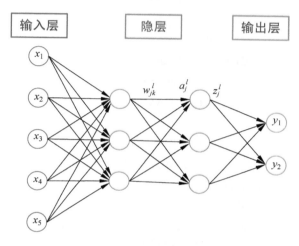

图 4.14 前馈神经网络

神经网络的输入层、输出层设计是比较直观的,其神经元的个数往往是根据数据本身而设定的。例如我们要用神经网络解决手写数字识别的问题,判断一张手写数字图片上面写得是不是"6"。很自然地,我们会将图片像素的灰度值直接作为网络的输入,假设训练样本图片是 32×32 的灰度图像,那么我们需要 $32 \times 32 = 1024$ 个输入神经元,每个神经元接受归一化后的灰度值。而输出层只需要一个神经元,输入是否为"6"的置信度,当神经元输出值大于设置的阈值时说明输入图片上写着"6"。

相对于神经网络的输入层与输出层含义的直观,隐层的设计就是一件非常具有技巧性的工作。隐层神经元的数目是不定的,神经元的数目越多,神经网络的非线性越显著,有利于提高神经网络的鲁棒性。神经网络的研究者们已经总结了很多针对隐层的启发式设计规则,这些规则能够用来使网络变得符合预期。例如,一些启发式规则可以用来帮助我们在隐层层数和训练网络所需的时间开销这二者间找到平衡。我们将在后面的章节中逐步介绍这些规则。

为了更准确地描述神经网络,引入一些数学符号:对于一个 L 层的神经网络,第 l 层有 m^l 个神元,则 l 层神经元与前一层的连接权重矩阵为:

$$
\boldsymbol{W}^l = \begin{bmatrix} w_{11}^l & w_{12}^l & \cdots & w_{1m^{l-1}}^l \\ w_{21}^l & w_{22}^l & \cdots & w_{2m^{l-1}}^l \\ \vdots & \vdots & \ddots & \vdots \\ w_{m^l 1}^l & w_{m^l 2}^l & \cdots & w_{m^l m^{l-1}}^l \end{bmatrix}
$$

其中 w_{jk}^l 表示第 $l-1$ 层中的第 k 个神经元与第 l 层中的第 j 个神经元的连接。

$l-1$ 层到 l 层的偏置为：

$$\boldsymbol{b}^l = [b_1^l, b_2^l, \cdots, b_{m^l}^l]$$

l 层神经元净输入向量为：

$$\boldsymbol{z}^l = [z_1^l, z_2^l, \cdots, z_{m^l}^l]$$

l 层神经元所用的激活函数为：

$$f^l() = [f_1^l(), f_2^l(), \cdots, f_{m^l}^l()]$$

l 层神经元激活值向量为：

$$\boldsymbol{a}^l = [a_1^l, a_2^l, \cdots, a_{m^l}^l]$$

前馈神经网络的每一层之间的信息传递方式为：

$$\boldsymbol{z}^l = \boldsymbol{W}^l \cdot \boldsymbol{a}^{l-1} + \boldsymbol{b}^l$$
$$\boldsymbol{a}^l = f^l(\boldsymbol{z}^l)$$

也写为：

$$\boldsymbol{a}^l = f^l(\boldsymbol{W}^l \cdot \boldsymbol{a}^{l-1} + \boldsymbol{b}^l)$$

信号流进入前馈神经后，按上式的方式逐层传递，在网络最后输出 $\boldsymbol{a}^L$，整个网络可以看作一个带参数的复合函数 $F(\boldsymbol{x}; \boldsymbol{W}, \boldsymbol{b})$：

$$F(\boldsymbol{x}; \boldsymbol{W}, \boldsymbol{b}) = f^L(\boldsymbol{W}^L \cdot f^{L-1}(\cdots \boldsymbol{W}^2 \cdot f^1(\boldsymbol{W}^1 \cdot \boldsymbol{x} + \boldsymbol{b}^1) + \boldsymbol{b}^2 \cdots) + \boldsymbol{b}^L)$$

这就是前馈神经网络的前向传播公式。而对于神经网络中第 l 层的输出 $\boldsymbol{a}^L$，可以看作是原始特征向量 $\boldsymbol{x}$ 转换到高维空间的特征向量，这个过程称之为特征提取，$\boldsymbol{a}^l$ 也称为第 l 层的**特征向量**或者**特征图**（**Feature Map**）。

2. 万用近似定理及可视化证明

前馈神经网络具有很强的拟合能力，通过大量非线性函数（神经元）组合成复杂的映射，那神经网络可以拟合哪些函数呢，会不会像感知机一样对某些问题找不到可行解呢？**万用近似定理**（**Universal Approximation Theorem**）表明如果一个前馈神经网络具有线性输出层和至少一层隐藏层，只要给予网络足够数量的神经元，便可以实现以足够高精度来逼近任意一个在实数空间的紧子集上的连续函数。万用近似定理表明了神经网络的计算普适性，即使神经网络只有一个隐层，这个普遍性也成立。因此，非常简单的网络架构的能力也可以非常强大。但是，万用近似定理只是表明对于一个连续函数都可以使用一个足够大的神经网络来逼近，却没有说明这个网络有多大。

万用近似定理的证明是一件不简单的事情，相关的证明论文中结合 Hahn-Banach 定理、Riesz 表示定理和一些傅里叶分析给出了严格的数学证明。这些数学形式上的证明超出了本书的范畴，我们在此给出了神经网络计算普适性简单直观的可视化解释，逐步深入背后的思想，以更好地理解为什么神经网络可以计算任何函数，并与更深层的神经网络关联起来。

我们以 sigmoid 神经元为例，先来看一个单输入的神经元对参数的响应，单输入 sigmoid 神经元可以写为：

$$f(x) = \sigma(wx + b)$$

$$\sigma = \frac{1}{1 + e^{-x}}$$

从图 4.15 可以看到，参数 b 不会影响函数的形状，但它控制了函数图像的平移，参数 w 控制了函数的状态，w 越大函数变得越陡峭。当 w 足够大时，sigmoid 函数会表现出阶越函数的性质，其阶越点 $s = -b/w$，如图 4.16 所示，左图中增加 w，使之逼近阶越函数，右图中调整 b 使函数在不同的 s 点发生阶越。

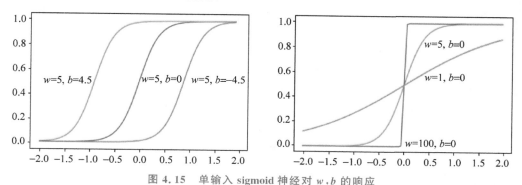

图 4.15　单输入 sigmoid 神经对 w,b 的响应

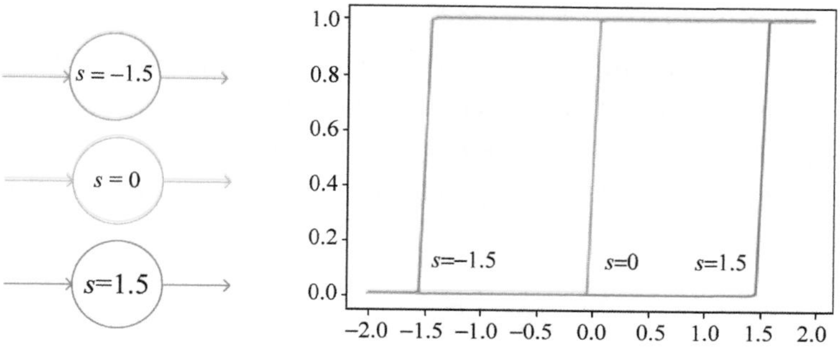

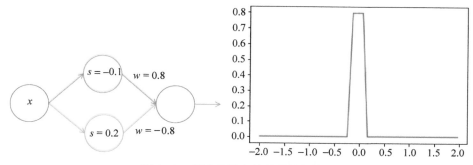

图 4.16　sigmoid 函数逼近阶越函数

接下来，用两个单输入的神经元组成一个简单的神经网络，如图 4.17 所示。

图 4.17　两个单输入的简单神经网络

可见这样的神经网络的图像近似细长条状，它们的高度由下个神经的权重与偏置决定，为便于描述，将这个高度记为 h。这样的神经网络可以继续组合，如图 4.18 所示。

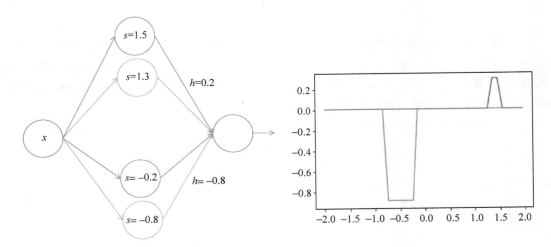

图 4.18　神经网络的组合

那么对于任意一个函数,可以简单地用直方条组合的方式来近似,随机产生一段曲线,其数学表示为 $f(x)=0.5x^2+0.5x-0.2\cos(10x)-0.1$,可以用神经网络组合的方式来近似表达,如图 4.19,例中使用三个神经网络来组合,可以近似函数中的一部分值,按照微积分的思想,对函数值域的划分粒度越细,逼近的准确度越高,当然需要使用的神经元也越多。当然这并不是神经网络真实的工作机制,这只是我们使用 sigmoid 神经元来拟合任意函数的一种直观方式。严格地说,这种可视化方式并不是一个证明,但这种可视化的方法与严谨的数学证明相比能给初学者更直观、更深入的了解,了解证明背后神经网络的思想才是真正目的。

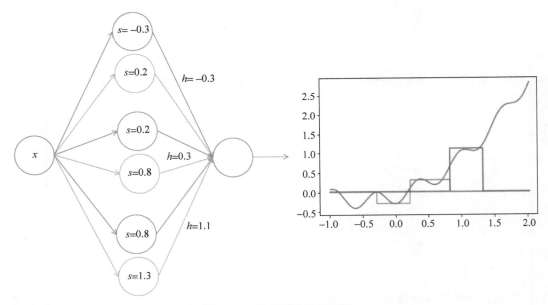

图 4.19　神经网络近似函数

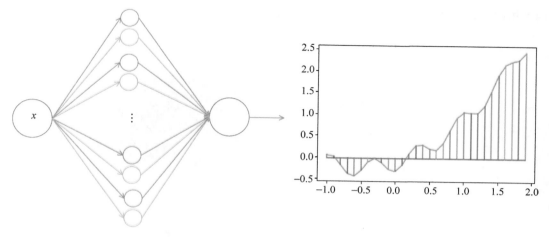

图 4.19 （续）

　　接下来我们需要这个结果从单输入神经元,扩展多输入神经元。这看起来似乎是一件比较麻烦的事情,但是从单输入扩展到两个输入与扩展到更多输入的原理是相通的,在这里我们以两个输入来说明。

　　对于神经元有两个输入的情况,将其中一个输入的权重设点 0,观察神经元对另一个输入的响应,如图 4.20 所示。

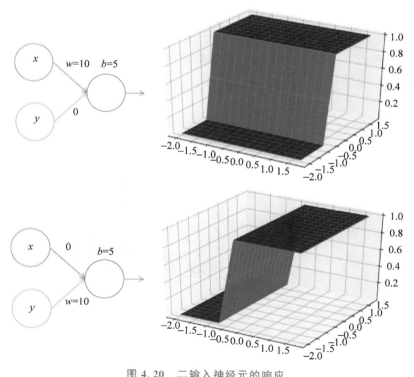

图 4.20　二输入神经元的响应

　　可见,二输入的神经元在其中一个输入的权重为 0 的时候,会产生一个三维的阶越面,同理用两个神经元进行组合,可以产生三维的直方条,如图 4.21 所示。

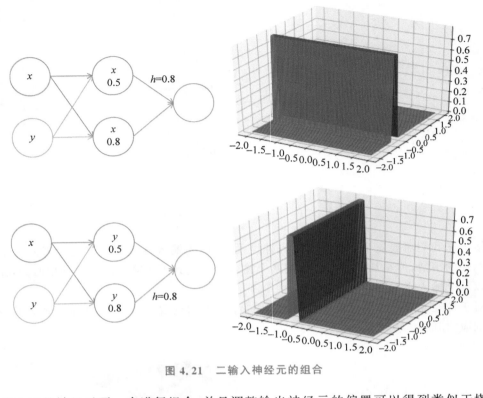

图 4.21　二输入神经元的组合

　　将上面的神经元再一次进行组合,并且调整输出神经元的偏置可以得到类似于塔式的三维图像,如图 4.22 所示。

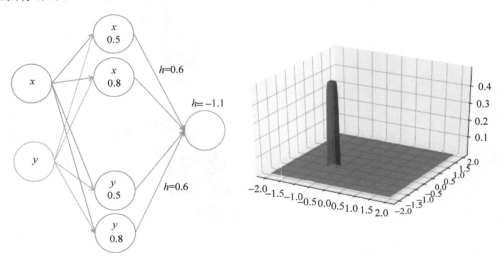

图 4.22　二输入神经元组合趋进塔形

　　根据微积分的思路,三维空间中的曲面都可以通过塔形面来拟合,其划分粒度越细,逼近越精确,同样也需要使用更多的神经元,这样的结果也可以推广到 n 维。

用可视化的方法粗略地解决了神经网络的计算普遍性,这个的解释更像是用 NAND 去搭建任意的电路,可视化的解释方法是为了让解释更清晰和易于理解,而不是过于挖掘细节,有兴趣的读者可以查找相关资料阅读严谨的数学证明。

4.3.3　训练与预测

与支持向量机、逻辑回归等机器学习算法一样,神经网络也分为训练与预测两个阶段。在训练阶段,需要为神经网络准备好训练数据及对应的标签,通过训练得到一个模型。神经网络的训练就是从数据中学习,其实就是通过不断地修改网络中所有的权重 $\boldsymbol{W}$ 和偏置 $\boldsymbol{b}$,使得神经网络的输出尽可能地逼近真实模型的输出。

而在预测阶段,在新的测试数据上运行训练好的模型,可以得到分类或者回归的结果。在确定了神经网络的结构后,输入层、隐层、输出层节点数、层与层之间的连接及神经元中使用的激活函数是固定不变的,而对于权重 $\boldsymbol{W}$ 和偏置 $\boldsymbol{b}$,已由训练得到,在预测时只需要将新的输入向量从神经网络的输入层送入,沿着网络逐层计算,直到数据流动到输出层并输出结果(一次前向传播),就完成了一次预测并得到了分类或者回归的结果。

1. 损失函数

在神经网络中,衡量网络预测结果 $\hat{\boldsymbol{y}} = F(\boldsymbol{x})$ 与真实值 $\boldsymbol{y}$ 之间差别的指标称为**损失函数**(**loss function**),损失函数值越小,表示神经网络的预测结果越接近真实值。大多数情况下,对权重 $\boldsymbol{W}$ 和偏置 $\boldsymbol{b}$ 做出的微小变动并不会使得神经网络输出我们所期望的结果,这导致我们很难去刻画如何优化权重和偏置。因此,需要代价函数来更好地指导我们如何去改变权重和偏置以达到更好的效果。

神经网络的训练就是调整权重 $\boldsymbol{W}$ 和偏置 $\boldsymbol{b}$ 使得损失函数值尽可能的小,在训练过程中,将损失函数值逐渐收敛,当其小于设定阈值时训练停止,得到一组使得神经网络拟合真实模型的权重 $\boldsymbol{W}$ 和偏置 $\boldsymbol{b}$。具体来说,对于一个神经网络 F,其权重 $\boldsymbol{W}$ 和偏置 $\boldsymbol{b}$ 此时是用随机值来初始化的。给定一个样本 $(\boldsymbol{x}, \boldsymbol{y})$,将 $\boldsymbol{x}$ 输入到神经网络 F,经过一次前向传播,得到预测结果 $\hat{\boldsymbol{y}} = F(\boldsymbol{x})$,计算损失 $loss = L(\hat{\boldsymbol{y}}, \boldsymbol{y})$,要使得神经网络的预测结果尽可能的接近真实值,就要让损失值尽可能小,于是神经网络的训练问题演化为一个优化问题,如下式。

$$\min_{\boldsymbol{W}, \boldsymbol{b}} \{loss(F(\boldsymbol{x}; \boldsymbol{W}, \boldsymbol{b}), \boldsymbol{y})\}$$

神经网络需要解决的问题主要为分类和回归问题。分类是输出变量为有限个离散变量的预测问题,目的是寻找决策边界,例如,判断手写邮编是不是 6,判断"是"与"不是",这是个二分类问题;判断一个动物是猫、是狗还是其他,这是个多分类问题。回归问题是输入变量与输出变量均为连续变量的预测问题,目的是找到最优拟合方法,例如预测明天的股市指数就是个大家都希望结果能够准确的回归问题。神经网络进行分类和回归任务时会使用不同的损失函数,下面列出一些常用的分类损失和回归损失。

1) 分类损失函数

Logistic 损失(Logistic loss)

$$loss(\hat{\boldsymbol{y}}, \boldsymbol{y}) = \prod_{i=1}^{N} \hat{y}_i^{y_i} \cdot (1 - \hat{y}_i)^{1 - y_i}$$

负对数似然损失(Negative Log Likelihood loss)

$$loss(\hat{\boldsymbol{y}}, \boldsymbol{y}) = -\sum_{i=1}^{N} y_i \cdot \log\hat{y}_i + (1 - y_i) \cdot \log(1 - \hat{y}_i)$$

交叉熵损失(Cross Entropy loss)

$$loss(\hat{\boldsymbol{y}}, \boldsymbol{y}) = -\sum_{i=1}^{N}\sum_{j=1}^{M} y_{ij} \cdot \log\hat{y}_{ij}$$

Logistic 损失用于解决每个类别的二分类问题,为了方便数据集把最大似然转化为负对数似然,而得到负对数似然损失,交叉熵损失从两个类别扩展到 M 个类别,交叉熵损失在二分类时应当是负对数似然损失。

2) 回归损失函数

均方误差,也称 L2 损失(Mean Squared Error, MSE)

$$loss(\hat{\boldsymbol{y}}, \boldsymbol{y}) = \frac{1}{N}\sum_{i=1}^{N}(\hat{y}_i - y_i)^2$$

平均绝对值误差,也称 L1 损失(Mean Absolute Error, MAE)

$$loss(\hat{\boldsymbol{y}}, \boldsymbol{y}) = \frac{1}{N}\sum_{i=1}^{N}|\hat{y}_i - y_i|$$

均方对数差损失(Mean Squared Log Error, MSLE)

$$loss(\hat{\boldsymbol{y}}, \boldsymbol{y}) = \frac{1}{N}\sum_{i=1}^{N}(\log\hat{y}_i - \log y_i)^2$$

Huber 损失(Huber loss)

$$Huber(\hat{\boldsymbol{y}}_i, \boldsymbol{y}_i) = \begin{cases} \frac{1}{2}(\hat{y}_i - y_i)^2, & |\hat{y}_i - y_i| \leqslant \delta \\ \delta|\hat{y}_i - y_i| - \frac{1}{2}\delta, & 其他 \end{cases}$$

$$loss(\hat{\boldsymbol{y}}, \boldsymbol{y}) = \frac{1}{N}\sum_{i=1}^{N}Huber(\hat{y}_i - y_i)$$

Log-Cosh 损失函数(Log-Cosh loss)

$$loss(\hat{\boldsymbol{y}}, \boldsymbol{y}) = \frac{1}{N}\sum_{i=1}^{N}\log(\cosh(\hat{y}_i - y_i))$$

L2 损失是使用最广泛的损失,在优化过程中更为稳定和准确,但是对于局外点敏感。L1 损失会比较有效地惩罚局外点,但它的导数不连续使得寻找最优解的过程低效。Huber 损失由 L2 损失与 L1 损失合成,当 δ 趋于 0 时退化成了 L1 损失,当 δ 趋于无穷时则退化为 L2 损失。δ 决定了模型处理局外点的行为,当残差大于 δ 时使用 L1 损失,很小时则使用更为合适的 L2 损失来进行优化。Huber 损失函数克服了 L1 损失和 L2 损失的缺点,不仅可以保持损失函数具有连续的导数,同时可以利用 L2 损失梯度随误差减小的特性来得到更精确的最小值,也对局外点具有更好的鲁棒性。但 Huber 损失函数的良好表现得益于精心训练的超参数 δ。Log-Cosh 损失拥有 Huber 损失的所有优点,并且在每一个点都是二次可导的,这在很多机器学习模型中是十分必要的。

2. 参数学习

参数学习是神经网络的关键,神经网络使用参数学习算法把从数据中学习到的“知识”保存在参数里面。对于训练集中的每一个样本 $(\boldsymbol{x}, y)$ 计算其损失(如均方误差损失),那么在整个训练集上的损失为：

$$\hat{y}_i = F(\boldsymbol{x}_i; \boldsymbol{W}, \boldsymbol{b})$$

$$loss(\hat{\boldsymbol{y}}, \boldsymbol{y}) = \frac{1}{N} \sum_{i=1}^{N} L(\hat{y}_i, y_i)$$

其中 $\boldsymbol{y} \in \{0,1\}^K$，是标签 y 对应的 one-hot 向量表示。有了目标函数和训练样本，可以通过梯度下降算法来学习神经网络的参数，对于神经网络中每一个的权重 $\boldsymbol{W}_{jk}^l$ 和偏置 $\boldsymbol{b}_j^l$，其更新方式为：

$$\boldsymbol{W}_{jk}^l \leftarrow \boldsymbol{W}_{jk}^l - \eta \left[\frac{1}{N} \sum_{i=1}^{N} \frac{\partial L(\hat{y}_i, y_i)}{\partial \boldsymbol{W}_{jk}^l} \right]$$

$$= \boldsymbol{W}_{jk}^l - \eta \left[\frac{1}{N} \sum_{i=1}^{N} \frac{\partial L(F(x_i; \boldsymbol{W}, \boldsymbol{b})_i, y_i)}{\partial \boldsymbol{W}_{jk}^l} \right]$$

$$\boldsymbol{b}_j^l \leftarrow \boldsymbol{b}_j^l - \eta \left[\frac{1}{N} \sum_{i=1}^{N} \frac{\partial L(\hat{y}_i, y_i)}{\partial \boldsymbol{b}_j^l} \right]$$

$$= \boldsymbol{b}_j^l - \eta \left[\frac{1}{N} \sum_{i=1}^{N} \frac{\partial L(F(x_i; \boldsymbol{W}, \boldsymbol{b}), y_i)}{\partial \boldsymbol{b}_j^l} \right]$$

其中 η 为梯度下降的步长，也称为神经网络的学习率。

使用梯度下降法求神经网络的参数，需要计算损失函数对参数的偏导数，直接使用链式法对每个参数逐一求偏导效率很低，计算量大，而在 20 世纪 90 年代计算机能力还不足以为庞大的神经网络提供足够的算力支持，这也是当时神经网络陷入低潮的原因之一。

4.3.4　反向传播算法

反向传播算法在 1970 年代由 Werbos 博士提出，但是直到 1986 年 David Rumelhart、Geoffrey Hinton 和 Ronald Williams 发表的论文中才说明反向传播算法比传统方向能更快地计算神经网络中各层参数的梯度，解决了参数逐一求偏导效率低下的问题，使得神经网络能应用到一些原来不能解决的问题上。

反向传播算法如何快速计算神经网络中各层参数的梯度呢？使用反向传播算法求参数的梯度之前，先回顾一下网络的前向传播：

$$\boldsymbol{z}^l = \boldsymbol{W}^l \cdot \boldsymbol{a}^{l-1} + \boldsymbol{b}^l$$

$$\boldsymbol{a}^l = f^l(\boldsymbol{z}^l)$$

对于上式中的权重 $\boldsymbol{W}$ 与偏置 $\boldsymbol{b}$ 的偏导数，由链式法则可得：

$$\frac{\partial loss}{\partial w_{jk}^l} = \frac{\partial loss}{\partial z_j^l} \frac{\partial z_j^l}{\partial w_{jk}^l}$$

$$\frac{\partial loss}{\partial b_j^l} = \frac{\partial loss}{\partial z_j^l} \frac{\partial z_j^l}{\partial b_j^l}$$

可见损失对权重 w_{jk}^l 与偏置 b_j^l 的偏导数都含有公共项 $\dfrac{\partial loss}{\partial z_j^l}$，定义损失关于神经元净输入的偏导数为误差项：

$$\delta_j^l = \frac{\partial loss}{\partial z_j^l}$$

在反向传播过程中,只要求出 δ_j^l,再分别与 $\frac{\partial z_j^l}{\partial w_{jk}^l}$、$\frac{\partial z_j^l}{\partial b_j^l}$ 相乘,就可以得到损失对权重 w_{jk}^l 与偏置 z_j^l 的偏导数。

其中,

$$\frac{\partial z_j^l}{\partial w_{jk}^l} = \frac{\partial\left(\sum_k w_{jk}^l a_k^{l-1} + b_j^l\right)}{\partial w_{jk}^l} = a_k^{l-1}$$

$$\frac{\partial z_j^l}{\partial b_j^l} = \frac{\partial\left(\sum_k w_{jk}^l a_k^{l-1} + b_j^l\right)}{\partial b_j^l} = 1$$

$$\delta_j^l = \frac{\partial loss}{\partial z_j^l} = \sum_k \frac{\partial loss}{\partial z_k^{l+1}} \cdot \frac{\partial z_k^{l+1}}{\partial z_j^l} = \sum_k \delta_k^{l+1} \cdot \frac{\partial z_k^{l+1}}{\partial z_j^l}$$

而 $z_k^{l+1} = \sum_j w_{kj}^{l+1} f(z_j^l) + b_k^{l+1}$,两边同时微分可得:

$$\frac{\partial z_k^{l+1}}{\partial a_j^l} = w_{kj}^{l+1} \cdot f'(z_j^l)$$

将上式代入 δ_j^l 可得:

$$\delta_j^l = \sum_k \delta_k^{l+1} \cdot \frac{\partial z_k^{l+1}}{\partial z_j^l} w_{kj}^{l+1} f'(z_j^l)$$

可见第 l 层的误差项 δ^l 需要通过第 $l+1$ 层的误差 δ^{l+1},这与神经网络预测时信息的传播方向(前向传播)正好相反,所以称为反向传播。δ^l 的计算需要从神经网络的最后一层开始,逐层回推到第一层,而在输出层,δ_j^l 的计算方法有所不同,其梯度来自最后的损失函数,如下式所示:

$$\delta_j^L = \frac{\partial loss}{\partial z_j^L} = \frac{\partial loss}{\partial a_j^L} \cdot \frac{\partial a_j^L}{\partial z_j^L} = \frac{\partial loss(\hat{y}_i, y_i)}{\partial a_j^L} \cdot f'(z_j^L)$$

根据以上公式,得到从 L 层开始,使用反向传播算法沿着网络相反方向计算各层权重 w_{jk}^l 与偏置 b_j^l 的梯度的四个关键方程:

$$\delta_j^L = \frac{\partial loss(\hat{y}_i, y_i)}{\partial a_j^L} \cdot f'(z_j^L)$$

$$\delta_j^l = \sum_k \delta_k^{l+1} \cdot \frac{\partial z_k^{l+1}}{\partial z_j^l} w_{kj}^{l+1} f'(z_j^l)$$

$$\frac{\partial loss}{\partial w_{jk}^l} = a_k^{l-1} \delta_j^l$$

$$\frac{\partial loss}{\partial b_j^l} = \delta_j^l$$

用向量的形式重写上式,可得:

$$\delta^L = \nabla_a L \odot f'(z^L)$$

$$\delta^l = ((\boldsymbol{W}^{l+1})^{\mathrm{T}} \delta^{l+1}) \odot f'(z^l)$$

$$\frac{\partial L}{\partial \boldsymbol{W}^l} = \delta^l (\boldsymbol{a}^{l-1})^{\mathrm{T}}$$

$$\frac{\partial L}{\partial \boldsymbol{b}^l} = \delta^l$$

其中⊙表示点乘运算,表示两个向量中相同位置的元素相乘。

根据反向传播的公式,我们给出反向传播算法的具体步骤:

(1) 前向传播:输入 $\boldsymbol{x}$,计算每一层的净输入 $\boldsymbol{z}^l = \boldsymbol{W}^l \cdot \boldsymbol{a}^{l-1} + \boldsymbol{b}^l$ 与激活值 $\boldsymbol{a}^l = f(\boldsymbol{z}^l)$。

(2) 计算误差项:计算 L 层误差项 $\delta^L = \nabla_a L \odot f'(\boldsymbol{z}^L)$,反向传播计算每一层的误差项 $\delta^l = ((\boldsymbol{W}^{l+1})^{\mathrm{T}} \delta^{l+1}) \odot f'(\boldsymbol{z}^l)$。

(3) 计算每一层权重的偏导 $\frac{\partial L}{\partial \boldsymbol{W}^l} = \delta^l (\boldsymbol{a}^{l-1})^{\mathrm{T}}$ 和偏置的偏导 $\frac{\partial L}{\partial \boldsymbol{b}^l} = \delta^l$,并更新参数。

反向传播算法是梯度下降算法中的重要一环,负责在梯度下降的每次迭代中计算参数的梯度,提高神经网络的训练效率。为什么说反向传播算法的效率很高呢?首先,分析传统的梯度计算方法,以权重为例,对于任一权重 w_{jk}^l,神经网络可以看作权重 w_{jk}^l 的函数 $\varphi(w_{jk}^l)$,对于权重 w_{jk}^l 的偏导数就可使用近似方法求得:

$$\frac{\partial \varphi}{\partial w_{jk}^l} = \frac{\varphi(w_{jk}^l + \varepsilon) - \varphi(w_{jk}^l)}{\varepsilon}$$

其中 ε 是一个小正实数。这个式子看起来很简单,但是注意,每求一个 w_{jk}^l 的偏导数,就需要计算一次 $\varphi(w_{jk}^l + \varepsilon)$,也就是运行前向传播一次,如果神经网络中有数百万个参数,那便要进行数百万次前向传播,这样的计算开销太大了。而反向传播算法基于链式法则,合并了许多重复运算,反向传播算法只需要进行一次前向传播与一次反向传播,就可以计算所有参数的梯度,虽然看起来比上式复杂很多,但是极大地提升了梯度计算的速度。

4.4 提升神经网络训练的技巧

训练一个效果好的神经网络并不是一件容易的事情,在本节中将介绍提升神经网络训练的一些重要技巧,包括使用不同的最佳化方法为神经网络寻找效果最好的参数,对数据进行预处理以提升神经网络训练的效果,通过更恰当的初始化方式对权重进行赋值以避免梯度消失的问题加速训练收敛,最后介绍权值衰减、Dropout 等正则化方式防止过拟合。

4.4.1 参数更新方法

在 4.3.3 节中介绍了使用梯度下降法来更新参数(权重与偏置),每次参数的更新都使用了整个训练集的样本,这样的方式称为**批量梯度下降(Batch Gradient Descent,BGD)**。批量梯度下降中所有的样本都参与到梯度的计算中,这样得到的梯度是一个标准梯度,易于得到全局最优解,总体迭代次数少。但是当训练集中样本数目很多时,计算时间变长、收敛变慢,更无法应用于在线学习系统。

1. SGD

神经网络训练中,特别是后面的深度学习系统中更常使用的是**随机梯度下降**

（**Stochastic Gradient Descent，SGD**），每次从训练集中随机采样一个样本计算 $loss$ 和梯度，然后更新参数，如下式所示：

$$\theta \leftarrow \theta - \eta \cdot \nabla F(x^i, y^i; \theta)$$

一个更普遍的形式是每次从训练集中随机采样 m 个样本组成一个小批量（Mini-Batch）来计算 $loss$ 和梯度，如下式所示：

$$\theta \leftarrow \theta - \eta \cdot \nabla F(x^{i:i+m}, y^{i:j+m}; \theta)$$

用小批量的样本的梯度近似全体样本的梯度，这样的梯度并不能保证 $loss$ 最快下降，如图 4.23 所示。因此，SGD 需要更多的迭代次数来趋近最优解，在这个过程中学习率 η 对算法的收敛有很大的影响，学习率 η 需要合理取值并随着训练的进行而动态地调整。

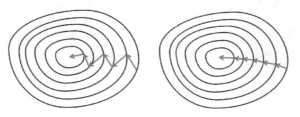

图 4.23　SGD（左）与 BGD（右）的梯度示意图

在 SGD 的一次迭代中只采样 m 个样本，可在内存中计算，也可动态进行数据增强，在训练集中常有上百万样本的深度学习系统中应用更为广泛。SGD 同样也适用于在线学习系统。

但是，SGD 有两个问题：①对于非凸函数，SGD 容易陷于局部极小值处或者鞍点处。鞍点处的梯度为零，而且通常被相同误差值的平面包围，由于 mini-batch 的随机采样会导致梯度有不同，使得 SGD 在鞍点处震荡。而且在高维的情形鞍点附近的平坦区域范围可能非常大，这导致 SGD 算法很难脱离区域。②SGD 对所有参数更新时使用相同的学习率 η，在某些情况下，会希望对出现频率不同的特征进行不同程度的更新。

2. Momentum

为了克服 SGD 的第一个问题，引入**动量**（**momentum**）。动量是一个来自物理力学中的概念，在梯度上加入的这一项，可以使得梯度在方向不变的维度上速度变快，方向有所改变的维度上的更新速度变慢，这样就可以加快收敛并减小震荡。

Momentum 在 SGD 的基础上，保留了上一步的梯度，见下式：

$$\nu_t = \mu \nu_{t-1} + \eta \nabla_\theta F(\theta)$$
$$\theta \leftarrow \theta - \nu_t$$

μ 是动量因子，一般的经验性值为 0.9。

3. NAG

相比于 momentum 只考虑了历史梯度信息，**Nesterov 加速梯度**（**Nesterov Accelerated Gradient，NAG**）在 momentum 的基础上引入了下一个位置的梯度。NAG 用 $\theta - \mu \nu_{t-1}$ 来近似参数 θ 在下一次迭代中可能的取值，在计算梯度时，不是在当前的参数 θ 而是在"未来"的

参数 $\theta - \mu\nu_{t-1}$ 上，见下式：

$$\nu_t = \mu\nu_{t-1} + \eta\nabla_\theta F(\theta - \mu\nu_{t-1})$$
$$\theta \leftarrow \theta - \nu_t$$

Momentum 和 NAG 在更新梯度时顺应 *loss* 的梯度来调整速度，对 SGD 进行加速。

4. Adagrad

Adagrad 是一种自适应的算法，可以根据参数更新的频率来调整它们更新的幅度，对低频的参数作较大的更新，对高频的作较小的更新。这种方法适用于一些数据分布不均匀的任务，可以更好地平衡参数更新的量，提升模型的能力。

Adagrad 在 SGD 的基础上引入了一个梯度的累积项 $G_{t,ii} = \sum_{i=1}^{t} g_{t,i}^2$，其中 $g_{t,i}$ 表示 t 时刻参数 θ_i 的梯度，G_t 是一个对角矩阵，其梯度更新公式见下式：

$$\theta_{t+1} \leftarrow \theta_t - \frac{\eta}{\sqrt{G_t + \varepsilon}} \odot g_t$$

式中 ε 是小正实数，η 常取 0.01，$\odot$ 表示向量的**元素级**（**element-wise**）乘法。对于式中可以经常更新的参数 θ_i，其 $G_{t,ii}$ 会累积较快，以抵制学习率 η；对于不常更新 θ_j 的参数，其 $G_{t,jj}$ 的值较小，可以得到一个较大的学习率。但是 Adagrad 的问题在于分母会不断积累，导致学习率快速下降，最后变得很小，导致参数更新小而难以趋于最优解。

5. Adadelta

Adadelta 是对 Adagrad 的改进，将 G_t 设为历史梯度在某个时间窗口内的平方均值，见下式，以缓解浓密产率的快速下降：

$$E[g^2]_t = \gamma E[g^2]_{t-1} + (1-\gamma)g_t^2$$

对上式两边开根，可以用**均方根**（**Root Mean Squared，RMS**）来重写上式得：

$$\text{RMS}[g^2]_t = \sqrt{\gamma E[g^2]_{t-1} + (1-\gamma)g_t^2 + \varepsilon}$$

则 $\theta_{t+1} \leftarrow \theta_t - \frac{\eta}{\sqrt{G_t + \varepsilon}} \odot g_t$ 可以写成：

$$\theta_{t+1} \leftarrow \theta_t - \frac{\eta}{\text{RMS}[g^2]_t} \odot g_t$$

Adadelta 的提出者发现这样的更新方式，其增量"单位"不一致，所以对梯度的变化量 $\Delta\theta$ 也构造了均方根作为分子 $\text{RMS}[\Delta\theta]_t = \sqrt{E[\Delta\theta^2]_t + \varepsilon}$，使得增量"单位"一致，其梯度更新可以写作：

$$\Delta\theta_t = -\frac{\text{RMS}[\Delta\theta]_{t-1}}{\text{RMS}[g]_t} \odot g_t$$
$$\theta_{t+1} = \theta_t + \Delta\theta_t$$

6. RMSprop

RMSProp 中用于滑动平均的方法还解决 Adagrad 中学习率急剧下降的问题，RMSProp 希望梯度的积累项 G 按一定的比率衰减，因此使用一个滑动窗口限制 G，此时 G

不再表示梯度的积累项而是滑动窗口求得的平均值,如下式所示:

$$G_t = \gamma G_{t-1} + (1-\gamma) g_t^2$$

$$\theta_{t+1} \leftarrow \theta_t - \frac{\eta}{\sqrt{G_t + \varepsilon}} \odot g_t$$

RMSProp 的提出者 Hinton 建议设定平衡因子 γ 为 0.9,学习率 η 为 0.001。

7. Adam

自适应矩估计(**Adaptive Moment Estimation,Adam**)结合了基于动量的优化方法与基于自适应学习率的优化方法,它保存了过去梯度的指数衰减平均值(梯度的一阶矩),将其作为动量与过去梯度的平方的指数衰减平均值(梯度的二阶矩)来构造学习率自适应因子。

$$m_t = \gamma_1 m_{t-1} + (1-\gamma_1) g_t$$

$$\nu_t = \gamma_2 \nu_{t-1} + (1-\gamma_2) g_t^2$$

并对梯度的一阶矩和二阶矩作了偏差校正:

$$\hat{m}_t = \frac{m_t}{1-\gamma_1^t}$$

$$\hat{\nu}_t = \frac{\nu_t}{1-\gamma_2^t}$$

其梯度更新表示式为:

$$\theta_{t+1} = \theta_t - \frac{\eta}{\sqrt{\hat{\nu}_t} + \varepsilon} \odot \hat{m}$$

超参数的建议值为 $\gamma_1 = 0.9, \gamma_2 = 0.999, \varepsilon = 1 \times 10^{-8}$。

8. AdaMax

AdaMax 为对 Adam 的改进,使用梯度的无穷矩来构造学习率自适应因子,动量依然为梯度的一阶矩。

$$m_t = \gamma_1 m_{t-1} + (1-\gamma_1) g_t$$

$$\nu_t = \gamma_2^{\infty} \nu_{t-1} + (1-\gamma_2^{\infty}) \mid g_t \mid^{\infty} = \max(\gamma_2 \cdot \nu_{t-1}, \mid g_t \mid)$$

此时无穷矩不是有偏的,无须校正,其梯度更新表示式为:

$$\theta_{t+1} = \theta_t - \frac{\eta}{\nu_t + \varepsilon} \odot \hat{m}$$

超参数的建议值为 $\eta = 0.002, \gamma_1 = 0.9, \gamma_2 = 0.999$。

9. Nadam

Nadam 在 Adam 的基础上结合了 NAG,与 AdaMax 不同,Nadam 修改了梯度的一阶矩,梯度的二阶矩不变。其梯度更新表示式为:

$$\theta_{t+1} = \theta_t - \frac{\eta}{\sqrt{\hat{\nu}_t} + \varepsilon} \left[\gamma_1 \hat{m} + \frac{(1-\gamma_1) g_t}{1-\gamma_1^t} \right]$$

4.4.2 数据预处理

在传统的机器学习算法中数据预处理是非常重要的一环,在神经网络与深度学习中也是如此,就目前情况看来,一般对数据进行**归一化(normalization)**,这会对深度学习算法的效率有很大提高,下面介绍三种常用的数据预处理方法,如表 4.5 所示。

表 4.5 三种常用的数据预处理方法

0 均值	$x-E(x)$	所有样本减去总体数据的平均值,适用于各维度分布相同的数据
缩放	$\dfrac{x}{\alpha}\in[0,1]^R$ 或 $\dfrac{x}{\alpha}\in[-1,1]^R$	将不同维度差异较大的数据缩放到统一的尺度以利于模型处理
归一化	$\dfrac{x-E(x)}{\sigma(x)}$	各维度数据减去各维度的均值后除以各维度的标准差

4.4.3 参数的初始化

神经网络与深度学习的优化是非凸的,权重的初始值会导致不同的结果和收敛速度。本节将介绍几种常见的权重初始化方式。

1. 全零初始化

全零初始化即将所有变化初值设为 0,在神经网络中常用于对偏置值 b 的初始化。而对于权重 W,全零初始化,或者说将权重 W 设置为完全相等的值是不可行的。为什么不能将权重 W 设置为相等的值呢? 这是因为在反向传播时,所有神经元的输出是相同的,所有的权重值也都会有同样的更新,使得神经网络拥有不同权重的意义消失,这样神经网络无法从数据中学习到有用的信息,最终会得到一个无用的模型。

2. 随机初始化

随机值初始化即在 0 附近取随机值初始化权重 W,随机值初始化打破这种神经元之间的对称性,使得神经网络可学习。但是 0 附近通过正态采样或者均匀采样得到的权重 W 大小很难与神经元的数量关系平衡,使得网络训练收敛慢甚至失败。

以一个有五个隐层的神经网络为例,网络中每层中有 100 个神经元,激活函数为 sigmoid,输出层使用交叉熵。从正态分布 $N(0,0.01)$ 中采样作为权重的初始值,统计其每一层的净输入、权重、激活值和梯度的分布,如图 4.24 所示。

可见净输入值和激活值均处于一个狭窄的区间,并且梯度在网络的前几层中基本为零。这样前几层权重的更新将非常缓慢,在合理的时间内,它无法学习任何东西。这种极端的情况就是梯度消失。由误差回传的等式 $\delta^l=((W^{l+1})^T\delta^{l+1})\odot f'(z^l)$,可知本例梯度消失主要是因为权重过小。

那么将权重放大呢? 从正态分布 $N(0,1)$ 中采样,同样可得图 4.25。

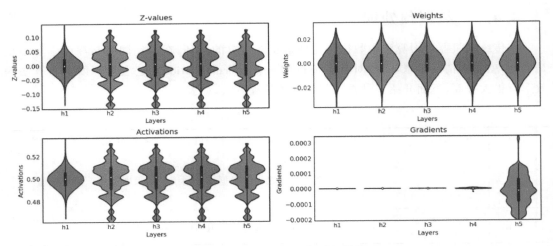

图 4.24 标准差 0.01 权重初始化

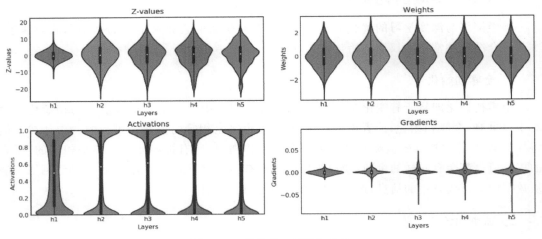

图 4.25 标准差 1 权重初始化

看起来在梯度消失问题上取得了一些进展，放大权重使得每层的梯度处于相似的区间，不过此时净输入值范围过宽，使得激活值基本处于二值状态，神经网络的能力退化。

3. Xavier 初始化

Xavier 初始化由 Xavier Glorot 和 Yoshua Bengio 在论文 *Understanding the difficulty of training deep feedforward neural networks* 中提出，有时也被叫作 Glorot 初始化，这种初始化的目标是使得梯度、净输入值和激活值在所有层上相似，即保持所有层的方差相似。Xavier 初始化可以帮助减少梯度消失问题，使得梯度在神经网络中可以传递得更深，常与 sigmoid 激活函数和 tanh 激活函数搭配使用，是最为常用的神经网络权重初始化方法。

Xavier 初始化根据输入和输出神经元的数量自动决定初始化的范围，定义参数所在层

的输入维度为 fan_{in}，输出维度为 fan_{out}，则权重 $\boldsymbol{W}$ 可从标准差为 $\sigma = \sqrt{2/(fan_{in} + fan_{out})}$ 的正态分布中采样，即：

$$\boldsymbol{W} \sim N\left(0, \sqrt{\frac{2}{fan_{in} + fan_{out}}}\right)$$

或者权重 $\boldsymbol{W}$ 也可从均匀分布 U 中采样，即：

$$\boldsymbol{W} \sim U\left(-\sqrt{\frac{6}{fan_{in} + fan_{out}}}, \sqrt{\frac{6}{fan_{in} + fan_{out}}}\right)$$

4. He 初始化

He 初始化也叫 MSRA 初始化，由何恺明等人在论文 *Delving Deep into Rectifiers: Surpassing Human-Level Performance on ImageNet Classification* 中提出，是针对神经网络使用 ReLU 函数时的权重初始化方案。ReLU 激活函数让一半的净输入值（负值）变为零，可认为移除了大约一半的方差，所以需要加倍权重的方差以补偿这一点。权重 $\boldsymbol{W}$ 可从标准差为 $\sigma = \sqrt{4/(fan_{in} + fan_{out})}$ 的正态分布中采样，即：

$$\boldsymbol{W} \sim N\left(0, \sqrt{\frac{4}{fan_{in} + fan_{out}}}\right)$$

更简单地，何恺明等人发现仅仅使用扇入或者扇出就足以达到类似的效果，权重 $\boldsymbol{W}$ 可从标准差为 $\sigma = \sqrt{2/fan_{in}}$ 的正态分布中采样，即：

$$\boldsymbol{W} \sim N\left(0, \sqrt{\frac{2}{fan_{in}}}\right)$$

若从均匀分布中采样，则：

$$\boldsymbol{W} \sim U\left(-\sqrt{\frac{6}{fan_{in}}}, \sqrt{\frac{6}{fan_{in}}}\right)$$

4.4.4　正则化

正则化用于解决有些模型因强大的表征力而产生测试数据过拟合等现象，通过避免训练完美拟合数据样本的模型来加强算法的泛化能力。

正则化可以避免算法过拟合，过拟合通常发生在算法学习的输入数据无法反映真实的分布且存在一些噪声的情况下，如图 4.26 所示。

特别是对于深层的网络架构，正则化是训练参数数量大于训练数据集的深度学习模型的关键步骤，神经元之间的大量连接需要大量的参数表征，正则化技术可以使参数数量多于输入数据量的网络避免过拟合。

除了泛化原因，奥卡姆剃刀原理和贝叶斯估计也支持正则化。根据奥卡姆剃刀原理，在所有可能选择的模型中，能很好拟合已知数据，并且尽量简单的模型才是好的模型。而贝叶斯学派的观点认为正则化项对应于模型的先验概率。

正则化技术是保证算法泛化能力的有效工具，因此算法正则化的研究成为机器学习中重要的研究主题之一。为了防止过拟合，增加训练样本数量是一个好的解决方案。此外，还

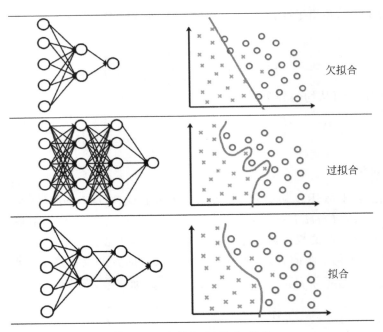

图 4.26　欠拟合、过拟合、拟合

可使用数据增强、权重衰减(L2/L1 正则化)、Dropout 和提前停止(Early stopping)等。

1. 数据增强

数据增强是提升算法性能、满足深度学习模型对大量数据需求的重要工具。过拟合可以认为是模型对数据集中噪声和细节的过度捕捉,那么防止过拟合最简单有效的方法就是增加训练数据量。在深度学习应用中训练集数据往往不够,而标记新数据的成本通常较高,因此,数据增强通过向训练数据添加转换或扰动来人工增加训练数据集。考虑到增加噪声的多样性,可以添加多种噪声以获取更多的数据。在计算机视频应用中,数据增强常用的手段有水平或垂直翻转图像、裁剪、色彩变换、缩放和旋转等。将在后面的章节中更详细地介绍这些方法。

2. 权重衰减

L2 和 L1 正则化是最常用的正则化方法,从传统机器学习方法沿袭到了深度学习方法。L2 指二范数,常写为平方和的形式,L2 正则化中,添加正则化项以减少参数平方的总和,L2 正则化公式为:

$$L = \text{loss}(y, \hat{y}) + \frac{\lambda}{2n} \sum w^2$$

其中 n 为训练样本的总数,λ 为正则化系数,λ 越小正则化作用越小,模型主要优化原本的损失函数;λ 越大,正则化作用越明显,权重 w 趋于 0。

对 L2 正则化公式求导后可得:

$$\frac{\partial L}{\partial w} = \frac{\partial \text{loss}(y, \hat{y})}{\partial w} + \frac{\lambda}{n} w$$

代入梯度下降算法可以得到权重 w 的更新公式：

$$w \leftarrow \left(1 - \eta\frac{\lambda}{n}\right)w - \eta\frac{\partial L}{\partial w}$$

对比没有 L2 正则化的更新公式，权重 w 的系数由 1 变为 $1-\eta\lambda/n$，权重 w 减小。不难看出，L2 正则化的作用就是惩罚权重 w，使之减小，更小权重的神经网络复杂度低，模型相对更简单，过拟合的可能性越小。这种方式也称为权重衰减（Weight decay）。

L1 指一范数，常写为绝对值和的形式。L1 正则化时向目标函数添加正则化项，以减少参数的绝对值总和，L1 正则化公式为：

$$L = \text{loss}(y, \hat{y}) + \frac{\lambda}{n}\sum |w|$$

其中 n 为训练样本的总数，λ 为正则化系数，λ 越小正则化作用越小，模型主要优化原本的损失函数；λ 越大，正则化作用越明显，权重 w 趋于 0。

对 L1 正则化公式求导后可得：

$$\frac{\partial L}{\partial w} = \frac{\partial \text{loss}(y, \hat{y})}{\partial w} + \frac{\lambda}{n}\text{sign}(w)$$

$sign(w)$ 表示权重 w 的符号函数，权重 w 为正时取 1，权重 w 为负时取 -1，权重 w 为 0 时取 0，代入梯度下降算法可以得到权重 w 的更新公式：

$$w \leftarrow \left(1 - \eta\frac{\lambda}{n}\text{sign}(w)\right)w - \eta\frac{\partial L}{\partial w}$$

L1 正则化在权重 w 大于 0 时减小权重 w，在权重 w 小于 0 时增大权重 w，使权重 w 趋于 0，以降低模型复杂度，防止过拟合。L1 正则化中的很多参数向量是稀疏向量，因为很多模型导致参数趋近于 0，因此 L1 正则化会产生稀疏解，有一定的特征选择能力，常用于高维空间。而机器学习中最常用的正则化方法是对权重 w 使用 L2 正则化。

3. Dropout

Dropout 指暂时丢弃一部分神经元及其连接，是深度学习中较常使用的一种正则化方法。L2、L1 正则化通过修改损失函数实现，而 Dropout 通过修改网络结构实现。Dropout 在每一轮训练过程中以一定的概率 p 丢弃神经元，如图 4.27 所示。神经元被丢弃的概率为 $1-p$，其参数不更新，减少神经元之间的共适应，因为在训练时神经元被随机地移除，减少了神经元对另一特定神经元的依赖，阻止特征相互依赖，防止过拟合。通常，隐藏层以 0.5 的概率丢弃神经元，在预测时结果也需要降为一半。Dropout 可以看作是多种不同网络结构的集成，每作一次丢充，相当于从原始的网络中采样一个子网络，如果神经网络中有 n 个神经元，则可以采样出 $2n$ 个子网络，每次迭代中训练了一个不同的子网络。Dropout 显著降低了过拟合，同时通过避免在训练数据上的训练节点提高了算法的学习速度。

Drop Connect 是另一种减少算法过拟合的正则化策略，是 Dropout 的一般化。Drop Connect 随机移除网络中的一些边而不是整个节点，如图 4.28 所示，对网络的所有权重进行随机采样，得到一个权重的子集，并在此次训练时将此集合中的权重全部设置为零，取代了在 Dropout 中对每个层随机采样激活函数的子集并设置为零的做法。Drop Connect 和 Dropout 都在模型中引入了稀疏性，Drop Connect 引入的是权重的稀疏性，Dropout 引入的是层输出向量的稀疏性。

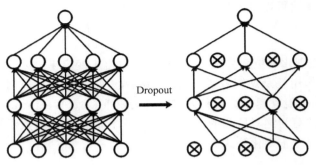

图 4.27　Dropout 示意图

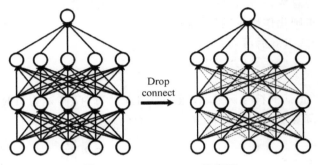

图 4.28　Drop connect 示意图

4. 提前停止

提前停止（**early stop**）可以限制模型最小化代价函数所需的训练迭代次数，是机器学习中通用的简单正则化方法，也称为早停法。在模型训练过程中，如果迭代次数太少，算法容易欠拟合，而迭代次数太多，算法容易过拟合。提前停止通常用于防止训练中过拟合的模型泛化性能差，如图 4.29 所示。模型的复杂度逐渐提高，在训练集上的预测错误逐渐减少，但它在测试集上的精确度不再提高甚至会下降。因此需要关注模型的效果，在验证集上的测试误差不再减少甚至增加时停止训练。在深度学习中为了避免只看一轮迭代带来的误差，可以多跟踪几轮迭代的结果，若连续几轮的结果都较之前结果差的话可以停止训练。

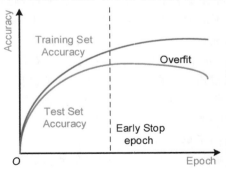

图 4.29　提前停止示意图

4.5 深度学习框架

4.5.1 深度学习框架的作用

近年来,深度学习在多个领域取得了突破,带来全新的方法论变革,很多大型公司都开始涉足深度学习和人工智能领域。可以说,深度学习是一个强大的识别工具,极大简化了一些问题的处理难度。然而,深度学习对大量数据的需求及其本身的复杂性仍然是其发展壮大路上的最大阻碍。深度学习框架的出现降低了深度学习入门的门槛,通过提供一系列深度学习的组件,就可以避免重复发明轮子,而专注于技术研究和产品创新。

1. 易用性

在深度学习框架的帮助下,深度学习模型的设计如同编写伪代码一样容易,程序员只需关注模型的高层结构,而无须担心任何琐碎的底层问题。程序员可以利用深度学习框架快速应用深度学习模型来解决医疗、金融等实际问题,让人工智能发挥出最大作用。

2. 高效性

目前对于大规模的深度学习任务来说,巨大的数据量使得单机很难在有限时间内完成训练。这就需要使用集群分布式进行并行计算或者使用多 GPU 进行计算,因此使用具有分布式性能的深度学习框架可以使模型训练更高效。

4.5.2 常见深度学习框架

目前研究人员正在使用的深度学习框架不尽相同,有飞桨(PaddlePaddle)、TensorFlow、Caffe、Keras、Pytorch 等。这些深度学习框架被应用于计算机视觉、语音识别、自然语言处理与生物信息学等领域,并获得了极好的效果。下面简要介绍前四种深度学习框架。

1. 飞桨

飞桨是百度提供的国内首个开源深度学习框架,是基于"深度学习编程语言"的新一代深度学习框架,在兼具性能的同时,极大地提升了框架对模型的表达能力。框架本身具有易学、易用、安全、高效四大特性,是最适合中国开发者和企业的深度学习工具。

2. TensorFlow

2015 年 11 月 10 日,Google 宣布推出全新的机器学习开源工具 TensorFlow。TensorFlow 主要用于进行机器学习和深度神经网络研究,但它是一个非常基础的系统,因此也可以应用于众多领域。由于 Google 在深度学习领域的巨大影响力和强大的推广能力,TensorFlow 一经推出就获得了极大的关注,并迅速成为如今用户最多的深度学习框架。

3. Caffe

Caffe 是由神经网络中的表达式、速度及模块化产生的深度学习框架。Caffe 是一个基于 C++/CUDA 架构的框架,开发者能够利用它自由地组织网络,目前支持卷积神经网络和全连接神经网络(人工神经网络)。在 Linux 上,C++可以通过命令行来操作接口,运算上支持 CPU 和 GPU 直接无缝切换。

4. Keras

Keras 是基于 Python 开发的极其精简并高度模块化的神经网络库,在 TensorFlow 或 Theano 上都能够运行,是一个高度模块化的神经网络库,支持 GPU 和 CPU 运算。Keras 侧重于开发快速实验,用尽可能少的延迟实现从理念到结果的转变,作为做好一项研究的关键。它提供了一致而简洁的 API,能够极大地减少一般应用下用户的工作量,避免用户重复造轮子。

4.5.3　飞桨概述

飞桨是百度研发的源于产业实践的开源深度学习平台。目前已被中国企业广泛使用,并拥有活跃的开发者社区生态。飞桨官网地址为 http://www.paddlepaddle.org/。

图 4.30 展示了飞桨平台的全景。飞桨不仅包含深度学习框架,还提供了一整套紧密关联、灵活组合的完整工具组件和服务平台,有利于深度学习技术的应用落地。

图 4.30　飞桨全景图

1. 领先的核心框架

在核心框架层面,飞桨为开发者提供开发、训练、预测三大能力。在此之上,百度提供了经过真实业务场景验证的官方模型,涵盖计算机视觉、自然语言处理、推荐等 AI 核心技术领域,并通过模块化的方式提供给使用者。

在训练环节,飞桨提供了大规模分布式训练以及工业级数据处理能力,全面支持大规模异构计算集群,可同时支持稠密参数和稀疏参数场景的超大规模深度学习并行训练,支持千亿规模参数、数百个节点的高效并行训练。

而在预测环节,飞桨支持完整的端到端全流程部署方案,在服务端部署上,提供完备的在线服务能力,支持硬件设备的扩展,以及快速部署。飞桨平台提供了性能全面领先的底层加速库和推理引擎 Paddle Mobile 和 Paddle Serving。此外,PaddleSlim 模型压缩工具库能够在精度损失较小的情况下高效进行模型体积压缩。

1)工业场景验证的官方模型库

飞桨通过官方模型库(https://github.com/PaddlePaddle/models)对外开放了大量的工业场景验证的模型算法,当前最新版本 v1.5.1 提供了超过 80 个官方模型,包括大量百度独有的优势业务模型和多个获得国际竞赛冠军前沿算法。主要覆盖计算机视觉 PaddleCV、自然语言处理 PaddleNLP 和智能推荐 PaddleRec 等领域。

(1)PaddleCV

图像分类是计算机视觉的基础问题,在很多领域有着广泛的应用。如安防领域的人脸识别、交通领域的交通场景识别、互联网领域基于内容的图像检索等。在图像分类任务中,基于经典数据集 ImageNet,飞桨开源了常用的模型供用户使用,包括 AlexNet、VGG、GoogLeNet、ResNet、Inception-v4、MobileNet、DPN(Dual Path Network)、SE-ResNeXt 等模型。视频识别方面,PaddleCV 为开发者提供解决视频理解、视频编辑、视频生成等一系列任务。已开放 7 个视频分类经典模型,这些模型共享一套配置文件,并且在数据的读取、评估等方面共享一套代码,覆盖视频识别方向的主流领先模型,还可实现一键式的高效配置来做训练和预测。除此之外,飞桨还开源了图像生成、图像语义分割等方面的模型。

(2)PaddleNLP

PaddleNLP 提供依托于百度百亿级大数据的预训练模型,能够极大地方便 NLP 研究者和工程师快速应用。使用者可以用 PaddleNLP 快速实现文本分类、文本匹配、序列标注、阅读理解、智能对话等 NLP 任务的组网、建模和部署,而且可以直接使用百度开源工业级预训练模型进行快速应用。用户在极大地减少研究和开发成本的同时,也可以获得更好的基于工业实践的应用效果。PaddleNLP 将 NLP 网络和 NLP 应用任务进行灵活解耦,网络可灵活调整,场景可高效迁移,真正高效易用。在 PaddleNLP 的基础网络层中,包含最基本的 BERT、ERNIE、ELMo 等语义表示模型和语言模型组网集,以及序列标注、文本分类、语义匹配、语言生成与复杂任务上的组网集。可根据业务需求或实验需求使用共享的组网集灵活搭配,构建自己的网络。

(3)PaddleRec

智能推荐在当前的互联网服务中正在发挥越来越大的作用,目前大部分电子商务系统、社交网络、广告推荐、搜索引擎等,都不同程度的使用了各种形式的个性化推荐技术,帮助用户快速找到他们想要的信息。PaddleRec 提供多种推荐场景下的召回、排序经典算法,如 GRU4Rec、DeepCTR、Multiview-Simnet 等模型。

此外,飞桨还为开发者们提供了语音识别、强化学习等方面的一些模型库,满足不同用户的需求。

2）超大规模分布式训练

在训练环节,飞桨提供了大规模分布式训练以及工业级数据处理能力,全面支持大规模异构计算集群,可以同时支持稠密参数和稀疏参数场景的超大规模深度学习并行训练,支持千亿规模参数、数百个节点的高效并行训练。

（1）数据并行和模型并行

分布式深度学习训练通常分为两种并行化方法,数据并行和模型并行。在模型并行方式下,模型的层和参数将被分布在多个节点上,模型在一个 mini-batch 的前向和反向训练中,将经过多次跨节点之间的通信。每个节点只保存整个模型的一部分；在数据并行方式下,每个节点保存有完整的模型的层和参数,每个节点独自完成前向和反向计算,然后完成梯度的聚合并同步更新所有节点上的参数。当前飞桨的分布式训练以数据并行为主,一些特殊场景,比如超大稀疏模型训练,支持模型并行。

（2）通信方式

飞桨使用了两种通信模式,用于应对不同训练任务对分布式训练的要求,分别为 RPC 通信和 Collective 通信。其中 RPC 通信方式使用 gRPC,Collective 通信方式使用 NCCL2。

使用 RPC 通信方式的数据并行分布式训练,会启动多个 pserver 进程和多个 trainer 进程,每个 pserver 进程会保存一部分模型参数,并负责接收从 trainer 发送的梯度并更新这些模型参数；每个 trainer 进程会保存一份完整的模型,并使用一部分数据进行训练,然后向 pserver 发送梯度,最后从 pserver 拉取更新后的参数。使用 NCCL2（Collective 通信方式）进行分布式训练,是不需要启动 pserver 进程的,每个 trainer 进程都保存一份完整的模型参数,在完成计算梯度之后通过 trainer 之间的相互通信,Reduce 梯度数据到所有节点的所有设备然后每个节点在各自完成参数更新。

（3）参数更新方式

飞桨分布式任务可以支持同步训练或异步训练。在同步训练方式下,所有的 trainer 节点,会在每个 mini-batch 同步地合并所有节点的梯度数据并发送给**参数服务器（Parameter Server）**完成更新；在异步训练方式下,每个 trainer 没有相互同步等待的过程,可以独立地更新 Parameter Server 的参数。通常情况下,使用异步训练方式,可以在 trainer 节点更多的时候比同步训练方式有更高的总体吞吐量。

（4）稠密参数和稀疏参数

飞桨能够支持稠密参数和稀疏参数的任务场景。对于大规模的稠密参数类任务,比如机器翻译、语义表示等任务,适合采用 GPU 多机同步更新的方式来实现。对于超大规模的稀疏参数类任务,比如个性化推荐,适合采用 CPU 多机异步更新的方式来实现,飞桨在参数更新、网络通信等方面进行了大量优化,具备很高的可扩展性,数百个节点集群可实现接近线性的加速,可以支持数千亿参数规模任务的高效训练。

3）端到端预测部署

在预测部署环节,飞桨提供完整的端到端全流程部署方案,支持多框架、多平台、多操作系统,拥有全面的硬件适配能力,实现训练到多端推理的无缝对接。

飞桨对端侧推理速度进行大幅优化,性能全面领先。同时,还提供了高效模型压缩工具,实现高精度的模型体积优化。

（1）Paddle Serving

Paddle Serving 是飞桨提供的服务器端推理部署工具,通过集成服务器端推理引擎实现与 Paddle 模型训练环节无缝衔接,提供预测部署服务。Paddle Serving 框架为策略工程师提供以下三个层面的功能性扩展:模型层面集成飞桨深度学习框架的预测库,支持 Paddle Fluid 模型格式,支持模型加载、重载的配置化驱动;业务层面通过有限 DAG 图描述一次预测从 Request 到 Response 的业务流程,封装常用预处理、预测计算、后处理等常用 OP,用户通过自定义 OP 算子实现特化处理逻辑;服务层面支持 RPC 模式和 SDK 模式,RPC 模式底层通过 Baidu-rpc 封装网络交互,Server 端可配置化启动多个独立 Service,SDK 模式基于 Baidu-rpc 的 client 进行封装,提供多下游连接管理、可扩展路由策略、可定制参数实验、自动分包等机制。

（2）Paddle Mobile

Paddle Mobile 是飞桨提供的轻量级端侧推理引擎。跟服务器端推理引擎相比,Paddle Moblie 具备更小的代码库体积,可以支持多平台的部署,包括 ARM CPU,Mali GPU,Andreno GPU,ZU5、ZU9 等 FPGA 开发板和树莓派等 arm-linux 开发板等等。Paddle Mobile 针对不同的硬件设备,做了大量汇编级的优化和大量的基于图融合技术的优化,跟目前其他主流实现相比,具有更快的推理速度。

（3）PaddleSlim

PaddleSlim 是飞桨提供的模型压缩工具,是飞桨框架的一个子模块,主要用于压缩图像领域模型。在 PaddleSlim 中,实现了目前主流的网络剪枝、量化、蒸馏三种压缩策略,通过剪枝和量化策略,可以大幅缩小模型的体积和提升推理速度,蒸馏策略可以提升小模型的准确率。PaddleSlim 还实现了基于 Light-NAS 的超参数搜索和低成本的小模型网络结构搜索功能,在 OCR、物体检测、人脸检测等任务的实验中,通过使用该功能,可以在保证精度不变的情况下,预测速度进一步提升 30%～40%。

2. 丰富的工具组件

在工具组件上,飞桨提供包括迁移学习 PaddleHub、强化学习 PARL、自动化网络结构设计 AutoDL Design、训练可视化工具 VisualDL、弹性深度学习计算 EDL 在内的多个工具组件,适应工业大生产的需要。

（1）传统神经网络的结构设计是由人根据经验设计,并不断地进行调参训练获得最优结果,这个过程较为复杂和费时费力。而 AutoDL Design 自动化网络结构设计是用深度学习设计深度学习,目前已经全面超过人类专家设计的网络效果。

（2）强化学习工具 PARL,具有高灵活性与可扩展性,支持可定制的并行扩展,覆盖 DQN、DDPG、PPO、A2C 等主流强化学习算法。

（3）简明易用的预训练模型管理工具 PaddleHub,提供包括预训练模型管理、命令行一键式使用和迁移学习三大功能,10 行代码即可让开发者完成模型迁移。

3. 专业的服务平台

在服务平台层面,飞桨提供了零基础定制化训练和服务平台 EasyDL 以及一站式开发平台 AI Studio。

（1）EasyDL 致力于为零算法基础的企业用户和开发者提供高精度的 AI 模型定制服务，已在零售、工业、安防、医疗、互联网、物流等 20 多个行业中落地应用，其官网访问地址为 https://easydl.baidu.com。

（2）AI Studio 作为百度所提供的一站式深度学习开发平台，集合了 AI 教程、代码环境、算法算力和数据集的一站式实训平台，汇聚顶尖深度学习开发者，快速帮助用户掌握深度学习开发技能。其官网访问地址为 https://aistudio.baidu.com。本书所有实践均使用 AI Studio 作为开发平台。

4.6 实践：手写数字识别

手写数字识别，顾名思义，就是将带有手写数字的图片输入已经训练过的机器，机器能够很快识别出图片中的手写数字，并打印出结果。手写数字识别问题是深度学习的基础教程，属于典型的图像多分类问题。

本节以手写数字识别为例，使用飞桨深度学习平台进行代码实现，核心框架版本为 1.5.0。本实践代码已在 AI Studio 上公开，通过扫描上方二维码或访问 https://aistudio.baidu.com/aistudio/projectDetail/101810，可在页面中找到本章节对应实践代码。

4.6.1 数据准备

MNIST 数据集是一个入门级的计算机视觉数据集，包含庞大的手写数字图片，共有 60000 个训练集和 10000 测试数据集。分为图片和标签，图片是 28×28 的像素矩阵，标签为 0～9 共 10 个数字。MNIST 图片示例如图 4.31 所示。

$$3\ 4\ 7\ 0\ 4\ 1\ 1\ 4\ 3\ 1$$

图 4.31　MNIST 图片示例

飞桨深度学习平台为开发者们提供了读取 MNIST 数据集的接口，如代码清单 4.1 所示。

代码清单 4.1　训练集与测试集准备

```
BATCH_SIZE = 64
BUF_SIZE = 512
train_reader = paddle.batch(paddle.reader.shuffle(paddle.dataset.mnist.train(),
                                                   buf_size = BUF_SIZE),
                            batch_size = BATCH_SIZE)
test_reader = paddle.batch(paddle.dataset.mnist.test(),
                           batch_size = BATCH_SIZE)
```

上述代码中，飞桨的 API 中提供了加载 MNIST 数据集的模块 paddle.dataset.mnist,

paddle. dataset. mnist. train()和 paddle. dataset. mnist. test()分别用于读取 MNIST 训练集和测试集,且该接口已对图片进行了灰度处理、归一化、居中处理等。train_reader 代表训练集提供器,每次会在乱序化后提供大小为 BATCH_SIZE 的数据,乱序化的大小为缓存大小BUF_SIZE。test_reader 代表测试集提供器,每次会提供大小为 BATCH_SIZE 的测试数据。

4.6.2 网络结构定义

本模型采用了简单的全连接层构造的前馈神经网络,网络结构如图 4.32 所示。

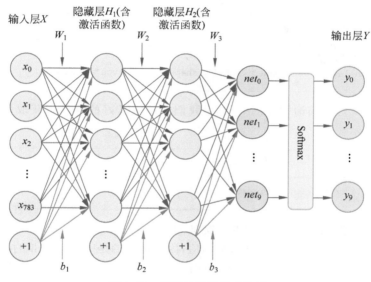

图 4.32 前馈神经网络结构图

(1) 输入层 X:MNIST 的每张图片为 28×28 像素的二维图片,为方便计算,将其向量化为 784 维向量,即 $X = (x_0, x_1, x_2, \cdots, x_{783})$。$+1$ 代表偏置参数的系数为 1。

(2) 第一个隐层 H_1:全连接层,激活函数为 ReLU,节点数设置为 100。

(3) 第二个隐层 H_2:全连接层,激活函数为 ReLU,节点数设置为 100。

(4) 输出层 Y:以 Softmax 为激活函数的全连接输出层。对于有 N 个类别的多分类问题,指定 N 个输出节点,N 维结果向量经过 softmax 将归一化为 N 个[0,1]范围内的实数值,分别表示该样本属于这 N 个类别的概率。此处的 yi 即对应该图片为数字 i 的预测概率。由于是 0~9 共 10 个数字,故将输出层大小设置为 10。

前馈神经网络代码如代码清单 4.2 所示。

代码清单 4.2　网络定义

```
def multilayer_perceptron(input):
    #第一个隐层,激活函数为 ReLU
    hidden1 = fluid.layers.fc(input = input, size = 100, act = 'relu')
    #第二个隐层,激活函数为 ReLU
```

```
    hidden2 = fluid.layers.fc(input = hidden1, size = 100, act = 'relu')
    # 以 softmax 为激活函数的全连接输出层，大小为 10
    prediction = fluid.layers.fc(input = hidden2, size = 10, act = 'softmax')
return prediction
```

接下来我们定义输入层及标签，由于 MNIST 数据集是单通道的，且图片为 28×28 像素的，所以输入层的形状为 $[1,28,28]$。理论上还有一个维度是代表 BATCH 大小的，不过这个是飞桨默认设置的，可以不用考虑。标签 label 对应图片的类别标签。输入层及标签定义代码如代码清单 4.3 所示。

代码清单 4.3   数据层定义

```
# image 为单通道，28×28 像素
image = fluid.layers.data(name = 'image', shape = [1, 28, 28], dtype = 'float32')
# label 表示图片标签
label = fluid.layers.data(name = 'label', shape = [1], dtype = 'int64')
```

上面我们定义好了前馈神经网络，这里我们使用定义好的网络来获取分类器。代码如代码清单 4.4 所示。

代码清单 4.4   获取分类器

```
model = multilayer_perceptron(image)
```

接着是定义损失函数，这里使用的是交叉熵损失函数，该函数在分类任务上比较常用。定义了一个损失函数之后，还要对它求平均值，因为定义的是一个 Batch 的损失值。同时还可以定义一个准确率函数，可以在训练的时候输出分类的准确率。代码如代码清单 4.5 所示。

代码清单 4.5   定义损失函数和准确率函数

```
cost = fluid.layers.cross_entropy(input = model, label = label)
avg_cost = fluid.layers.mean(cost)
acc = fluid.layers.accuracy(input = model, label = label)
```

接着定义优化算法，这里使用的是 Adam 优化算法，指定学习率为 0.001。代码如代码清单 4.6 所示。

代码清单 4.6   定义优化方法

```
optimizer = fluid.optimizer.AdamOptimizer(learning_rate = 0.001)
opts = optimizer.minimize(avg_cost)
```

4.6.3   网络训练

在上一节中使用了 Program 描述了前馈神经网络模型，本节中主要讲述飞桨中如何使

用 Executor 来执行 Program，训练定义好的 Program。

首先进行 Executor 的创建，如代码清单 4.7 所示。

代码清单 4.7　Executor 的创建

```
place = fluid.CPUPlace()          # 定义运算场所为 CPU
exe = fluid.Executor(place)       # 创建执行器
exe.run(fluid.default_startup_program())   # 初始化 Program
```

定义好网络训练需要的 Executor，在执行训练之前，需要首先定义输入的数据维度，如代码清单 4.8 所示，输入的数据是图像和图像对应的标签。

代码清单 4.8　数据维度定义

```
feeder = fluid.DataFeeder(place = place, feed_list = [image, label])
```

之后就可以进行正式的训练了，本实践中设置训练轮数为 5。在 Executor 的 run 方法中，feed 代表以字典的形式定义了数据传入网络的顺序，feeder 在代码清单 4.8 中已经进行了定义，将 data[0]、data[1] 分别传给 image、label。fetch_list 定义了网络的输出。在每轮训练中，每 100 个 batch，打印一次平均误差和准确率。

每轮训练完成后，使用测试集进行测试。每轮测试中，打印一次平均误差和平均准确率。

训练和测试的代码如代码清单 4.9 所示。

代码清单 4.9　训练与测试

```
NUM_EPOCH = 5
for pass_id in range(NUM_EPOCH):
    for batch_id, data in enumerate(train_reader()):      # 遍历 train_reader
        train_cost, train_acc = exe.run(program = fluid.default_main_program(),
                        feed = feeder.feed(data),
                                    # 以字典的形式定义了数据传入网络的顺序
                        fetch_list = [avg_cost, acc])   # 定义了网络输出
        # 每 100 个 batch 打印一次信息 误差、准确率
        if batch_id % 100 == 0:
            print('Pass: % d, Batch: % d, Cost: % 0.5f, Accuracy: % 0.5f' %
                (pass_id, batch_id, train_cost[0], train_acc[0]))
    test_accs = []
    test_costs = []
    # 每训练一轮 进行一次测试
    for batch_id, data in enumerate(test_reader()):       # 遍历 test_reader
        test_cost, test_acc = exe.run(program = fluid.default_main_program(),
                        feed = feeder.feed(data),       # 输入数据
                        fetch_list = [avg_cost, acc])   # fetch 误差、准确率
        test_accs.append(test_acc[0])              # 每个 batch 的准确率
        test_costs.append(test_cost[0])            # 每个 batch 的误差
    test_cost = (sum(test_costs) / len(test_costs))    # 每轮的平均误差
```

```
        test_acc = (sum(test_accs) / len(test_accs))          # 每轮的平均准确率
        print('Test: % d, Cost: % 0.5f, Accuracy: % 0.5f' % (pass_id, test_cost, test_acc))
```

每轮训练完成后,对模型进行保存,如代码清单 4.10 所示。

代码清单 4.10　模型保存

```
model_save_dir = "/home/aistudio/data/hand.inference.model"
if not os.path.exists(model_save_dir):
    os.makedirs(model_save_dir)
    print ('save models to % s' % (model_save_dir))
    fluid.io.save_inference_model(model_save_dir,      # 保存推理 model 的路径
                        ['image'],                     # 推理需要 feed 的数据
                        [model],                       # 保存推理结果
                        exe)                           # 使用 Executor 实例 exe 保存 模型
return prediction
```

通过观察训练过程中输出的误差和准确率变化,可以对网络训练结果进行评估。

通过图 4.33 可以观察到,训练过程中平均误差是在逐步降低的,与此同时,训练的准确率逐步趋近于 100%。

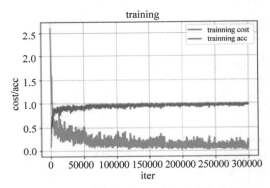

图 4.33　训练过程的误差和准确率趋势

4.6.4　网络预测

前面已经进行了模型训练,并保存了训练好的模型。接下来就可以使用训练好的模型对手写数字图片进行分类了。

预测之前必须要对预测的图像进行预处理,代码清单 4.11 中,首先对输入的图片进行灰度化(见图 4.34),然后压缩图像大小为 28×28 像素,接着将图像转换成一维向量,最后对一维向量进行归一化处理。

代码清单 4.11　生成预测输入数据

```
def load_image(file):
```

```
    im = Image.open(file).convert('L')
    im = im.resize((28, 28), Image.ANTIALIAS)
    im = np.array(im).reshape(1, 1, 28, 28).astype(np.float32)
    im = im / 255.0 * 2.0 - 1.0
    return im
img = load_image('/home/aistudio/data/data2670/6.jpg')
```

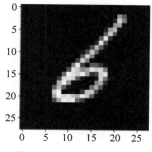

图 4.34 要预测的图片

接下来使用训练好的模型对经过预处理的图片 6 进行预测。如代码清单 4.12 所示,首先从指定目录中加载训练好的模型,然后输入要预测的图片向量 img,返回模型的输出结果 results,即为预测概率,这些概率的总和为 1。

代码清单 4.12 开始预测

```
with fluid.scope_guard(inference_scope):
    [inference_program,
     feed_target_names,
     fetch_targets] = fluid.io.load_inference_model(model_save_dir,
                                                    infer_exe)
    results = exe.run(program = inference_program
                      feed = {feed_target_names[0]: img},
                      fetch_list = fetch_targets)
```

得到各个标签的概率值后,获取概率最大的标签,并打印,打印结果如图 4.35 所示。

代码清单 4.13 打印输出结果

```
lab = np.argsort(results)
print("该图片的预测结果的 label 为: %d" % lab[0][0][-1])
```

该图片的预测结果的label为: 6

图 4.35 预测结果

4.7　习题

1. 神经网络是模拟生物神经网络的产物,二者主要区别是什么?

2. 简述感知机的缺陷,并构建一个感知机,使之能完成二输入或非门(NOR gate)的功能。

3. 简述神经网络具有非线性的原因,并构建一个神经网络,使之能完成二输入异或门(XOR gate)的功能。

4. 为什么神经网络在初始化时权重不能设为全 0?

5. 推导 Adam 优化时的 L2 正则化表达式。

第5章 卷积神经网络

5.1 概述

    卷积神经网络(Convolutional Neural Network,CNN,有时也写作 ConvNet)是一种具有局部连接、权重共享等特性的前馈神经网络。卷积神经网络仿造了生物的感受野(receptive field)机制,即神经元只接受其所支配的刺激区域内的信号,例如人类视网膜上的光感受器受刺激兴奋时,只有视觉皮层中的特定区域的神经元才会接受这些神经冲动信号。卷积神经网络的人工神经元响应一部分覆盖范围内的周围单元,其隐含层内的卷积核参数共享和层间连接的稀疏性使得卷积神经网络能够以较小的计算量对格点化(grid-like topology)特征,在图像处理与语音识别等方面有大量的应用。

    对卷积神经网络的研究可追溯至日本学者福岛邦彦(Kunihiko Fukushima)提出的 neocognition 模型,他仿造生物的视觉皮层(visual cortex)设计了以"neocognition"命名的神经网络,这是一个具有深度结构的神经网络,也是最早被提出的深度学习算法之一。Wei Zhang 于 1988 年提出了一个基于二维卷积的"平移不变人工神经网络"用于检测医学影像。1989 年,Yann LeCun 等对权重进行随机初始化后使用了随机梯度下降进行训练,并首次使用了"卷积"一词,"卷积神经网络"因此得名。1998 年,Yann LeCun 等人在之前卷积神经网络的基础上构建了更加完备的卷积神经网络 LeNet-5,并在手写数字的识别问题上取得了很好的效果,LeNet-5 的结构也成为现代卷积神经网络的基础,这种卷积层、池化层堆叠的结构可以保持输入图像的平移不变性,自动提取图像特征。2006 年逐层训练参数与预训练的方法使得卷积神经网络可以设计得更复杂,训练效果更好,卷积神经网络快速发展,在各大研究领域攻城略地,特别是在计算机视觉方面,卷积神经网络在图像分类、目标检测和语义分割等任务上不断突破。

    在本章接下来的内容中,将在第 2 小节介绍卷积网络的整体结构,并分析卷积神经网络的性质特点,第 3、4 小节中介绍卷积神经网络的两个重要组成构件——卷积层和池化层,并在第 5 小节中分析梯度如何在卷积层与池化层中传播,卷积神经网络如何进行参数更新,随后在第 6 小节中介绍几种典型的卷积神经网络,分析几种目前最具代表的网络结构特点,最后在第 7 小节中通过可视化的方式加强对卷积神经网络的理解。

5.2　整体结构

卷积神经网络主要由**卷积层**（**convolutional layer**）、**池化层**（**pooling layer**）和**全连接层**（**full connected layer**）三种网络层构成，在卷积层与全连接层后通常会接激活函数，图 5.1中将前馈神经网络（上图）和卷积神经网络（下图）进行了对比，与之前介绍的前馈神经网络一样，卷积神经网络也可以像搭积木一样通过组装层来组装。

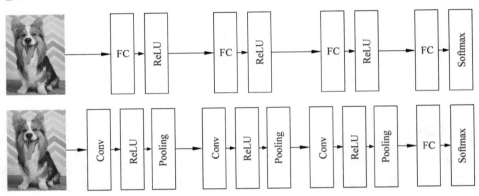

图 5.1　卷积神经网络结构图

卷积神经网络增加了卷积层和池化层，卷积层和池化层将在后面的小节中详细介绍，这里我们暂且不管卷积层和池化层的具体操作，在这理解成"全连接层—ReLU 层"组合由"卷积层—ReLU 层—池化层"组合代替（特殊情况下池化层可以省略），这种组合方式决定了卷积神经网络的三个重要特性：权重共享、局部感知和子采样。在卷积神经网络中，输入/输出数据称之为**特征图**（**feature map**）。图 5.2 中给出一个简单的分类猫与狗的卷积神经网络。

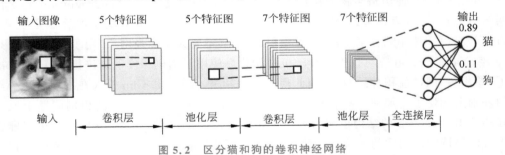

图 5.2　区分猫和狗的卷积神经网络

5.3　卷积层

卷积层会对输入的特征图（或原始数据）进行卷积操作，输出卷积后产生的特征图。卷积层是卷积神经网络的核心部分，卷积层的加入使得神经网络能够共享权重，能够进行局部感知，并开始层次化地对图像进行抽象理解。本节将对卷积层进行详细介绍。

5.3.1 全连接层的问题

前面介绍了使用全连接层堆叠的方式构造前馈神经网络模型,前一层的神经元与后一层的神经元全部相连,这种连接方式有什么问题呢?

首先,使用全连接层构造的前馈神经网络模型需要大量的参数,以常见的单通道 640×480 的图像为例,图像输入时需要 $640 \times 480 = 307\,200$ 个节点,假设网络有三个隐层,每层 100 个结点,则需要 $640 \times 480 \times 100 + 100 \times 100 + 100 \times 100 = 3.074 \times 10^7$ 个连接,这样的计算资源消耗是难以接受的。

其次,输入数据的形状被"忽略"了,所有输入到全连接层的数据被拉平成了一堆数据,例如输入图像时,输入数据是在高、宽、通道方向上的三维数据,这个形状中包含重要的空间信息,一般来说空间上邻近的像素会是相似的值,各通道之间的像素值有密切的关联,而相距较远像素之间关联性较少,三维形状中可能含有值得提取的本质模式。而在全连接层,图像被平整成一堆数据后,一个像素点对应一个神经元,图像相邻像素间的关联被破坏,无法利用与形状相关的信息。

卷积层中参数的数量是所有卷积核中参数的总和,相较于全接连的方式,极大地减少了参数的数量。而且卷积层可以保持数据的形状不变,图像数据输入卷积层时,卷积层以三维数据的形式接收,经过卷积操作后同样以三维数据的形式输出至少一层,保留了空间信息。

5.3.2 卷积运算

卷积(convolution),又名摺积或旋积,是泛函分析中一种重要的运算。先来看一个一维卷积的例子,如图 5.3 所示。

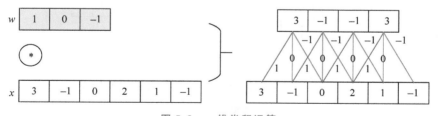

图 5.3 一维卷积运算

其中 x_i 是输入信号,w_k 是卷积核(也称滤波器),如图 5.3 所示,随着卷积核 $[-1, 0, 1]$ 滑过输入信号,对应位置的元素相乘并计算出的总和(也称乘加运算)作为相当窗口位置的输出,一般情况下卷积核的长度 n 远小于输入信号序列长度。输入信号 x_i 与卷积核 w_k 的一维卷积操作可以写为

$$y_i = \sum_{k=1}^{n} w_k x_{i+k-1}$$

也写作

$$Y = W \otimes X$$

$\otimes$ 代表卷积运算。

1. 二维卷积

相比于一维卷积,二维卷积在两个维度上以一定的间隔滑动二维滤波窗口,并在窗口内进行乘加运算,如图5.4所示。对于一个(4,4)的输入,卷积核的大小是(3,3),输出大小是(2,2)。当卷积核窗口滑过输入时,卷积核与窗口内(图中阴影部分)的输入元素作乘加运算,并将结果保存到输出对应的位置,当卷积核窗口滑过所有位置后二维卷积操作完成。

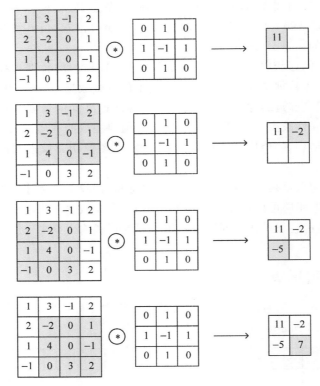

图5.4　二维卷积

对于输入信号 $X \in R^{H \times W}$ 与卷积核 $W \in R^{h \times w}$ 的二维卷积操作 $Y = W \otimes X$,表达式为

$$y_{i,j} = \sum_{u=1}^{h} \sum_{v=1}^{w} w_{u,v} x_{i+u-1,j+v-1}$$

在全连接构成的前馈神经网络中,网络的参数除了权重还有偏置,在卷积神经网络中卷积核的参数对应全连接的权重,同时在卷积神经网络中也存在偏置,如图5.5所示。

1	3	-1	2
2	-2	0	1
1	4	0	-1
-1	0	3	2

$*$

0	1	0
1	-1	1
0	1	0

→

权重

| 11 | -2 |
| -5 | 7 |

$+$　偏置　-3　→

| 8 | -5 |
| -8 | 4 |

图5.5　卷积运算的偏置

2. 填充（padding）

在对输入数据进行卷积操作之前，有时需要向输入数据周围补充一些固定的常数，这个操作称为**填充（padding）**。如图 5.6 所示，zero_padding＝1 的操作为大小为（4，4）的输入数据周围填充了幅度为 1 的常数 0。

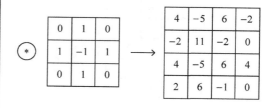

图 5.6　零填充

可以看到本例中，输入大小（4，4）的数据在 zero_padding＝1 的操作后大小变为（5，5），再经过（3，3）的卷积后输出大小为（4，4）的数据。填充的主要目的是调整输入输出数据的大小，图 2.8 中输入大小（4，4）经过（3，3）的卷积后输出大小为（2，2）的数据，而在经过 zero_padding＝1 的操作再卷积，输入大小为（4，4），使得输入数据的形状与输出数据的形状保持一致，这样在卷积神经网络中才能一直堆叠卷积层，使得网络不断加深，否则输入数据不断变小，当输出数据的大小不如卷积核的大小时，就无法再进行卷积操作了。

3. 步长（stride）

步长（stride）是指卷积核窗口滑动的位置间隔。一个步长为 2 的卷积的例子，可见卷积核窗口每次滑动的位置间隔为 2，输入大小为（5，5）的数据卷积后输出大小为（2，2），可见步长的设置能起到一定的下采样作用，如图 5.7 所示。

填充和步长都会改成卷积输出数据的大小，设输入特征图的大小为（H，W），卷积核的大小是（h，w），填充为 p，步长为 s，则卷积输出大小为

$$Oh = \frac{H + 2p - h}{s} + 1$$

$$Ow = \frac{W + 2p - w}{s} + 1$$

根据不同的填充和步长组合，在卷积神经网络中有几种常用的卷积形式。

（1）**窄卷积（narrow convolution）**：步长 $s=1$，填充 $p=0$。

（2）**宽卷积（wide convolution）**：步长 $s=1$，填充 $p=w-1$。

（3）**等长卷积（equal-width convolution）**：步长 $s=1$，填充 $p=(w-1)/2$。

4. 转置卷积

在全连接层中，如果忽略激活函数，那么全连接层的前向计算和反向传播就是一种转置关系。在前向传播时，第 $l+1$ 层的净输入为 $z^{l+1}=W^{l+1}z^l$，在反向传播时，第 l 层的误差项

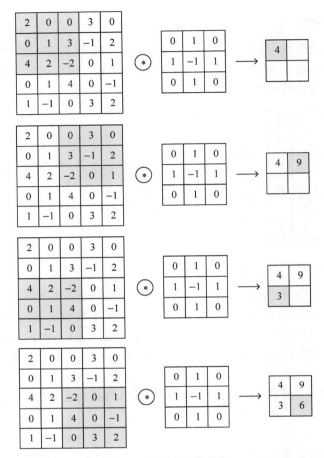

图 5.7　步长为 2 的卷积

为 $\delta^{l} = (\boldsymbol{W}^{l+1})^{\mathrm{T}} \delta^{l+1}$。

　　卷积层也可以看作是全连接层的一种,其他连接的权重为 0。因此,可以将卷积操作也写成仿射变换的形式。假设卷积核 $\boldsymbol{w} = [w_1, w_2, w_3]^{\mathrm{T}}$ 作用在一个 4 维的输入向量 $\boldsymbol{x}$ 上,输出 2 维的向量 $\boldsymbol{z} = [z_1, z_2]^{\mathrm{T}}$。

$$\boldsymbol{z} = \boldsymbol{w} \otimes \boldsymbol{x}$$

$$= \begin{bmatrix} w_1 & w_2 & w_3 & 0 \\ 0 & w_1 & w_2 & w_3 \end{bmatrix} \cdot \begin{bmatrix} x_1 \\ x_2 \\ x_3 \\ x_4 \end{bmatrix}$$

$$= \boldsymbol{C} \boldsymbol{x}$$

　　仿射变换矩阵 $\boldsymbol{C}$ 由卷积核 $\boldsymbol{W}$ 中的元素构成,其余位置用 0 补充。若希望从低维的向量 $\boldsymbol{z}$ 向高维向量 $\boldsymbol{x}$ 的映射,可以通过仿射矩阵的转置来实现,即

$$\boldsymbol{x} = \boldsymbol{C}^{\mathrm{T}} \boldsymbol{z}$$

$$= \begin{bmatrix} w_1 & 0 \\ w_2 & w_1 \\ w_3 & w_2 \\ 0 & w_3 \end{bmatrix} \cdot \begin{bmatrix} z_1 \\ z_2 \end{bmatrix}$$

$$= \boldsymbol{w}^{\mathrm{T}} \otimes \boldsymbol{z}$$

值得注意的是,这里的转置矩阵并不是正定矩阵,只是一种转置上的形式,由这种形式上的转置将从低维特征向高维特征映射的卷积操作称为**转置卷积**(transposed convolution),也称为**反卷积**(deconvolution)。

类似全连接网络,在不考虑激活函数的情况下,卷积层的前向传播和反向传播也是一种转置关系。使用一个卷积核大小为 k 的转置卷积时,需要对一个 n 维的向量 z 进行 $p=k-1$ 的 0 填充操作,通过然后进行卷积操作来映射到高维向量,输出 $n+k-1$ 维向量。一个步长为 1,填充为 0 的卷积与对应的转置卷积,如图 5.8 所示,输入数据用带浅阴影的方格表示输入数据,用带虚线的方格代表填充的 0,蓝色区域为卷积对应滑动窗口的位置。

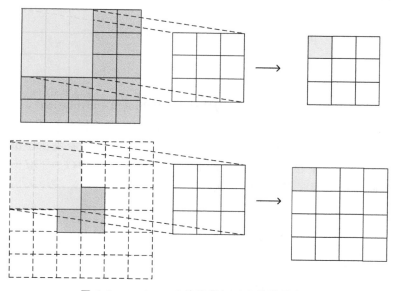

图 5.8　$s=1,p=0$ 的卷积与对应的转置卷积

在卷积操作中,可以通过增加卷积的步长 $s>1$ 来对输入的特征进行降采样,反之,也可以通过减少转置卷积的步长 $s'=1/s$ 来进行上采样。这样步长 $s<1$ 的转置卷积也称为**微步卷积**(fractionally-strided convolution),可以通过在输入特征之间插入 0 来间接地减少步长。如果卷积操作的步长为 $s_0,s_0>1$,而其对应的转置卷积的步长为 $1/s_0$,即在输入特征中插入 s_0-1 个 0。一个步长为 2,填充为 0 的卷积与对应的转置卷积,如图 5.9 所示。

使用一个卷积核大小为 k,步长 $s<1$ 的转置卷积时,需要对一个 n 维的向量 z 进行 $p=k-1$ 的 0 填充操作,并且在输入特征的每两个向量之间插入 $\frac{1}{s}-1$ 个 0,通过步长为 1 的正常卷积操作来上采样到高维向量,其输出的大小为 $(n-1)s+k$。

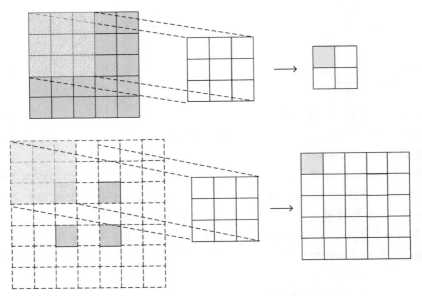

图 5.9　$s=2, p=0$ 的卷积与对应的转置卷积

5. 空洞卷积

空洞卷积(**atrous convolutions**),也称为**膨胀卷积**(**dilated convolution**),是保留原始卷积参数数目的同时增加输出单元感受野的一种特殊卷积。空洞卷积在卷积核中插入"孔"(即填充 0)使得卷积核膨胀。假设膨胀率为 d,即"孔"的数量为 d,则需要在卷积核的每两个元素之间插入 d 个"孔",原始卷积核大小为 k,卷积核的有效大小为 $(k-1)d+k$。如图 5.10 所示,对比了普通卷积与膨胀率为 2 的空洞卷积。

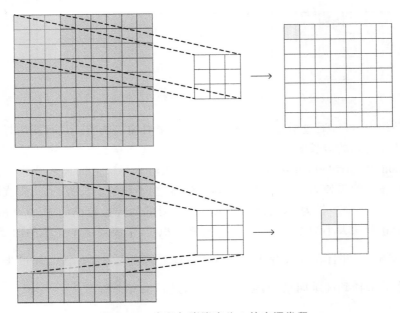

图 5.10　卷积与膨胀率为 2 的空洞卷积

5.3.3 卷积的导数

在讲述反向传播算法时,需要求全连接层中参数的导数(激活值关于权重与偏置的导数)才能继续让误差反向流过全连接层,对于卷积层,当误差反向传播时同样需要计算卷积层中参数的导数以保证误差反向传播的进行。

假设 $Y = W \otimes X$,其中 $X \in R^{H \times W}, W \in R^{h \times w}, Y \in R^{(H-h+1) \times (W-w+1)}$,

$$y_{i,j} = \sum_{u=1}^{m} \sum_{v=1}^{n} w_{u,v} x_{i+u-1, j+v-1}$$

存在函数 $f(Y) \in R$ 为标量函数,使得

$$\frac{\partial f(Y)}{\partial w_{uv}} = \sum_{i=1}^{H-h+1} \sum_{j=1}^{W-w+1} \frac{\partial f(Y)}{\partial y_{ij}} \frac{\partial y_{ij}}{\partial w_{uv}}$$

$$= \sum_{i=1}^{H-h+1} \sum_{j=1}^{W-w+1} \frac{\partial f(Y)}{\partial y_{ij}} \cdot x_{i+u-1, j+v-1}$$

令

$$\frac{\partial f(Y)}{\partial Y} \otimes X = \sum_{i=1}^{H-h+1} \sum_{j=1}^{W-w+1} \frac{\partial f(Y)}{\partial y_{ij}} \cdot x_{i+u-1, j+v-1}$$

则

$$\frac{\partial f(Y)}{\partial w_{uv}} = \frac{\partial f(Y)}{\partial Y} \otimes X$$

同理,对于 x_{pq}

$$\frac{\partial f(Y)}{\partial x_{pq}} = \sum_{i=1}^{H-h+1} \sum_{j=1}^{W-w+1} \frac{\partial f(Y)}{\partial y_{ij}} \frac{\partial y_{ij}}{\partial w_{uv}}$$

$$= \sum_{i=1}^{H-h+1} \sum_{j=1}^{W-w+1} \frac{\partial f(Y)}{\partial y_{ij}} \cdot w_{p-i+1, q-j+1}$$

注意此时可能会出现边界溢出的情况,若 $p-i+1 < 1$,或者 $p-i+1 > H$,或者 $q-j+1 < 1$,或者 $q-j+1 > W$,应对 w 作 $p = (H-h, W-w)$ 的零填充,使 $w_{p-i+1, q-j+1} = 0$。

同时,我们发现 $p-i+1$ 和 $q-j+1$ 这两个位置是"反"着遍历卷积核的,为了与之前的顺序与形式保持一致,可将卷积核作 180 度的翻转,即

$$\frac{\partial f(Y)}{\partial x_{pq}} = \text{rot} 180(\boldsymbol{w}) \otimes \frac{\partial f(Y)}{\partial Y}$$

5.3.4 卷积层操作

输入到卷积层的特征图(或者原始图像)是一个三维数据,不仅有高、宽两个维度,还有通道维度上的数据,因此输入特征图和卷积核可以用三维数组表示,按照**通道(Channel)**、**高(Height)**、**宽(Width)** 的形状书写。如图 5.11 所示,给出了卷积层中对三维数据的卷积方式。

对于一个 $(4,4,4)$ 的输入特征图,卷积核的大小是 $(4,3,3)$,输出大小是 $(1,2,2)$,当卷积核窗口滑过输入时,卷积核与窗口内(图中阴影部分)的输入元素作乘加运算,并将结果保存

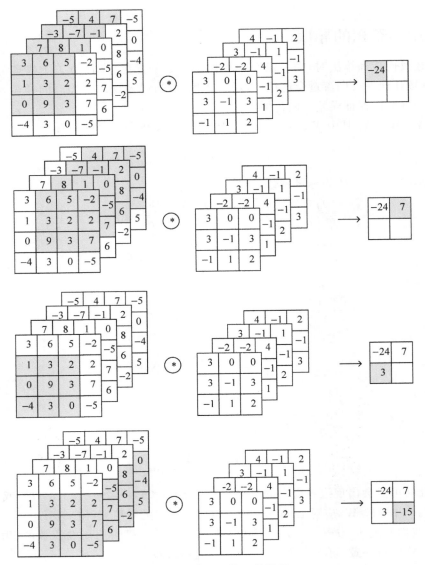

图 5.11 卷积层的三维卷积

到输出对应的位置,当卷积核窗口滑过所有位置后三维卷积操作完成。一般情况下,三维卷积操作需要在通道、高、宽三个维度方向上进行窗口滑动,而在卷积层中的三维卷积操作因输入特征图(C,H,W)的通道数 C 与卷积核(KC,KH,KW)的通道数 KC 相等,故无须在通道方向滑动。

本例中卷积操作输出了一张特征图,即通道数为 1 的特征图,而一张特征图包含的特征数太少,在大多数计算机视觉任务中是不够的,所以需要构造多张特征图,而输入特征图的通道数又与卷积核通道数相等,一个卷积核只能产生一张特征图,因此需要构造多个卷积核,如图 5.12 所示。

图中使用了 KN 个不同的卷积核,共产生了 KN 张特征图,输出数据的形状为(KN,

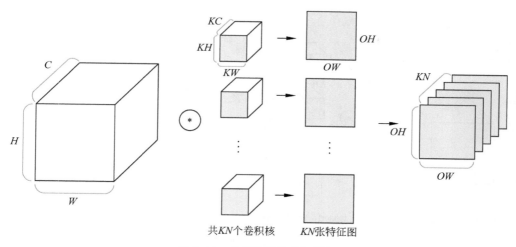

图 5.12 多滤波核的卷积操作

OH,OW),而卷积核又增加了一个度成为四维数据,这个四维数据的形状为(KN,C,KH,KW)。可见,卷积核第一维的大小决定输出数据的通道数 C_{out},第二维的大小由输入数据的通道数 C_{in} 决定,卷积核中参数的数量为 $C_{\mathrm{out}} \times C_{\mathrm{in}} \times KH \times KW$。

卷积层中也存在偏置 b,且每个通道中只存在一个偏置,所以偏置第一维的长度等于输出特征图的通道数,其形状为(KN,1,1),如图 5.13 所示。在卷积操作完成后,偏置 b 通过各通道内值的复制扩张成形状为(KN,OH,OW)的三维数据与卷积的输出特征图相加,这与 Numpy 中的广播原理相同。

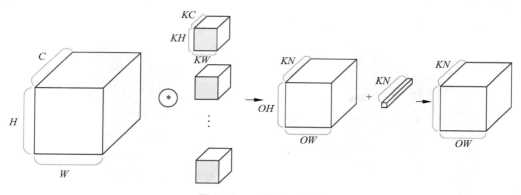

图 5.13 卷积层的偏置

在训练神经网络时为了加快运算速度,通常会使用 mini-batch,卷积神经网络在输入特征图与输出特征图上再增加一维,使得网络能够与前馈神经网络一样,一次能对 N 数据进行批处理,此时输入/输出特征图按(Mini_batch,Channel,Height,Width)的形式保存数据,这样的四维数据在目前的大多数深度学习处理框架中也称为**张量**(**tensor**)。如图 5.14 所示,N 个输入特征被打包成一个输入张量(N,C,H,W),FN 个卷积核分别作用于输入张量中的 N 个特征图(C,H,W),偏置也是一个四维张量(N,KN,1,1),最后输出 N 个特征图(KN,OH,OW)打包的输出张量(N,KN,OH,OW)。

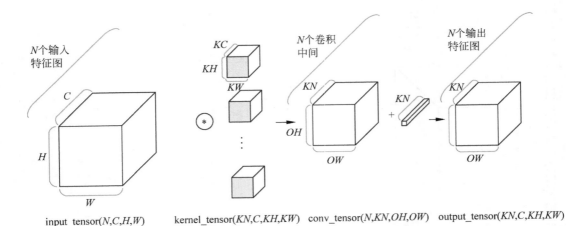

input_tensor(*N,C,H,W*)   kernel_tensor(*KN,C,KH,KW*) conv_tensor(*N,KN,OH,OW*)   output_tensor(*KN,C,KH,KW*)

图 5.14 卷积层批量运算

1. 局部感知

卷积操作关注的是局部的像素,一个神经元只与局部区域中的像素相连,而全连接层中一个神经元的感受野覆盖了全部输入,如图 5.15 所示,左边全连接层中神经元与输入的所有数据相连,右边卷积层中的神经元只与输入的局部数据相连。卷积层的这种局部连接方式保留了输入数据原有的空间联系,保留了数据中固有的一些模式。并且卷积神经网络中每一层的输入特征图或者卷积核的大小是不同的,在不同层有不同的感知范围。随着网络加深,每个神经元的感受野逐渐增大,对图像特征的提取也从局部到整体。这种局部连接保证了学习后的卷积核能够对局部的输入特征有最强的响应。

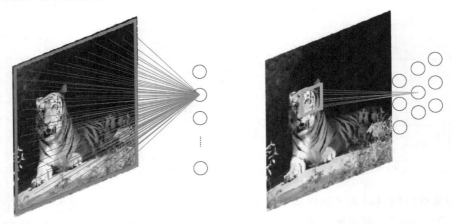

图 5.15 卷积层的局部感知

2. 权重共享

权值共享是指卷积核在滑过整个图像的时候,卷积核的参数是固定不变的,如图 5.16所示。计算同一个通道的特征图时卷积核是共享的,这样可以极大地减少参数。值得注意的是,权重只是对于同一通道的神经元共享,在卷积层,通常采用多组卷积核提取不同特征,这就是说不同通道之间权重是不共享的。此外,偏重对所有神经元都是共享的。

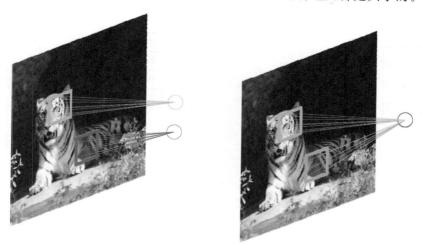

图 5.16 卷积层的权重共享

5.3.5 矩阵快速卷积

卷积运算通过在输入特征图上滑动窗口,逐步长地进行窗口内所有元素的乘加运算,这样的计算方式需要消耗大量的资源和时间在数据寻址和内存数据读写上,因此在卷积层的实现中会将特征图与卷积核展开,形成两个二维矩阵,并以矩阵乘的方式进行。这样可以利用矩阵乘法的优化方法加速运算,在各种线性运算库(如 MKL,OpenBLAS)中均对矩阵乘做了特别的优化,极大提升了矩阵乘的速度。目前流行的深度学习框架都将卷积操作转换成矩阵运算,并通过 GPU 加速。

im2col 就是将特征图与卷积核展开的算法,如图 5.17 所示,将卷积核滑窗中的数据展开成一列,滑窗移动后新位置中的数据展成列水平拼接到之前的列后,随着滑窗划过整个输入数据,得到输入特征的展开矩阵。

同理,对于多通道的输入特征图,使用 im2col 展开数据,其中 $OH = H - K + 1, OW = W - K + 1$,在滑窗中各通道的数据依次照 im2col 展开,然后垂直拼接;滑窗滑动后,新位置中的数据展开后水平拼接到之前的列开展后,如图 5.18 所示。

展开输入特征图后,还需要对卷积核也展开,如图 5.19 所示。

输入特征图的形状为 (C, H, W),展开得到矩阵 $M_{(C \times K \times K),(OH \times OW)}$,卷积核的形状为 (KN, C, K, K),展开得到矩阵 $F_{(C \times K \times K), KN}$,刚卷积操作可以转化为矩阵 $F_{(C \times K \times K), KN}$ 的转置矩阵与矩阵 $M_{(C \times K \times K),(OH \times OW)}$ 的一般矩阵乘法(General Matrix Multiply, GEMM)。

$$(F_{(C \times K \times K), KN})^{\mathrm{T}} \times M_{(C \times K \times K),(OH \times OW)} = O_{KN,(OH \times OW)}$$

矩阵 $O_{KN,(OH \times OW)}$ 中每一行为一张输出特征图,对每一行进行 reshape 操作恢复为二维特征图,最终得到卷积层的输出特征图 $O_{KN,OH,OW}$。

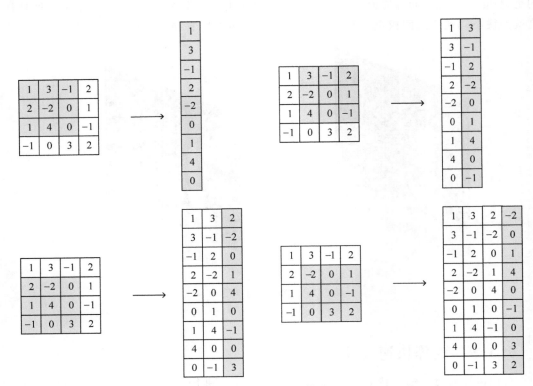

图 5.17   im2col 算法

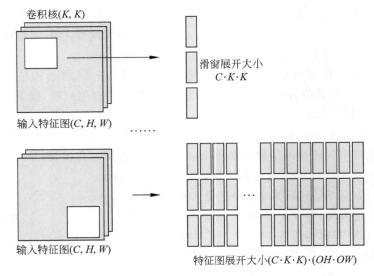

图 5.18   多通道的 im2col 算法

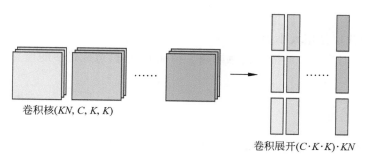

卷积核(KN, C, K, K)

卷积展开($C \cdot K \cdot K) \cdot KN$

图 5.19 卷积的 im2col 算法

5.4 池化层

池化层（**Pooling Layer**）也叫**子采样层**（**Subsampling Layer**），该层的作用是对网络中的特征进行选择，降低特征数量，从而减少参数数量和计算开销。池化操作独立作用在特征图的每个通道上，减少所有特征图的尺寸。如图 5.20 所示，一个滑窗大小为 2×2，步长为 2 的池化操作，将(128,112,112)的特征图池化为(128,56,56)的特征图。池化层降低了特征维的宽度和高度，也能起到防止过拟合的作用。

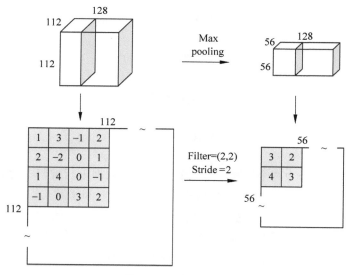

图 5.20 池化操作

设输入特征图为 $X \in R^{C \times H \times W}$，输出特征图为 $Y \in R^{C \times OH \times OW}$，在每一个通道上的特征图 X^c，池化（Pooling）是指将滑窗中所有的值下采样（Downsampling）到一个值。最常见的池化操作为**最大池化**（**Max Pooling**），池化时取滑窗内所有神经元的最大值，其表达式为

$$y_{i,j} = \max_{u \in [1,h], v \in [1,w]} \{x_{i+u-1, j+v-1}\}$$

还有一种较为常用的池化为**平均池化**（**Average Pooling**），池化时取滑窗内所有神经元的平均值，可写作

$$y_{i,j} = \underset{u \in [1,h], v \in [1,w]}{\text{average}} \{x_{i+u-1, j+v-1}\}$$

最常见的池化层使用大小为 2×2,步长为 2 的滑窗操作,有时窗口尺寸为 3,更大的窗口尺寸比较罕见,因为过大的滑窗会急剧减少特征的数量,造成过多的信息损失。

5.5　归一化层

批归一化(**Batch Normalization,BN**)是由 Google 的 DeepMind 团队提出的在深度网络各层之间进行数据批量归一化的算法,以解决深度神经网络内部协方差偏移(Internal Covariate Shift)问题,使用网络训练过程中各层梯度的变化趋于稳定,并使网络在训练时能更快地收敛。所谓内部协方差偏移是由于深度神经网络中每层的输入总在不断变化,导致每层的参数需要不断更新以适应输入的新分布。批归一化就是将各层的数据强制拉回均值为 0,方差为 1 的分布,使得各层的分布一致,训练过程也随之平衡。

BN 算法具体如下:

输入:每个 Mini-Batch 中输入 x 的值 $B = \{x_{1 \ldots m}\}$
　　　需要学习的参数 γ, β
输出:BN 结果 $\{y_i = BN_{\gamma, \beta}(x_i)\}$

$\quad \mu_B \leftarrow \dfrac{1}{m} \sum\limits_{i=1}^{m} x_i$ 　　　　　 //计算批量数据的均值

$\quad \sigma_B^2 \leftarrow \dfrac{1}{m} \sum\limits_{i=1}^{m} (x_i - \mu_B)^2$ 　　 //计算批量数据的方差

$\quad \hat{x}_i \leftarrow \dfrac{x_i - \mu_B}{\sqrt{\sigma_B^2 + \varepsilon}}$ 　　　　　　 //归一化数据,ε 是很小的常数

$\quad y_i = \gamma \hat{x}_i + \beta \equiv BN_{\gamma, \beta}(x_i)$ 　 //缩放与偏移

BN 算法总体可以分为两个过程:第一个过程是对数据进行批归一化,这是为了使分布一致。第二个过程是对批归一化后的数据进行一定的缩放和平移,这一步是因为归一化时神经元的激活值是均值为 0,方差为 1 的正态分布,此时一些激活函数的线性区(如 sigmoid),减少了非线性,导致网络表达能力下降,所以增加两个调节参数(scale 和 shift),这两个参数是通过学习得到,用来对归一化的数据进行反变换,这一定程度上增加了网络表达能力。当 $\gamma = \sqrt{\sigma_B^2 + \varepsilon}$,$\beta = \dfrac{\gamma \mu_B}{\sqrt{\sigma_B^2 + \varepsilon}}$ 时,$y_i = x_i$,归一化后的数据恢复为原始数据。

此外 BN 的作用还体现在能够减少训练时每层梯度的变化幅度,使梯度稳定在比较合适的变化范围内,减少了梯度对参数的尺度与初始值的依赖,降低了调参难度。并且 BN 可以使网络在训练时使用更大的学习率,这是因为 $BN(Wu) = BN((aW)u)$,由此还可以推出

$$\frac{\partial BN((aW)u)}{\partial u} = \frac{\partial Wu}{\partial u}$$

$$\frac{\partial BN((aW)u)}{\partial aW} = \frac{1}{a}\frac{\partial Wu}{\partial W}$$

可见学习率的尺度不会明显影响梯度的尺度。因此在训练网络时也可以加大学习率,加快网络的收敛速度。而 BN 表现出来的正则作用,也可以在训练时适应减少 L2 正则的权重。

BN 在训练与推断(Inference)时关于均值与方差的计算是有区别的。BN 在训练时可根据 Mini-Batch 里的数据统计均值和方差,但在推理(inference)过程中,我们希望输出仅与输入相关,并且输入就只有一个实例,无法算 Mini-Batch 的均值和方差,因此可以用从全体训练样本中获得的统计量来代替 Mini-Batch 里面样本的均值和方差统计量。全局的均值和方差可以通过各 Mini-Batch 的均值和方差来估计。

$$E[x] \leftarrow E_B[\mu_B]$$

$$Var[x] \leftarrow \frac{m}{m-1}E_B[\sigma_B^2]$$

在实际使用中,BN 算法一般作为独立的层灵活地嵌在深度神经网络的各层之间,在与卷积层结合时,BN 层一般位于卷积层与激活函数之间。BN 层的效果显著,在先进的卷积神经网络架构中广泛使用,本章 5.7 节中将详细介绍。

然而 BN 也存在一些问题:(1)受限于 Batch Size 的大小,当 Batch Size 太小时作用不明显;(2)不利于像素级图片生成任务;(3)对 RNN 等动态网络作用不大;(4)训练时和预测时统计量不一致。针对 BN 的这些问题,研究者们相继提出了**层归一化(Layer Normalization)**、**实例归一化(Instance Normalization)**和**组归一化(Group Normalization)**。

层归一化(Layer Normalization)通过在单个训练样本中计算一层中的所有神经元的响应的平均值与方差,然后对这些响应进行归一化操作,这样层归一化在训练和测试时执行完全相同的计算,不存在统计量不一致的问题。并且层归一化在每个时间步骤中分别计算归一化统计量,这也更适用于循环神经网络等动态结构,在稳定循环网络中的隐状态方面非常有效。

实例归一化进一步缩小了归一化统计量的计算范围,在 CNN 中对一层特征的某一通道计算平均值与方差,然后对此通道的特征进化归一化操作,重复操作直到此层所有通道完成归一化。组归一化作为层归一化和实例归一化的折中方案,在 CNN 中对一层特征图在通道维度进行分组,计算组内所有特征的均值与方差,然后对此组特征进行归一化操作,重复直到所有组完成归一化操作。组归一化在 Batch Size 比较小时的作用比 BN 明显,在 COCO 数据集上的目标检测与分割、Kinetics 数据集上的视频分类等应用中也取得了优于 BN 的效果。如图 5.21 所示,对以上归一化方法的计算进行总结,将特征图(N, C, H, W)中的 H, W 展成一维向量以便观察,图中蓝色部分表示不同归一化方法计算统计量时所选取的不同特征。

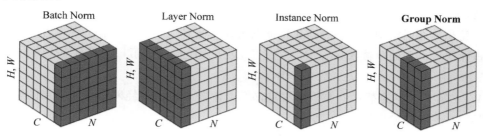

图 5.21 归一化方法

5.6 参数学习

卷积网络的参数学习和全连接层构成的前馈网络相似,可以通过误差反向传播算法来更新网络的参数。在全连接前馈神经网络中,每一层的误差项在网络中反向传播,梯度主要通过每一层的误差项来计算。在卷积神经网络中,需要分别计算卷积层和池化层的误差项,得到误差项后进一步计算参数的梯度,卷积层中参数为卷积核以及偏置,池化层中没有参数,因此只需要更新卷积层中参数。

(1) 已知池化层的误差项 δ^{l+1},求上一层误差项 δ^{l}

在前向传播算法中,一般我们会用最大值函数 MAX 或者平均值函数 Average 对输入进行池化操作,池化时滑窗的位置是已知的。而在反向传播时,需要先把 δ^{l+1} 的所有特征图大小还原成池化之前的大小,然后分配误差。若池化函数使用的是最大值函数 MAX,则把 δ^{l+1} 中特征图的各个值放在池化前最大值的位置。如果是 Average,则 δ^{l+1} 中特征图的各个值平均分配到所有位置,这个过程一般叫作 upsample,如图 5.22 所示。

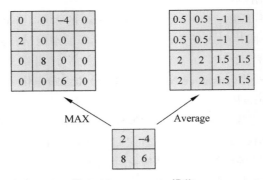

图 5.22   upsample 操作

由上,我们得出误差项 δ^{l} 的计算公式

$$\delta^{(l)} = \frac{\partial L(W, b)}{\partial \mathbf{Z}^{(l)}}$$

$$= upsample(\delta^{(l+1)}) \odot f'(\mathbf{Z}^{(l)})$$

现在,池化层中通常不再使用激活函数,或者认为 $f(z) = z$,所以误差项 δ^{l} 也可直接写为

$$\delta^{(l)} = upsample(\delta^{(l+1)})$$

(2) 已知卷积层的误差项 δ^{l+1},求上一层误差项 δ^{l}

设卷积神经网络中第 l 层的输入特征图为 $\mathbf{X}^{l-1} \in R^{C \times H \times W}$(一般输入从 0 开始编号),通过卷积操作后得到的净输入 $\mathbf{Z}^{l} \in R^{KN \times OH \times OW}$,第 l 层净输入中第 c 通道的特征图为

$$\mathbf{Z}^{(l,c)} = W^{(l,c)} \bigotimes \mathbf{X}^{(l-1)} + b^{(l,c)}$$

其中 $W^{(l,c)}$ 第 l 层中的第 c 个卷积核权重,$b^{(l)}$ 为偏置。卷积神经网络中第 l 层的输出特征图(即第 $l+1$ 层的输出特征图)为

$$\mathbf{X}^{(l)} = f(\mathbf{Z}^{(l)})$$

其中 f 为激活函数。

卷积层中每个卷积核的运算都是一样的,因此以卷积层中的一个卷积核为例,则第 l 层中 c 通道的误差项 $\delta^{(l,c)}$ 为

$$\delta^{(l,c)} = \frac{\partial L(W,b)}{\partial Z^{(l,c)}}$$

$$= rot\,180(W^{(l+1,c)}) \otimes \delta^{(l+1)} \odot f'(Z^{(l,c)})$$

可以看到,卷积层对误差项进行了一种"操作",这种操作可以认为是卷积层中卷积(旋转 180 度)的转置卷积,即在卷积层中前向传播时卷积与误差反向传播时的卷积互为转置卷积。与之相似的,全连接层中前向传播时权重矩阵与误差反向传播时的矩阵互为转置矩阵。

由卷积层的误差项 $\delta^{(l,c)}$,可以求出卷积层中权重 $W^{(l,c)}$ 和偏置 $b^{(l,c)}$ 的梯度。

$$\frac{\partial L(W,b)}{\partial W^{(l,c)}} = \frac{\partial L(W,b)}{\partial Z^{(l,c)}} \otimes X^{(l-1)}$$

$$= \delta^{(l,c)} \otimes X^{(l-1)}$$

$$\frac{\partial L(W,b)}{\partial b^{(l,c)}} = \sum_{i,j} \delta_{i,j}^{(l,c)}$$

在目前流行的深度学习框架中,卷积层通常通过 im2col 的方式实现,因此在这些实现中卷积层的误差项和梯度计算方式也简化为类似全连层的误差项与梯度计算方式。

关于 BN 中参数梯度的问题,留作扩展阅读,详见文献。

5.7 典型卷积神经网络

从 LeNet-5 在手写数字识别上的成功,到 AlexNet 在 ImageNet 图像分类大赛中的一鸣惊人,再发展到现在,随着深度神经网络不断加深,能力不断加强,其对照片的分类能力已经超过人类,2010—2016 年,ImageNet 分类错误率从 0.28% 降到了 0.03%,物体识别的平均准确率从 0.23% 上升到了 0.66%,如图 5.23 所示。

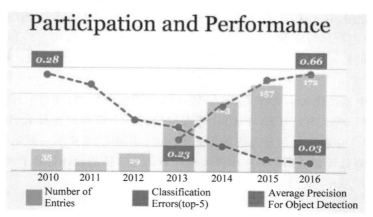

图 5.23 卷积神经网络在物体分类中的应用

本节介绍卷积神经网络发展历程中典程的几种网络,LeNet 是一个简单有效的卷积神

经网络,奠定了现在卷积神经网络的基本结构。AlexNet 是卷积神经网络研究史上的一个里程碑,也是 2012 年 ImageNet 图像分类比赛的冠军,它的杰出表现吸引了大量研究者投入到卷积神经网络中的研究中。VGG、Inception、ResNet 和 DenseNet 分别来自剑桥大学、Google、微软亚研院和康奈尔大学,它们体现出研究者们在网络设计上的不同思想,模型的能力越来越强。与前面追求高性能的网络结构不同,MobileNet 和 ShuffleNet 是两个轻量级网络,它们的目标是部署在移动端等性能受限的设备上,因此在网络设计时尽可能地减少参数个数和运算数量,并保证相当的分类精度。

5.7.1　LeNet

LeNet 由 LeCun 等人 1998 年发表,用于 MNIST 手写数字识别。MNIST 中图像的大小为 28×28,图像归一化后填充 0 成为 32×32 像素的图像,这是为了笔画末端或者拐点等具有一定固定模型的潜在特征能存在于 C1 层卷积感受野的中间。LeNet-5 网络如图 5.24 所示。

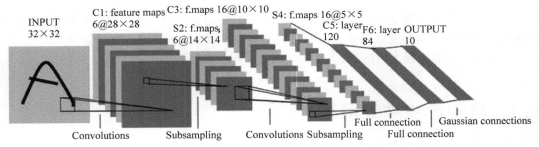

图 5.24　LeNet-5

LeNet-5 网络除输入输出层外还包含 2 个卷积层、2 个池化层和 2 个全连接层。C1 层为卷积层,包含 6 个(1,5,5)的卷积核,将 MNIST 的输入数据转化为(6,28,28)的特征图。

S2 层为池化层,在 LeCun 等人的论文中使用窗口大小为 2,步长 2 的滑窗进行下采样,对窗口中的数据进行加权求和,并通过 sigmoid 函数输出响应,将(6,28,28)的特征图下采样为(6,14,14)的特征图,在现在的深度学习框架中通用使用最大池化取代原论文中的池化过程。

C3 卷积层中卷积核大小同样是 5×5,输出特征图的形状为(16,10,10),但是 C3 卷积与之间介绍的卷积方式有所不同,LeCun 等人使用了一个特别的连接表,输出中某一通道的特征图只与输入中特定的部分通道的特征图相关,如图 5.25 所示。限制于当时的计算能力,减少连接能降低计算开销。另一个原因是作者认为这样的设计打破了网络中的对称性。

	0	1	2	3	4	5	6	7	8	9	10	11	12	13	14	15
0	X				X	X	X			X	X	X	X			X
1	X	X				X	X	X			X	X	X	X		X
2	X	X	X				X	X	X			X		X	X	X
3		X	X	X			X	X	X	X			X		X	X
4			X	X	X			X	X	X	X		X	X		X
5				X	X	X			X	X	X	X		X	X	X

图 5.25　LeNet 连接表

S4 层与 S2 类似,输出特征图的形状为(16,5,5)。

C5 是全连接层将特征图拉成一个 120 维的一维向量,也可以看作是一个卷积核大小是 5×5 的卷积层,有 120 个卷积核,输出形状为(120,1,1)的特征图。

F6 是具有 86 个神经元结点的全连接层。最后经过 RBF 单元输出结果,在现在的深度学习框架中通常使用 Softmax 取代 RBF 来输出分类的概率。

5.7.2 AlexNet

AlexNet 是 2012 年 Imagenet 图像分类大赛的冠军,用网络提出者的名字命名。AlexNet 的输入是 ImageNet 中归一化后的 RGB 图像样本,每张图像的尺寸被裁切到了 224×224,AlexNet 中包含 5 个卷积层和 3 个全连接层,输出为 1000 类的 Softmax 层,具体的网络结构如图 5.26 所示。受当时 GPU 能力的限制,整个网络模型被分割在两块 NVidia GTX580 GPU 上运行,并只在一些特定的层通信。

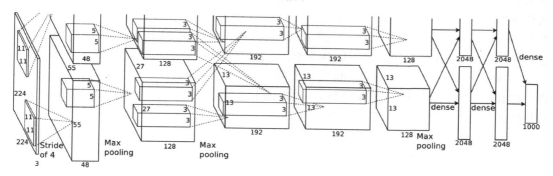

图 5.26 AlexNet

AlexNet 是深度学习的中兴之作,将卷积神经网络发扬光大,把卷积神经网络的基本原理应用到了很深很宽的网络模型中,不仅在网络结构上的设计给人启示,还在一些技术点上取得了突破,其贡献如下。

(1) ReLU 激活函数。AlexNet 使用 ReLU 作为网络中的激活函数,极大缓解了 simgoid 函数与 tanh 函数在输入较大或较小时进入饱和区后梯度消失的问题,验证了 ReLU 激活函数的效果在较深的网络中超过了 sigmoid 函数和 tanh 函数,使得网络的训练速度相比使用 sigmoid 函数和 tanh 函数的同样网络有了数倍提升。

(2) 重叠池化(Overlapping Pooling)。池化可以理解为对同一特征图中相邻神经元输出的一种概括。CNN 中普遍使用平均池化。而在 AlexNet 中则全部使用最大池化,避免平均池化的模糊化效果。此外 AlexNet 中使用的是重叠的最大池化,步长 s 小于池化核的尺寸 k,这使得池化的输出之间会有重叠和覆盖,可以提升特征的丰富性,训练时对拟合也有所帮助。当重叠池化 $s=2,k=3$ 时,AlexNet 的 Top-1 和 Top-5 的错误率相比 $s=2,k=2$ 时的错误率分别下降了 0.4% 和 0.3%。

(3) Dropout。AlexNet 将 Dropout 运用到最后的几个全连接层中,在训练网络时 Dropout 随机忽略一部分神经元,使得这部分神经元在网络的前向传播与反向传播中都不可见,最后训练的结果相当于多个 AlexNet 的集合,可以有效减少模型过拟合。

（4）局部响应归一化。AlexNet 中局部响应归一化方法（Local Response Normalization，LRN），通过 LRN 层对局部神经元的活动创建竞争机制，使得其中响应较大的神经元值变得更大，反馈较小的神经元得到抑制，这样可增强模型的泛化能力。

（5）大数据与多 GPU 训练。随着训练数据爆发式的增长，对训练精度更高的模型有很大的帮助，这也使得多 GPU 共同训练网络的问题显现。AlexNet 使用 CUDA 加速深度卷积网络的训练，将 AlexNet 分布在两个 GPU 上，在每个 GPU 上储存一半的神经元参数，并在特定的层进行数据交互。由于 GPU 之间可以互相访问显存，通信较为方便快速。相比于使用单 GPU 但卷积核数减半的设计，双 GPU 保留所有卷积核的 Top-1 和 Top-5 的误差分别减少了 1.7% 和 1.2%。

（6）数据增强。一般来说，大规模神经网络的效果与训练数据的规模与质量有直接的关系，大量准确的数据能有效提高网络的精度，已有的数据进行一些变换并补充到原有的数据集中，是一种简单直接地减缓过拟合的方式。对于图像数据，常用的变换包括裁剪、镜像、旋转、缩放，以及在色彩光照等条件中加入一些随机噪音。AlexNet 对 ImageNet 训练集中的样本做了几种数据增加的组合，使得样本数据有了极大的增长。AlexNet 随机地从 256×256 的 ImageNet 原始图像中截剪出 224×224 大小的区域并计算水平翻转的镜像。进行预测时，取图片的四个角和中间共 5 个位置，进行左右翻转，对这些图像进行预测并对 10 次结果求均值。此外，AlexNet 也改变了训练数据中 RGB 通道的强度，对整个 ImageNet 训练图像的 RGB 像素进行 PCA 分析，并对主成分作标准差为 0.1 的高斯扰动来增加噪声。数据增加的策略使得错误率下降超过 1%。

5.7.3　VGGNet

VGGNet 由牛津大学的视觉几何组（Visual Geometry Group）和 Google DeepMind 公司提出，是 ILSVRC-2014 中定位任务第一名和分类任务第二名。提出 VGGNet 的主要目的是探究在大规模图像识别任务中，卷积网络深度对模型精确度的影响。通过 VGGNet，研究人员证明了基于尺寸较小的卷积核，增加网络深度可以有效提升模型的效果。VGGNet 结构简单，模型的泛化能力好，因而受到研究人员青睐并被广泛使用，到现在依然经常被用作图像特征提取。

VGGNet 引入"模块化"的设计思想，将不同的层进行简单的组合构成网络模块，再用模块来组装完整网络，而不再是以"层"为单元组装网络。VGGNet 继承了 AlexNet 的一些特点，输入是 ImageNet 中归一化后的 RGB 图像样本，每张图像的尺寸被裁切到了 224×224，使用 ReLU 作为激活函数，在全连接层使用 Dropout 防止过拟合。VGGNet 研究人员给出了 5 种不同的 VGGNet 配置，如表 5.1 所示。其中每一列代表一种网络配置，分别用 A～E 来表示。最浅的 A 网络包含 11 个带可学习参数层，最深的 E 网络包含 11 个带可学习参数层。随着网络的加深，网络的能力也逐渐加强，E 网络取得了最高的分类精度。A～E 中将不同的数量的卷积层拼成不同的模块，所有的 3×3 卷积（conv3）都是等长卷积（步长 1，填充 1），因此特征图的尺寸在模块内不是变的。特征图每经过一次池化，其高度和宽度减少一半，作为弥补，其通道数增加一倍，最后通过全连接与 Softmax 输出结果。VGG-19 结构如图 5.27 所示。

表 5.1 VGG 的 5 种配置

ConvNet Configuration					
A	A-LRN	B	C	D	E
11 weight layers	11 weight layers	13 weight layers	16 weight layers	16 weight layers	19 weight layers
input(224×224 RGB image)					
conv3-64	conv3-64 **LRN**	conv3-64 **conv3-64**	conv3-64 conv3-64	conv3-64 conv3-64	conv3-64 conv3-64
maxpool					
conv3-128	conv3-128	conv3-128 **conv3-128**	conv3-128 conv3-128	conv3-128 conv3-128	conv3-128 conv3-128
maxpool					
conv3-256 conv3-256	conv3-256 conv3-256	conv3-256 conv3-256	conv3-256 conv3-256 **conv1-256**	conv3-256 conv3-256 **conv3-256**	conv3-256 conv3-256 conv3-256 **conv3-256**
maxpool					
conv3-512 conv3-512	conv3-512 conv3-512	conv3-512 conv3-512	conv3-512 conv3-512 **conv1-512**	conv3-512 conv3-512 **conv3-512**	conv3-512 conv3-512 conv3-512 **conv3-512**
maxpool					
conv3-512 conv3-512	conv3-512 conv3-512	conv3-512 conv3-512	conv3-512 conv3-512 **conv1-512**	conv3-512 conv3-512 **conv3-512**	conv3-512 conv3-512 conv3-512 **conv3-512**
maxpool					
FC-4096					
FC-4096					
FC-1000					
soft-max					

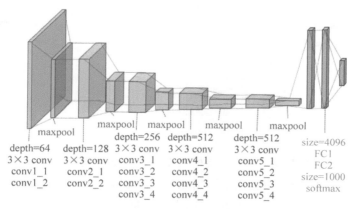

图 5.27 VGG-19 结构图

VGGNet 在网络中使用 3×3 卷积核,相比 AlexNet 其卷积核的感受野要小,但是两个 3×3 卷积的卷积级联感受野相当于 5×5 卷积,三个 3×3 卷积级联感受野相当于 7×7 卷积,为什么要这样做呢? 首先,每个卷积层后面都跟随着非线性激活层,这样整合三个卷积层和三个非线性激活层增加了非线性表达能力,提高了网络的判断能力。其次是减少了网络的参数,假设输入特征图的通道数为 C_{in},输出特征图的通道数为 C_{out},级联三个 3×3 卷积层中的参数为 $3\times(C_{in}\times3\times3\times C_{out})$,而使用 7×7 卷积层中的参数为 $(C_{in}\times7\times7\times C_{out})$,参数多了 81%。

此外 C 网络中还使用了 3×3 卷积层,同理也是为了增加非线性与减少网络参数。

5.7.4　Inception

Inception 系列网络来自 Google,顾名思义其核心模型的名称为"Inception",Inception 的发展经历了 4 个版本,从早期借鉴了 NIN 结构设计的 v1 版本,通过对网络中的传统卷积层的不断改进,逐步演进到版本 v4。

1. Inception v1

Inception v1 结构用于 GoogLeNet,是 2014 年 ImageNet 图像分类与定位两项比赛的双料冠军,为了向 LeNet 致敬,Google 研究人员将网络名称定为 GoogLeNet。

GoogLeNet 是基于赫布理论设计的一种具有优良局部拓扑结构的网络,并应用了多尺度处理的观点,在 Inception v1 模块中对输入特征图并行地执行多个卷积运算或池化操作,并将所有输出结果拼接为一个特征图,如图 5.28 所示。GoogLenet 架构的主要特点是更好地利用网络内部的计算资源,通过精心设计的 Inception 模块以允许增加网络的深度和宽度,同时保持计算预算不变。

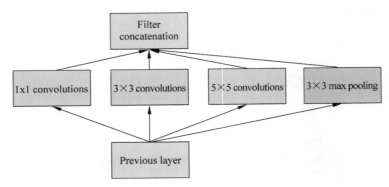

图 5.28　Inception v1 初级模型

由于图像信息位置的巨大差异,为卷积操作选择合适的卷积核大小就比较困难,信息分布更具全局性的图像偏好较大的卷积核,信息分布比较局部的图像偏好较小的卷积核。为了解决这个问题,需要把网络设计得宽一些,而不是更深,因此在 Inception 模块中设计了多条通路,使用 3 个不同大小的滤波器对输入执行卷积操作,并附加最大池化,所有子层的输出最后会被级联起来,并传送至下一个 Inception 模块,这样的设计形式称为**多通路(multi-path)**。

在这种初级模型中,每一层 Inception module 的 filters 参数数量是所有分支上参数数量的总和。多层 Inception 会导致 model 的参数数量巨大。为了降低算力成本,GoogLeNet 使用在 3×3 和 5×5 卷积层之前添加额外的 1×1 卷积层来控制输入的通道数,如图 5.29 所示,1×1 卷积本身比 5×5 卷积计算开销要小得多,而且通道数量减少也有利于降低算力成本,这样的设计形式也称为**瓶颈(Bottleneck)**。不过一定要注意,1×1 卷积是在最大池化层之后,而不是之前。1×1 卷积既能跨通道组织信息,提高网络的表达能力,又能尽量减少卷积操作数,达到降低模型复杂度的目的。

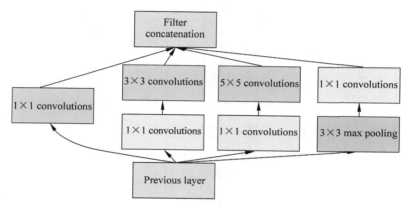

图 5.29 Inception v1 模块

GoogLeNet 模型中有 9 个线性堆叠的 Inception v1 模块,其中包含 22 个带可学习参数层,并且在最后一个 Inception v1 模块处使用全局平均池化,减少了全接连层的参数,防止过拟合,网络的详细模型见表 5.2 与图 5.30。

而对于这样的深层神经网络,梯度消失问题是网络训练过程中的一大挑战。为了阻止 GoogLeNet 中间部分的梯度消失,GoogLeNet 还引入了两个辅助分类器,如图 5.30 中黄色部分所示。这两个辅助分类器对其中两个 Inception 模块的输出执行 softmax 操作,然后在同样的标签上计算辅助损失以帮助网络中间层的训练。注意,辅助损失只是用于训练,在推断过程中并不使用。

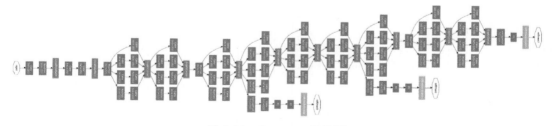

图 5.30 GoogLeNet 结构图

表 5.2　GoogleNet

type	patch size/stride	output size	depth	#1×1	#3×3 reduce	#3×3	#5×5 reduce	#5×5	pool proj	params	ops
convolution	7×7/2	112×112×64	1							2.7K	34M
max pool	3×3/2	56×56×64	0								
convolution	3×3/1	56×56×192	2		64	192				112K	360M
max pool	3×3/2	28×28×192	0								
inception(3a)		28×28×256	2	64	96	128	16	32	32	159K	128M
inception(3b)		28×28×480	2	128	128	192	32	96	64	380K	304M
max pool	3×3/2	14×14×480	0								
inception(4a)		14×14×512	2	192	96	208	16	48	64	364K	73M
inception(4b)		14×14×512	2	160	112	224	24	64	64	437K	88M
inception(4c)		14×14×512	2	128	128	256	24	64	64	463K	100M
inception(4d)		14×14×528	2	112	144	288	32	64	64	580K	119M
inception(4e)		14×14×832	2	256	160	320	32	128	128	840K	170M
max pool	3×3/2	7×7×832	0								
inception(5a)		7×7×832	2	256	160	320	32	128	128	1072K	54M
inception(5b)		7×7×1024	2	384	192	384	48	128	128	1388K	71M
avg pool	7×7/1	1×1×1024	0								
dropout(40%)		1×1×1024	0								
linear		1×1×1000	1							1000K	1M
softmax		1×1×1000	0								

2. Inception v2 与 v3

Inception v2 模块中借鉴了 VGGNet 的方法,对卷积进行分解,如图 5.31 所示。在 Inception 模块中将 5×5 卷积拆分成两个 3×3 卷积,减少了训练参数,引入了更多的非线性,见图 5.31(a)中 Module A。更进一步地,Google 研究人员将 $n×n$ 的卷积拆分成 $1×n$, $n×1$ 的卷积,见图 5.31(b)中 Module B。这种非对称的卷积拆分,与拆分为几个相同的小卷积核的对称拆分相比,效果更好,可以处理更多、更丰富的空间特征,增加特征多样性。考虑到网络宽度和深度的平衡,Google 研究人员还设计了第三种更宽的 Inception 模块,见图 5.31(c)中 Module C。

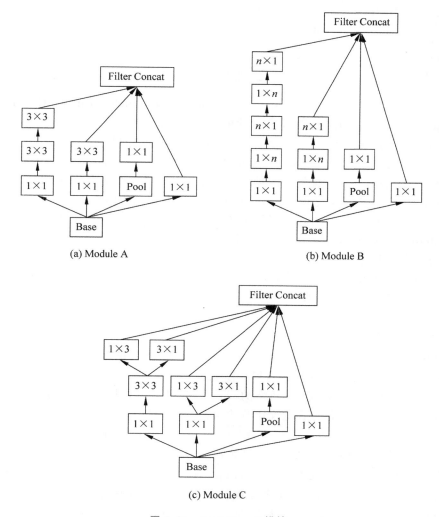

(a) Module A

(b) Module B

(c) Module C

图 5.31 Inception v2 模块

Google 研究人员提出瓶颈(bottleneck)设计不应该出现在网络的浅层,因此在经过了几个卷积层后才将前面所述的三种模块串取起来,Inception v2 网络详见表 5.3。

表 5.3   Inception v2 网络结构

type	patch size/stride or remarks	input size
conv	3×3/2	299×299×3
conv	3×3/1	149×149×32
conv padded	3×3/1	147×147×32
pool	3×3/2	147×147×64
conv	3×3/1	73×73×64
conv	3×3/2	71×71×80
conv	3×3/1	35×35×192
3×Inception	module A	35×35×288
5×Inception	module B	17×17×768
2×Inception	module C	8×8×1280
pool	8×8	8×8×2048
linear	logits	1×1×2048
softmax	classifier	1×1×1000

Inception v2 的另一项重大改进在于使用了**批归一化**（**Batch Normalization，BN**）。

Inception v2 中结构的改进和批归一化的使用，使得网络能力较 Inception v1 更强。而 Inception v3 整合了 Inception v2 的所有改进，在原多种尺度的基础上使用了更大的分解的 7×7 卷积核，并为辅助损失器增加了 Batch Normalization。在 Inception v3 训练中也使用了 RMSProp 优化器，并使用标签平滑技术，在损失公式中增加正则化项，防止网络对某一类过分自信阻止过拟合，使得 Inception v3 取得了更好的效果。在 Inception v2 与 Inception v3 的设计过程中，Google 的研究人员给出了几条网络结构设计的建议。

（1）慎用 bottleneck，特别是在网络的浅层。

（2）适当加宽网络层可以提取表达能力更强的特征。

（3）空间聚合可在比较深的层中完成，此时特征表达能力没有太大或任何损失。

（4）平移网络的宽度与深度。

3. Inception v4

Inception v4 网络的设计遵从了 Inception v2/v3 中提出的几个网络设计的建议，并对 Inception 模块进行了更细致的优化以提高性能。

按照之前所说的第一条建议，网络的浅层只使用了卷积层和简化的 Inception 模块，Inception v4 的浅层部分（作者在论文中称为 stem 部分）如图 5.32 所示。

对 Inception 模块也进行了调整，如图 5.33 所示。随着网络加深，Inception v4 使用了更宽的模块，而随着特征图尺寸的下降，特征图通道的数量上涨。

网络中对下采样的处理也不仅只依靠池化，还设计了两种降维模块，如图 5.34 所示。

Inception v4 由上述精心设计的各个模块组成，其最终的网络布局如图 5.35 所示。

Inception 模块的设计思想让人们对神经网络设计有了改观，更进一步的，基于 Inception 设计 Xception 被誉为深度神经网络的又一次网络结构变革，Xception 网络留作扩展阅读不再细述。从 GoogLeNet 到 Inception v4，Inception 模块逐步优化，设计越来越复杂，将来，结合 AutoML 来设计 Inception 可能会是探索更优结构的方向。Inception 模块还能与深度残差学习的思想结合，构建 Inception-ResNet，ResNet 将在接下来的小节中介绍。

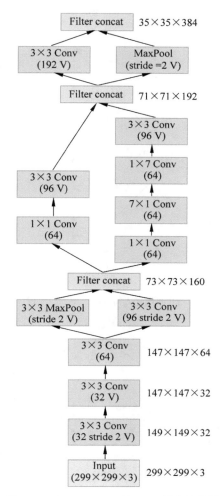

图 5.32　Inception v4 的 stem 部分结构图

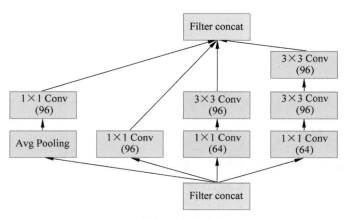

Inception-A(输入特征图大小为35×35)

图 5.33　Inception v4 模块设计

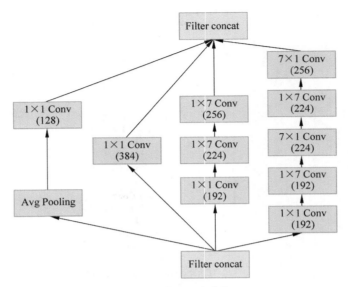

Inception-B(输入特征图大小为17×17)

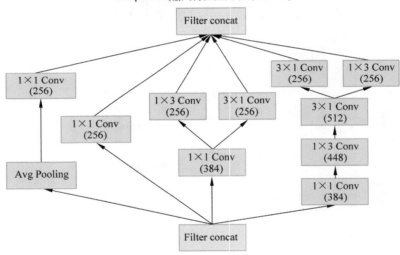

Inception-C(输入特征图大小为8×8)

图 5.33 （续）

5.7.5 ResNet

深度残差网络（ResNet） 可谓近年来计算机视觉领域中继 AlexNet 后最具开创性的工作，在 2015 年的 ImageNet 分类、定位、检测及 COCO 的物体检测与语义分割五项比赛中全部取得第一名。ResNet 使得成百甚至上千层的神经网络的训练成为可能。

　　一般说来，深度神经网络越深越是有着更强的表达能力，从 AlexNet 的 8 层发展到了 VGG 的 19 层，到 GoogLeNet 的 22 层，再到后继版本有了更深的 Inception 网络。VGGNet 尝试探寻深度学习网络究竟可以加深多少以持续地提高分类准确率，但在 19 层后发现分类

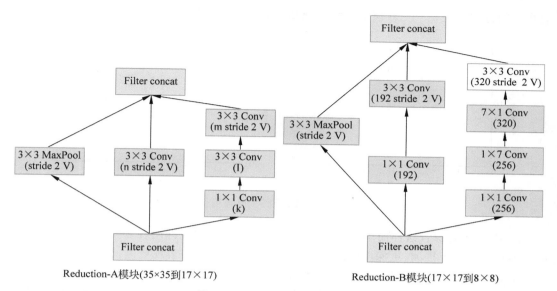

图 5.34 Reduction 模块结构图

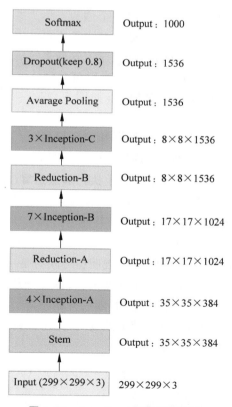

图 5.35 Inception v4 网络结构图

准确率下降。后来更多的研究者们发现深度神经网络达到一定深度后再一味地增加层数并不能进一步地使分类性能提高,反而会出现网络性能退化,如图 5.36 所示。网络通过级联卷积层的方式实现，一个 56 层的网络表现却不如 20 层的网络。

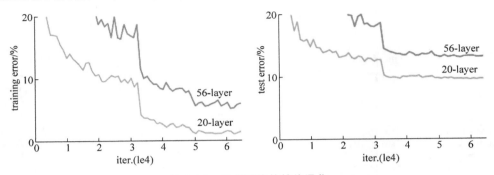

图 5.36　深层网络的性能退化

ResNet 正是源自这样简单的观察：为什么非常深的神经网络在增加更多层时表现得更差了呢？直觉上推测，更深度的网络不会比浅的同类型网络表现更差，因为如果已经构建了一个 n 层网络，并且达到了一定准确度，那么只要简单复制前面 n 层，然后增加一层恒等映射就可以了。同样可以不断地增加新的恒等映射使得 $n+2$、$n+3$ 和 $n+4$ 层的网络都可以达到同样的准确度。但实际上，这样得到的深层网络会表现得更差。

ResNet 的研究人员将这些问题归结到一个假设：恒等映射是难以学习的。因此，一种直观的修正方法是不再学习从 x 到 $H(x)$ 的基本映射 $x=H(x)$，而是学习这两者之间的"残差"（residual）$F(x)=H(x)-x$，映射就成了 $H(x)=F(x)+x$，这样就引出了残差模块，如图 5.37 所示。

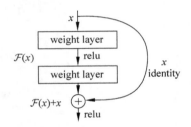

图 5.37　残差模块

ResNet 的每一个残差模块都由一系列层和一个**捷径**（**shortcut**）连接组成，这个捷径将该模块的输入特征图和输出特征图连接到了一起，并在对应元素的位置上执行**加法运算**（**element-wise add**），注意残差模块需要让输入输出特征的形状一致。这样的设计极大简化了对恒等层的学习，直觉上，与从头开始学习一个恒等变换相比，让 $F(x)$ 等于并使输出仍为 x 要更加容易。实际上，当一个函数接近于恒等映射而不是 0 时，学习一个参照恒等的扰动比学习一个新的函数容易。实验中发现学习到的残差总体响应较小，这也表明恒等映射是一个合里的假设。

回到更深的网络性能退化的问题，由于梯度消失，深度网络的训练变得相当困难，随着网络深度的不断增加，其性能会逐渐趋于饱和，随后开始下降。而 ResNet 的梯度可以直接通过捷径回到更早的层，极大减缓了梯度消失问题，因此可以构造更深的网络，图 5.38 给出一个 34 层的深度残差网络 ResNet-34。

图 5.38　ResNet-34 结构示意图

Emin Orhan 等人对深度神经网络的退化问题进行了更深入的研究,认为深度神经网络的退化才是深层网络难以训练的根本原因,而不是梯度消失。即使在梯度范数较大的情况下,如果深度神经网络的每个层中只有少量的神经元对不同的输入改变响应,而大部分神经元对不同的输入响应相同,参数的更新也不会非常有效。也就是说神经网络中可用自由度对这些范数的贡献非常不均衡时,整个权重矩阵的秩不高,并且随着网络加深,连续的矩阵乘运算后秩会更低,一个高维矩阵中大部分维度没有信息,表达能力弱,这就是网络退化问题。残差连接正是强制打破了网络的对称性,提升了网络的表征能力,如图 5.39 所示。图 5.39(a)中权重为 0,输出特征图失去意义,捷径确保单元至少处于活动状态。图 5.39(b)中输入权重相同使输出权重难以识别这两部分,而捷径打破了这种对称性。图 5.39(c)在线性相关奇点中,隐藏单元的子集变得线性相关,输出权重同样难以识别,而捷径打破了这种线性依赖。综上,捷径的存在打破了网络的对称性,提升了网络的表征能力。

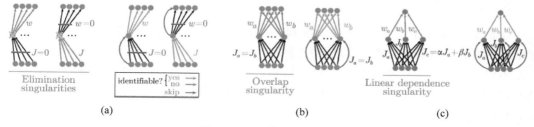

图 5.39　网络退化示意图

残差模块的特性使得更深的网络成为可能,基于残差模块微软研究人员给出了 5 种推荐的 ResNet,见表 5.4。

得益于 ResNet 强大的表征能力,很多其他的计算机视觉应用,如图像分类、物体检测、语义分割和面部识别等的性能都得到了极大的提升,ResNet 也因其简单的结构与优异的性能成为计算机视觉任务中最受欢迎的网络结构之一。

表 5.4　ResNet 网络配置

layer name	output size	18-layer	34-layer	50-layer	101-layer	152-layer
conv1	112×112	7×7,64,stride 2				
		3×3 max pool,stride 2				
conv2_x	56×56	$\begin{bmatrix}3×3,64\\3×3,64\end{bmatrix}×2$	$\begin{bmatrix}3×3,64\\3×3,64\end{bmatrix}×3$	$\begin{bmatrix}1×1,64\\3×3,64\\1×1,256\end{bmatrix}×3$	$\begin{bmatrix}1×1,64\\3×3,64\\1×1,256\end{bmatrix}×3$	$\begin{bmatrix}1×1,64\\3×3,64\\1×1,256\end{bmatrix}×3$
conv3_x	28×28	$\begin{bmatrix}3×3,128\\3×3,128\end{bmatrix}×2$	$\begin{bmatrix}3×3,128\\3×3,128\end{bmatrix}×4$	$\begin{bmatrix}1×1,128\\3×3,128\\1×1,512\end{bmatrix}×4$	$\begin{bmatrix}1×1,128\\3×3,128\\1×1,512\end{bmatrix}×4$	$\begin{bmatrix}1×1,128\\3×3,128\\1×1,512\end{bmatrix}×8$
conv4_x	14×14	$\begin{bmatrix}3×3,256\\3×3,256\end{bmatrix}×2$	$\begin{bmatrix}3×3,256\\3×3,256\end{bmatrix}×6$	$\begin{bmatrix}1×1,256\\3×3,256\\1×1,1024\end{bmatrix}×6$	$\begin{bmatrix}1×1,256\\3×3,256\\1×1,1024\end{bmatrix}×23$	$\begin{bmatrix}1×1,256\\3×3,256\\1×1,1024\end{bmatrix}×36$

续表

layer name	output size	18-layer	34-layer	50-layer	101-layer	152-layer
conv5_x	7×7	$\begin{bmatrix}3\times3,512\\3\times3,512\end{bmatrix}\times2$	$\begin{bmatrix}3\times3,512\\3\times3,512\end{bmatrix}\times3$	$\begin{bmatrix}1\times1,512\\3\times3,512\\1\times1,2048\end{bmatrix}\times3$	$\begin{bmatrix}1\times1,512\\3\times3,512\\1\times1,2048\end{bmatrix}\times3$	$\begin{bmatrix}1\times1,512\\3\times3,512\\1\times1,2048\end{bmatrix}\times3$
	1×1	average pool,1000-d fc,softmax				
FLOPs		1.8×10^9	3.6×10^9	3.8×10^9	7.6×10^9	11.3×10^9

5.7.6　DenseNet

DenseNet 由康奈尔大学、清华大学和 Facebook 的研究者提出,在 CVPR2017 上获得了最佳论文奖。这些研究者们发现,神经网络的层级结构并不一定要逐层递进,网络中的某一层不仅可以依赖于紧邻的上一层的特征,还依赖于更前面层学习的特征。基于此项观察,DenseNet 在 ResNet 的基础上进一步加强了特征图之间的连接,构造了一种具有密集连接的卷积神经网络。

DenseNet 的核心组成部件是**密集连接模块(Dense Block)**,在这个模块中任意两层之间都有直接的连接。也就是说,网络第 1 层,第 2 层,…,第 $k-1$ 层的输出,都会作为第 k 层的输入,而第 k 层所学习的特征图也会被直接传给后面所有层作为输入,如图 5.40 所示。对于一个 L 层的网络,Dense Block 共包含 $L(L+1)/2$ 个连接,并且在 Dense Block 中是直接联结来自不同层的特征图以实现特征重用。

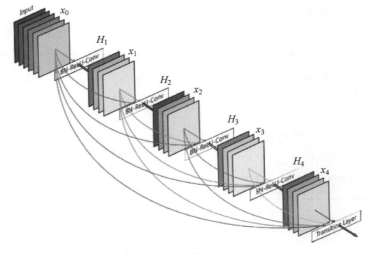

图 5.40　密集连接模块(dense block)

在 Dense Block 中,块中第 $l-1$ 层的输出特征图 x_{l-1} 与之前所有层的特征图 $x_0,x_1,\cdots,$ x_{l-2} 在通道维度拼接得到第 l 层的输入特征图 $[x_0,x_1,\cdots,x_{l-1}]$,因为要在通道维度进行连接操作,所以各特征图的大小要保持一致。输入特征图$[x_0,x_1,\cdots,x_{l-1}]$经过一个 BN、池化和卷积组成的映射后输出 $x_l=H([x_0,x_1,\cdots,x_{l-1}])$,其中 H 的组成为 BN-ReLU-CONV1×1-BN-ReLU-CONV3×3。为了增加网络的表达能力,DenseNet 的作者在 Dense Block 中规定特征图每经过一层其通道数都增加,若 H_l 输出 k 个特征图,那么在第 l 层特征图的通道数为 $k_0+(l-1)k$,k 就是 DenseNet 中定义的增长率(Growth Rate),是一个超参数,一般情况下使用较小的 k(比如论文中使用 12、24、32 等),就可以获得较好性能。

Dense Block 之间由**转换层(Translation Layer)**连接,转换层一般由 BN 层、1×1 的卷积层和 2×2 的平均池化层组成,图 5.41 中给出了一个简单的 DenseNet。

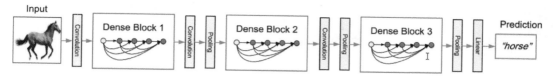

图 5.41 DenseNet 结构示意图

在 ImageNet 分类问题上,DenseNet 作者设计了四种不同深度的 DenseNet,详见表 5.5,这四个网络的增加率 k 都为 32。

表 5.5 DenseNet 网络配置

Layers	Output Size	DenseNet-121	DenseNet-169	DenseNet-201	DenseNet-264
Convolution	112×112	7×7 conv,stride 2			
Pooling	56×56	3×3 max pool,stride 2			
Dense Block(1)	56×56	$\begin{bmatrix}1\times1\text{ conv}\\3\times3\text{ conv}\end{bmatrix}\times6$	$\begin{bmatrix}1\times1\text{ conv}\\3\times3\text{ conv}\end{bmatrix}\times6$	$\begin{bmatrix}1\times1\text{ conv}\\3\times3\text{ conv}\end{bmatrix}\times6$	$\begin{bmatrix}1\times1\text{ conv}\\3\times3\text{ conv}\end{bmatrix}\times6$
Transition Layer(1)	56×56	1×1 conv			
	28×28	2×2 average pool,stride 2			
Dense Block(2)	28×28	$\begin{bmatrix}1\times1\text{ conv}\\3\times3\text{ conv}\end{bmatrix}\times12$	$\begin{bmatrix}1\times1\text{ conv}\\3\times3\text{ conv}\end{bmatrix}\times12$	$\begin{bmatrix}1\times1\text{ conv}\\3\times3\text{ conv}\end{bmatrix}\times12$	$\begin{bmatrix}1\times1\text{ conv}\\3\times3\text{ conv}\end{bmatrix}\times12$
Transition Layer(2)	28×28	1×1 conv			
	14×14	2×2 average pool,stride 2			
Dense Block(3)	14×14	$\begin{bmatrix}1\times1\text{ conv}\\3\times3\text{ conv}\end{bmatrix}\times24$	$\begin{bmatrix}1\times1\text{ conv}\\3\times3\text{ conv}\end{bmatrix}\times32$	$\begin{bmatrix}1\times1\text{ conv}\\3\times3\text{ conv}\end{bmatrix}\times48$	$\begin{bmatrix}1\times1\text{ conv}\\3\times3\text{ conv}\end{bmatrix}\times64$
Transition Layer(3)	14×14	1×1 conv			
	7×7	2×2 average pool,stride 2			
Dense Block(4)	7×7	$\begin{bmatrix}1\times1\text{ conv}\\3\times3\text{ conv}\end{bmatrix}\times16$	$\begin{bmatrix}1\times1\text{ conv}\\3\times3\text{ conv}\end{bmatrix}\times32$	$\begin{bmatrix}1\times1\text{ conv}\\3\times3\text{ conv}\end{bmatrix}\times32$	$\begin{bmatrix}1\times1\text{ conv}\\3\times3\text{ conv}\end{bmatrix}\times48$
Classification Layer	1×1	7×7 global average pool			
		1000D fully-connected,softmax			

DenseNet 在 ImageNet 分类上获得了最高的准确度,并且实验发现在 ImageNet 分类数据集上达到了同样的准确率,DenseNet 所需的参数量几乎只有 ResNet-152 的 1/3,见图 5.42,由此可见密集连接方式对特征重用的增益之大。

最后总结 DenseNet 的几个优点:(1)解决了深层网络的梯度消失;(2)加强了特征的传播;(3)鼓励特征重用;(4)减少了模型参数。

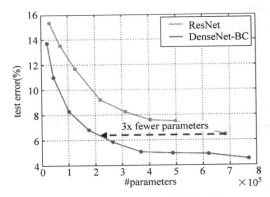

图 5.42   ImageNet 分类性能对比

5.7.7   MobileNet

之前提及的网络都是针对大规模图像分类问题设计的高性能网络,但是伴随着模型精度的提升,深度网络模型在计算量、存储空间以及能耗方面的巨大开销(数十亿次浮点操作,甚至更多),对于移动应用(通常容许数百万至数千万次浮点操作)是难以满足的,模型必须在有限资源的环境中充分利用计算力、功率和储存空间快速运行并且保持相当的准确度。

针对此问题,Google 提出了 MobileNet 网络架构,旨在设计一种高效、小尺寸的移动优先型视觉模型,充分利用移动设备和嵌入式应用的有限计算、存储资源,有效地最大化模型的准确性。MobileNet 是轻量化、低延迟、低功耗的参数化模型,它可以满足有限资源下的分类、检测和分割等各种应用。

卷积神经网络的计算量基本集中在卷积层中的卷积操作上,设计高效的卷积层是减少网络计算复杂度的关键。而提高卷积运算效率的有效途径就是**稀疏连接**(**Sparse Connection**)。基于此,MobileNet 使用**深度可分离卷积**(**Depthwise Separable Convolution**)代替了传统卷积。如图 5.43 所示,深度可分离卷积由一次**逐通道卷积**(**Depthwise Convolution**)和一次**逐点卷积**(**Pointwise Convolution**)构成,一个普通卷积核的形状为(M, D_k, D_k),其中卷积核的通道数 M 与特征图的通道数一致,而逐通道卷积的形状为$(1, D_k, D_k)$,一个卷积核只与特征图中的一个通道作卷积操作,则共有 M 个逐通道卷积核与卷积图作逐通道的卷积操作。逐点卷积即 $1×1$ 的卷积,其形状为$(M, 1, 1)$,将深度卷积核逐通道的卷积后的特征图再次聚合在一起输出。

若普通卷积层中有 N 个卷积核,输入特征图的大小为(H, W),则这一层卷积的计算量为 $N×H×W×M×D_k×D_k$,而进行逐通道卷积的计算量为 $H×W×D_k×D_k$,逐点卷积的计算量为 $N×H×W×M×1×1$,即深度可分离卷积的总计算量与普通卷积的计算量之比为

$$\frac{H \times W \times D_k \times D_k + N \times H \times W \times M}{N \times H \times W \times M \times D_k \times D_k} = \frac{1}{N} + \frac{1}{D_k^2}$$

在实际使用中,普通卷积的常见使用方式如图 5.41 左图所示,深度可分离卷积的常见使用方式如图 5.44 右图所示,深度可分离卷积较普通卷积层使用时增加了 BN 层和非线性激活函数,也是为了引入更多的非线性。

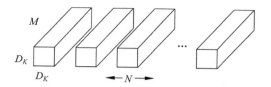

(a) Standard Convolution Filters

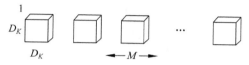

(b) Depthwise Convolutional Filters

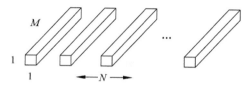

(c) 1×1 Convolutional Filters called Pointwise Convolution in the context of Depthwise Separable Convolution

图 5.43 深度可分离卷积

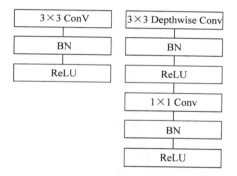

图 5.44 深度可分离卷积使用方式

基于深度可分离卷积,Google 的研究人员构建了 MobileNet,详见表 5.6,深度可分离卷积中使用逐点卷积,MobileNet 中有 95% 的计算量和 75% 的参数属于 1×1 卷积。

MobileNet 平衡了计算量、存储空间和准确率三方面的要求。与 VGG16 相比,在很小的精度损失情况下,将运算量减小了 30 倍。实验结果也表明,MobileNet 的设计思想在移动设备、自动驾驶汽车、机器人和无人机等对实时性、存储空间、能耗有严格要求的终端智能应用中有较大的发展空间。

表 5.6 MobileNet 网络配置

Type/Stride	Filter Shape	Input Size
Conv/s2	$3\times3\times3\times32$	$224\times224\times3$
Conv dw/s1	$3\times3\times32$ dw	$112\times112\times32$
Conv/s1	$1\times1\times32\times64$	$112\times112\times32$

Type/Stride	Filter Shape	Input Size
Conv dw/s2	$3\times3\times64$ dw	$112\times112\times64$
Conv/s1	$1\times1\times64\times128$	$56\times56\times64$
Conv dw/s1	$3\times3\times128$ dw	$56\times56\times128$
Conv/s1	$1\times1\times128\times128$	$56\times56\times128$
Conv dw/s2	$3\times3\times128$ dw	$56\times56\times128$
Conv/s1	$1\times1\times128\times256$	$28\times28\times128$
Conv dw/s1	$3\times3\times256$ dw	$28\times28\times256$
Conv/s1	$1\times1\times256\times256$	$28\times28\times256$
Conv dw/s2	$3\times3\times256$ dw	$28\times28\times256$
Conv/s1	$1\times1\times256\times512$	$14\times14\times256$
$5\times$　Conv dw/s1	$3\times3\times512$ dw	$14\times14\times512$
Conv/s1	$1\times1\times512\times512$	$14\times14\times512$
Conv dw/s2	$3\times3\times512$ dw	$14\times14\times512$
Conv/s1	$1\times1\times512\times1024$	$7\times7\times512$
Conv dw/s2	$3\times3\times1024$ dw	$7\times7\times1024$
Conv/s1	$1\times1\times1024\times1024$	$7\times7\times1024$
Avg Pool/s1	Pool 7×7	$7\times7\times1024$
FC/s1	1024×1000	$1\times1\times1024$
Softmax/s1	Classifier	$1\times1\times1000$

5.7.8　ShuffleNet

ShuffleNet 是由旷视（Face＋＋）研究院提出的一种高效卷积模型神经网络结构，它在保持较高的识别精度的同时，可大幅降低模型计算复杂度。ShuffleNet 是针对移动端低功耗设备设计的。ShuffleNet 网络结构沿袭了稀疏连接的设计理念，在分析了目前的网络结构后，ShuffleNet 作者发现将卷积核拆分成逐通道卷积与逐点卷积的方式虽然能使计算复杂度有所下降，但是拆分所产生的逐点卷积计算量却占据了大部分计算量，例如 MobileNet 模型中逐点卷积占据了 95％的计算量和 75％的参数，成为新的瓶颈。

为了更进一步地优化计算量以提升模型的速度，ShuffleNet 使用**分组逐点卷积**（**group pointwise convolution**）来代替逐点卷积，将输入特征图分为若干组，卷积运算的输入限制在每个组内，各组独立进行卷积操作，如图 5.45（a）所示。分组逐点卷积的方式虽然减少了计算量，但是多层堆叠后，特征图中的信息被分割在各个组内，各组间缺少信息交流会影响到模型的特征提取能力。因此需要引入组间信息交换的机制，如图 5.45（b）所示，在下一卷积中，每个卷积核需要来自不同组的特征作为输入，这种信息交换的一种实现机制就是**通道重排**（**channel shuffle**），如图 5.45（c）所示，通道重排的梯度传播类似池化层，梯度会分配到原来的位置，所以可以把通道重排层嵌入到网络中直接训练。

ShuffleNet 的基本模块在设计时继承了深度残差网络（ResNet）的设计思想，基于分组逐点卷积和通道重排操作设计了两种模块，图 5.46（a）和图 5.46（b）表明了将一个残差模块改造成 ShuffleNet 模块的过程。图 5.46（a）中为了提高计算效率，使用逐通道卷积

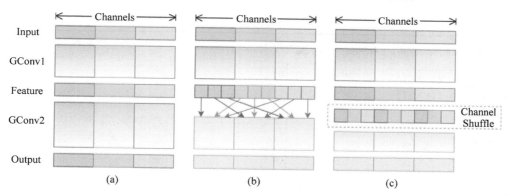

图 5.45 分组逐点卷积与通道重排

(DWConv)替换普通 3×3 卷积,以便降低提取空间特征的卷积操作的复杂度。图 5.46(b) 在图 5.46(a)的基础上将前后两个 1×1 卷积使用分组逐点卷积代替(GConv),并嵌入通道 重排层以降低卷积运算的跨通道计算量,得到 ShuffleNet 模块。为了更高效地进行降采 样,以同样的思想设计了 ShuffleNet 降采样模块,见图 5.46(c)。

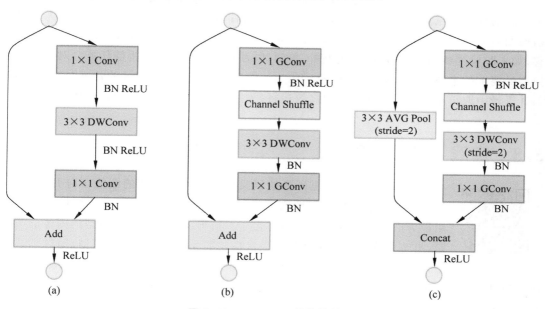

图 5.46 ShuffleNet 的结构单元

　　基于 ShuffleNet 模块可构建出 ShuffeNet 网络,网络的配置如表 5.7 所示。ShuffleNet 主要由 16 个 ShuffleNet 模块组成。这些 ShuffleNet 模块分为三个阶段,每个阶段包含一 个 ShuffleNet 下采样模块和若干 ShuffleNet 模块,与 VGGNet 类似,每个阶段特征图的空 间尺寸缩减为原来的一半,通道数变为原来的两倍。在 ShuffleNet 的分组逐点卷积中,不 同的分组数会对模块的准确率和计算量有影响。分组数 g 就是 ShuffleNet 的超参数。分 组越多,模型的计算量就越小。当总计算量一定时,较大的分组数可以允许较多的通道数, 有利于网络编码更多的信息,提升模型的识别能力。在实际使用中,可根据不同的计算需 要,适当调整分组 g,放缩各层通道数以定制计算复杂度可承受的模型。

表 5.7　ShuffeNet 网络配置

Layer	Output size	KSize	Stride	Repeat	Output channels(g groups)				
					$g=1$	$g=2$	$g=3$	$g=4$	$g=8$
Image	224×224				3	3	3	3	3
Conv1	112×112	3×3	2	1	24	24	24	24	24
MaxPool	56×56	3×3	2						
Stage2	28×28		2	1	144	200	240	272	384
	28×28		1	3	144	200	240	272	384
Stage3	14×14		2	1	288	400	480	544	768
	14×14		1	7	288	400	480	544	768
Stage4	7×7		2	1	576	800	960	1088	1536
	7×7		1	3	576	800	960	1088	1536
GlobalPool	1×1	7×7							
FC					1000	1000	1000	1000	1000
Complexity					143M	140M	137M	137M	137M

　　一个好的"骨干"网络作为特征提取器对于图像分类、目标检测、物体识别等多种需要语义信息的计算机视觉任务举足轻重,自 AlexNet 之后,VGG、Inception、ResNet 等优秀的网络模型应运而生,在部分任务上甚至超越人类水平。而现如今,个人计算逐渐向移动设备转移,如人脸检测和识别、图片风格化编辑、美颜,以及直播用户行为分析等任务会对视觉算法模型的要求越来越高,MobileNet 和 ShuffleNet 作为针对移动设备设计的骨干网络,在性能与计算量中取得平衡以在移动设备中高效运行,为用户提供更智能、更出色的体验。

5.8　实践:猫狗识别

　　图像分类就是根据图像的语义信息将不同类别的图像区分开来,这是计算机视觉中的基本问题之一。卷积神经网络(CNN)是计算机视觉中应用最为广泛且最为成功的网络之一。猫狗识别问题属于典型的图像分类问题,本节将使用飞桨深度学习平台搭建简单的 CNN 网络模型,通过训练模型,实现猫狗识别,并打印出识别结果。本实践代码已在 AI Studio 上公开,
通过扫描上方二维码或访问 https://aistudio.baidu.com/aistudio/projectDetail/101810,可在页面中找到本章节对应实践代码。

5.8.1　数据准备

　　本次实践使用 CIFAR10 数据集。CIFAR10 数据集包含 60 000 张三通道 32×32 像素的彩色图片,共 10 个类别,每个类包含 6000 张,其中 50 000 张图片作为训练集,10 000 张作为验证集。这次我们只对其中的猫狗两种类别进行预测。

　　飞桨提供了用于获取训练数据的接口 paddle.dataset.cifar.train10()和用于获取测试数据的接口 test10(),这些接口提供的图片已经经过了灰度、归一化、居中等处理。可以利用接口读取训练和测试数据,如代码清单 5.1 所示。

代码清单 5.1　训练集与测试集读取

```
BATCH_SIZE = 128
# 用于训练的数据提供器
train_reader = paddle.batch(
    paddle.reader.shuffle(paddle.dataset.cifar.train10(),
                            buf_size = BATCH_SIZE * 100),
    batch_size = BATCH_SIZE)
# 用于测试的数据提供器
test_reader = paddle.batch(
    paddle.dataset.cifar.test10(),
    batch_size = BATCH_SIZE)
```

上述代码中，paddle.reader.shuffle()表示每次缓存 BUF_SIZE 个数据，并打乱，paddle.batch()表示每 BATCH_SIZE 个数据组成一个 batch。

5.8.2　网络配置

本实践中配置网络主要有网络定义、定义输入数据、获取分类器、定义损失函数和准确率及定义优化方法五个步骤。

在 CNN 模型中，卷积神经网络能够更好地利用图像的结构信息，其网络结构图如图 5.47 所示。

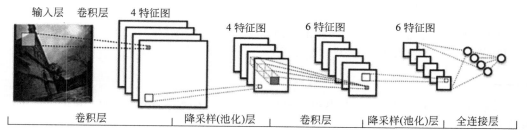

图 5.47　网络结构

卷积层的作用是通过卷积操作提取底层到高层的特征，发掘出图片"局部特性"；池化层的作用是通过降采样的方式，在不影响图像质量的情况下，压缩图片，减少参数；通常在卷积层的后面会加上一个池化层；池化完成后，将数据输入全连接层进行分类。本实践定义了一个较简单的卷积神经网络：输入的二维图像先经过两次卷积和池化（paddle 池化默认为最大池化，是用不重叠的矩形框将输入层分成不同的区域，对于每个矩形框的数取最大值作为输出层），最后再以 softmax 为激活函数建立全连接输出层，如代码清单 5.2 所示。

代码清单 5.2　网络定义

```
def convolutional_neural_network(img):
# 第一个卷积 - 池化层
conv1 = fluid.layers.conv2d(input = img,          # 输入图像
                            num_filters = 20,      # 卷积核大小
```

```
                        filter_size = 5,           # 卷积核数量,它与输出的通道相同
                        act = "relu")              # 激活函数
    pool1 = fluid.layers.pool2d(
            input = conv1,                         # 输入
            pool_size = 2,                         # 池化核大小
            pool_type = 'max',                     # 池化类型
            pool_stride = 2)                       # 池化步长
    conv_pool_1 = fluid.layers.batch_norm(pool1)
    # 第二个卷积 - 池化层
    conv2 = fluid.layers.conv2d(input = conv_pool_1,
                        num_filters = 50,
                        filter_size = 5,
                        act = "relu")
    pool2 = fluid.layers.pool2d(
            input = conv2,
            pool_size = 2,
            pool_type = 'max',
            pool_stride = 2)
    conv_pool_2 = fluid.layers.batch_norm(pool2)
    # 第三个卷积 - 池化层
    conv3 = fluid.layers.conv2d(input = conv_pool_2,
                        num_filters = 50,
                        filter_size = 5,
                        act = "relu")
    pool3 = fluid.layers.pool2d(
            input = conv3,
            pool_size = 2,
            pool_type = 'max',
            pool_stride = 2)
    # 以 softmax 为激活函数的全连接输出层,10 类数据输出 10 个数字
    prediction = fluid.layers.fc(input = pool3, size = 10, act = 'softmax')
    return prediction
```

定义好了网络后,我们通过 fluid.layers.data() 定义输入数据 images 和 label,如代码清单 5.3 所示。

代码清单 5.3   定义输入数据

```
# 3 代表图像 RGB 三通道,32×32 的彩色图片
data_shape = [3, 32, 32]
# 定义全局变量 image 和 label
images = fluid.layers.data(name='images', shape=data_shape, dtype='float32')
label = fluid.layers.data(name='label', shape=[1], dtype='int64')
```

其中,参数 shape 定义数据的维度,dtype 定义数据的类型,因此 image 是 [3,32,32](3 通道,32×32 像素)维度的浮点数据,label 是 [1] 维度的整数数据,代表图像的类别。

接下来我们定义获取分类器,如代码清单 5.4 所示。

代码清单 5.4   获取分类器

```
# 获取分类器,用 cnn 进行分类
```

```
predict = convolutional_neural_network(images)
```

本实践用交叉熵计算损失,飞桨提供了用于计算交叉熵的接口 fluid. layers. cross_entropy 和计算准确率的接口 fluid. layers. accuracy,因此获取损失函数和准确率的代码如代码清单 5.5 所示。

代码清单 5.5　获取损失函数和准确率

```
cost = fluid. layers. cross_entropy(input = predict, label = label)
avg_cost = fluid. layers. mean(cost)
acc = fluid. layers. accuracy(input = predict, label = label)
```

接着定义优化方法,这次我们使用的是 Adam 优化方法,并利用参数 learning_rate 指定学习率为 0.001,如代码清单 5.6 所示。

代码清单 5.6　定义优化方法

```
optimizer = fluid. optimizer. Adam(learning_rate = 0.001)
optimizer. minimize(avg_cost)
```

5.8.3　网络训练

在上节中我们已经完成了 CNN 网络的搭建。本节主要讲述在飞桨中如何使用 Executor 来执行 Program,训练定义好的网络模型。训练分为三步:第一步是配置训练环境和创建 Executor,第二步定义输入数据维度,第三步训练并保存模型。

配置训练环境创建 Executor 的代码如代码清单 5.7 所示。

代码清单 5.7　配置训练环境创建 Executor

```
place = fluid. CPUPlace()                       # 定义运算场所为 CPU
exe = fluid. Executor(place)                    # 创建执行器
exe. run(fluid. default_startup_program())      # 初始化 Program
```

定义输入数据的维度,DataFeeder 负责将 reader(读取器)返回的数据转成一种特殊的数据结构,使它们可以输入到 Executor,如代码清单 5.8 所示。

代码清单 5.8　定义输入数据维度

```
feeder = fluid. DataFeeder(feed_list = [images, label], place = place)
```

配置好训练环境后,进行训练。我们设置训练轮次为 10,每次训练完成后使用验证集进行验证,并求出相应的损失值 Cost 和准确率 acc。10 次训练完成后,保存训练好的模型,如代码清单 5.9 所示。

代码清单 5.9　训练并保存模型

```python
EPOCH_NUM = 10
for pass_id in range(EPOCH_NUM):
    train_cost = 0
    for batch_id, data in enumerate(train_reader()):
        train_cost,train_acc = exe.run(program = fluid.default_main_program(),
                                        feed = feeder.feed(data),
                                        fetch_list = [avg_cost, acc])
        if batch_id % 100 == 0:
            print('Pass:% d, Batch:% d, Cost:% 0.5f, Accuracy:% 0.5f' % (pass_id, batch_id,
train_cost[0], train_acc[0]))
    test_costs = []
    test_accs = []
    for batch_id, data in enumerate(test_reader()):
        test_cost, test_acc = exe.run(program = fluid.default_main_program(),
                                       feed = feeder.feed(data),
                                       fetch_list = [avg_cost, acc])
        test_costs.append(test_cost[0])
        test_accs.append(test_acc[0])
    test_cost = (sum(test_costs) / len(test_costs))
    test_acc = (sum(test_accs) / len(test_accs))
    print('Test:% d, Cost:% 0.5f, ACC:% 0.5f' % (pass_id, test_cost, test_acc))
    model_save_dir = "/home/aistudio/data/catdog.inference.model"
    if not os.path.exists(model_save_dir):
        os.makedirs(model_save_dir)
    fluid.io.save_inference_model(model_save_dir, ['images'], [predict], exe)
```

　　训练过程中的输出结果如图 5.48 所示。可视化结果如图 5.49 所示,可以看到随着迭代次数的增加,模型在不断收敛。

```
Pass:1, Batch:0, Cost:1.25878, Accuracy:0.52344
Pass:1, Batch:100, Cost:1.20938, Accuracy:0.60938
Pass:1, Batch:200, Cost:1.17128, Accuracy:0.60156
Pass:1, Batch:300, Cost:1.13014, Accuracy:0.61719
Test:1, Cost:1.13427, ACC:0.60423
Pass:2, Batch:0, Cost:1.11982, Accuracy:0.66406
Pass:2, Batch:100, Cost:1.12087, Accuracy:0.60938
Pass:2, Batch:200, Cost:1.03369, Accuracy:0.63281
Pass:2, Batch:300, Cost:1.10748, Accuracy:0.64062
Test:2, Cost:1.03860, ACC:0.64053
Pass:3, Batch:0, Cost:1.07104, Accuracy:0.60938
Pass:3, Batch:100, Cost:1.05217, Accuracy:0.62500
Pass:3, Batch:200, Cost:0.92311, Accuracy:0.70312
Pass:3, Batch:300, Cost:0.95064, Accuracy:0.67969
Test:3, Cost:0.97967, ACC:0.66288
Pass:4, Batch:0, Cost:1.02944, Accuracy:0.66406
Pass:4, Batch:100, Cost:0.96035, Accuracy:0.62500
Pass:4, Batch:200, Cost:0.98946, Accuracy:0.68750
Pass:4, Batch:300, Cost:0.86681, Accuracy:0.70312
Test:4, Cost:0.92682, ACC:0.68453
```

图 5.48　训练过程输出值

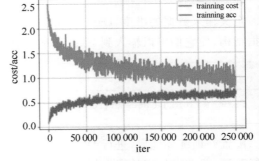

图 5.49　训练过程损失值与准确率变化趋势

5.8.4 网络预测

前面已经完成了模型训练,并保存了训练好的模型,接下来就可以使用训练好的模型对图片中的猫狗图像进行识别了。

首选创建预测用的 Executor,如代码清单 5.10 所示。

代码清单 5.10 创建预测用的 Executor

```
infer_exe = fluid.Executor(place)
inference_scope = fluid.core.Scope()
```

然后对需要预测的图像进行预处理,调整大小为 32×32,接着将图像转换成一维向量,再对一维向量进行归一化处理,如代码清单 5.11 所示。

代码清单 5.11 图像预处理

```
def load_image(file):
        #打开图片
        im = Image.open(file)
        #将图片调整为跟训练数据一样的大小 32×32
        im = im.resize((32, 32), Image.ANTIALIAS)
        #建立图片矩阵类型为 float32
        im = np.array(im).astype(np.float32)
        #矩阵转置
        im = im.transpose((2,0,1))
        #将像素值从【0-255】转换为【0-1】
        im = im / 255.0
        im = np.expand_dims(im, axis = 0)
        return im
```

创建好预测的运行环境并处理好所需图像后,开始进行图像识别。通过 fluid.io.load_inference_model,预测器会从 params_dirname 中读取已经训练好的模型,来对从未遇见过的数据进行预测,如代码清单 5.12 所示。

代码清单 5.12 图像识别

```
with fluid.scope_guard(inference_scope):
    #从指定目录中加载 推理model(inference model)
    [inference_program,
    feed_target_names,
    fetch_targets] = fluid.io.load_inference_model(model_save_dir, infer_exe)
    infer_path = '/home/aistudio/data/dog.png'
    img = Image.open(infer_path)
    plt.imshow(img)
    plt.show()
    img = load_image(infer_path)
```

```
results = infer_exe.run(inference_program,
                        feed = {feed_target_names[0]: img},
                        fetch_list = fetch_targets)
label_list = [
    "airplane","automobile","bird","cat","deer","dog","frog","horse","ship","truck"
    ]
print("infer results: % s" % label_list[np.argmax(results[0])])
```

预测结果如图 5.50 所示。

infer results: dog

图 5.50　预测结果

5.9　习题

1. 试述如何等价转换全连接层与卷积层。
2. 试证明宽卷积运算具有交换性。
3. 推导 BN 层在推断(inference)过程中全局均值与方差的无偏估计。
4. 试证明反向传播过程中卷积层的误差项计算。
5. 说明 Inception 结构中 1×1 卷积的作用。
6. 试计算 RestNet-18 的总参数量。

第6章　循环神经网络

通过前几章的讲解,你可能会认为多层感知机和卷积神经网络已经足够强大到解决所有的问题。的确,多层感知机和卷积神经网络这样的前馈神经网络,就像一个复杂的函数,理论上可以完成从确定形式的输入到确定形式的输出的任何映射。然而,前馈神经网络只能完成信息的单向传递,这一特性虽然使得模型容易训练,但也在某种程度上限制了模型的能力。因为,前馈网络的输入都是相互独立的,当前的输入与过去和未来都没有关系。但是在实际的任务当中,经常会出现模型的输入不仅与当前时刻的输入有关,还与过去的某个状态有关,例如有限状态自动机。

一般地,前馈网络对于序列数据的处理都存在一定的困难。原因在于序列数据的长度通常不固定,并且元素的顺序排列有多种。序列数据是指沿着某一维存在强烈相关性的数据。例如,对于生物的 DNA 序列,碱基的类别、数量和排列顺序都决定了基因的功能;对于股票和彩票的序列,过去每一天的走势对将来的走势都可能有影响;对于聊天对话序列,每一句话都有强烈的相关性等等。

这时就需要一种能力更强的模型——**循环神经网络**(**Recurrent Neural Network,RNN**)。如同卷积神经网络是用来处理网格化数据的网络一样,循环神经网络是专门用于处理序列数据的神经网络。

在这一章,我们首先介绍循环神经网络的结构和计算能力、参数学习方法以及长期依赖等问题,然后再介绍解决长期依赖最常用的门控 RNN 结构,最后具体关注几种使用广泛的变体结构以及注意力机制等重要主题。

6.1　循环神经网络简介

对于序列化数据,考虑到序列长度、顺序等因素,我们必须要在模型的不同部分使用相同的参数。考虑如下两句话,"我爱你,祖国!"和"祖国,我爱你!",我们要利用机器学习模型来回答"我爱什么?",那么不同的模型会有不同的学习难度。如果使用的模型是卷积神经网络,它首先会为每一个字创建一个输入神经元,然后每一个输入神经元会学到不同的参数,来达到回答问题的目的。这样,针对这两种不同的序列,卷积神经网络需要大量的训练数据来学习不同组合的序列,难度很大。如果我们使用循环神经网络来解决这一问题,对于输入的每一个字使用共享参数来处理,那么序列的组合顺序以及长度问题就可以迎刃而解。因此,**参数共享**作为循环神经网络的一大特点,为循环神经网络带来了强大的泛化能力(针对序列长度和顺序的泛化)。

更重要的是,循环神经网络还具有**短期记忆**能力,这也使得我们可以利用循环神经网络的这一能力来建模不同的序列。在循环神经网络中,隐藏层神经元不仅可以接受其他神经元的信息,还可以接受上一时刻自身的信息,从而形成了一个小环路结构。与前馈神经网络相比,循环神经网络更符合生物神经网络的结构。目前,循环神经网络已经被广泛运用于各种序列数据处理中,如表 6.1 所示。

表 6.1　循环神经网络应用

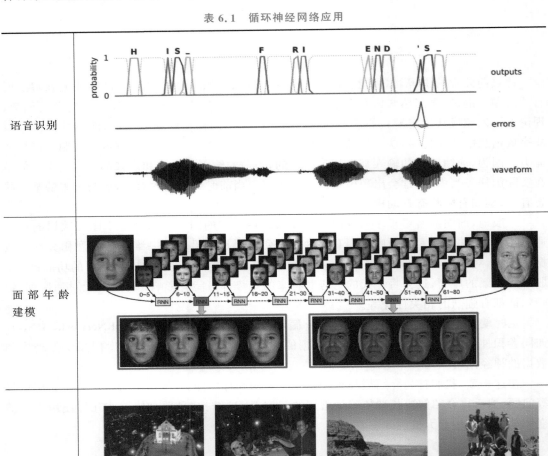

语音识别

面部年龄建模

看图说话

续表

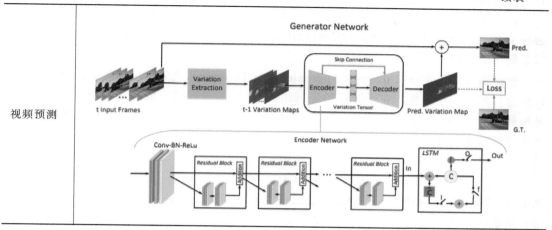

| 视频预测 | |

6.1.1 循环神经网络的结构与计算能力

给定一个输入序列 $\boldsymbol{x}_{1:T} = (\boldsymbol{x}_1, \boldsymbol{x}_2, \cdots, \boldsymbol{x}_T)$，循环神经网络主要通过如下带反馈的隐藏层单元来建模序列信息。

$$h_t = f(h_{t-1}, x_t)$$

其中，$h_0 = 0$ 代表初始隐藏层信息，$f(\cdot)$ 为非线性激活函数，也可以为一个前馈神经网络。

简单循环网络（**Simple Recurrent Network，SRN**）结构示意图，如图 6.1 所示。

计算图是形式化计算结构的一种方式，展开计算图可以帮助我们理解网络结构的设计，了解模型学习过程等。

简单循环网络结构展开示意图，如图 6.2 所示。需要注意，网络的参数是共享的，但是每一个神经元的信息都是不同的。

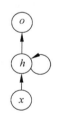

图 6.1 简单循环网络结构示意图

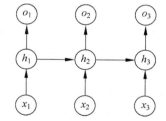

图 6.2 简单循环网络结构展开示意图

对于简单循环网络计算图，输入层到隐藏层的参数为权重矩阵 $\boldsymbol{U}$，隐藏层到输出层的参数为权重矩阵 $\boldsymbol{V}$，隐藏层到隐藏层的反馈连接参数为权重矩阵 $\boldsymbol{W}$，该循环神经网络的前向传播公式为：

$$\boldsymbol{a}_t = \boldsymbol{b} + \boldsymbol{W}\boldsymbol{h}_{t-1} + \boldsymbol{U}\boldsymbol{x}_t$$

$$\boldsymbol{h}_t = \tanh(\boldsymbol{a}_t)$$

$$\boldsymbol{o}_t = \boldsymbol{c} + \boldsymbol{V}\boldsymbol{h}_t$$

其中的网络参数为三个权重矩阵 U、V 和 W 以及两个偏置向量 b 和 c。该循环神经网络将一个输入序列映射为相同长度的输出序列,对于分类任务,我们可以将输出层的神经元分别通过 softmax 分类层进行分类;对于回归任务,我们可以直接将输出层神经元的信息作为需要使用的回归值。

根据**通用近似定理**(**Universal Approximation Theorem**),我们可以知道前馈神经网络可以拟合任何的连续函数。对于循环神经网络,我们也能得到相似的通用近似定理:一个有足够数量的 sigmoid 型隐藏单元的完全连接的循环神经网络,可以以任意精度拟合任意一个非线性动力系统:

$$s_t = g(s_{t-1}, x_t)$$
$$y_t = o(s_t)$$

其中,s_t 表示当前时刻的系统状态,x_t 表示当前时刻对系统的输入,$g(\cdot)$ 代表可测的状态转移函数(非线性函数),$o(\cdot)$ 是表示系统输出的连续函数。简而言之,循环神经网络可以拟合任何程序(**Program**)。

最后,一个使用 sigmoid 型隐藏单元的完全连接的循环神经网络还是**图灵完备**(**Turing Completeness**)的,即可以近似解决所有可计算问题。

6.1.2 参数学习

在这一节中,我们还是针对图 6.2 所示的简单循环网络,讨论它的学习过程。

对于分类任务,该模型的损失函数为分类交叉熵损失;对于回归任务,该模型的损失函数为平方损失。以回归任务为例,在计算模型的损失函数时,我们需要计算模型的输出序列中所有神经元的预测值 o_t 与目标值 y_t 的平方损失,再将时间序列中的 T 个损失相加得到总损失函数,如下:

$$L = \sum_{t=1}^{T} \frac{1}{2} (o_t - y_t)^T (o_t - y_t)$$

计算该损失函数计算模型中各个参数的梯度是一个计算成本很高的操作。类比多层感知机的求梯度过程,循环神经网络的反向传播也是从右至左进行。由于有 T 个时间步的计算图展开,所以运行时间复杂度为 $O(T)$。这个复杂度不能通过并行化来降低,因为前向传播是按序的。利用该损失函数展开计算图的反向传播算法称为**通过时间反向传播**(**Back-Propagation Through Time**,**BPTT**)。

实际上,BPTT 算法是非常简单地将传统 BP 算法推广到循环神经网络的展开计算图上。计算图的节点包括参数 U、V、W、b 和 c 以及每个时间步节点的信息 x_t、h_t、o_t 和 L_t。下面,我们通过求导的链式法则依次得到损失函数关于它们的导数,这里的推导统一使用分子布局。

首先是计算输出层神经元的导数:

$$\frac{\partial L}{\partial L_t} = 1$$

$$\frac{\partial L}{\partial o_t} = \frac{\partial L}{\partial L_t} \frac{\partial L_t}{\partial o_t} = (o_t - y_t)^T$$

在计算隐藏层节点的导数时,要分两种情况考虑。先考虑最后一个时间步(第 T 个时间步)隐藏层的导数：

$$\frac{\partial L}{\partial \boldsymbol{h}_T} = \frac{\partial L}{\partial \boldsymbol{o}_T} \boldsymbol{V}$$

在计算前 $T-1$ 个时间步中隐藏层的导数时，需要注意每个隐藏层神经元的导数不仅与输出层有关，还与下一个时间步的隐藏层有关，因此，前 $T-1$ 个隐藏层的导数为：

$$\frac{\partial L}{\partial \boldsymbol{h}_t} = \frac{\partial L_t}{\partial \boldsymbol{h}_t} + \frac{\partial L}{\partial \boldsymbol{h}_{t+1}} \frac{\partial \boldsymbol{h}_{t+1}}{\partial \boldsymbol{h}_t} = \frac{\partial L}{\partial \boldsymbol{o}_t} \boldsymbol{V} + \frac{\partial L}{\partial \boldsymbol{h}_{t+1}} \mathrm{diag}(\boldsymbol{1} - \boldsymbol{h}_{t+1}^2) \boldsymbol{W}$$

其中，$\boldsymbol{h}_{t+1}^2$ 表示隐藏层向量 $\boldsymbol{h}_{t+1}$ 中每个元素的平方组成的新向量；$\mathrm{diag}(\boldsymbol{1} - \boldsymbol{h}_{t+1}^2)$ 表示对角线元素为 $\boldsymbol{1} - \boldsymbol{h}_{t+1}^2$ 的对角矩阵，这是 $t+1$ 时刻的隐藏层单元关于 $\boldsymbol{a}_{t+1}$ 的双曲正切函数的雅克比矩阵。

在获得了计算图中内部节点的导数后，可以很容易得到损失函数关于模型各参数节点的梯度。

$$\frac{\partial L}{\partial \boldsymbol{c}} = \sum_{t=1}^{T} \frac{\partial L}{\partial \boldsymbol{o}_t} \frac{\partial \boldsymbol{o}_t}{\partial \boldsymbol{c}} = \sum_{t=1}^{T} \frac{\partial L}{\partial \boldsymbol{o}_t}$$

$$\frac{\partial L}{\partial \boldsymbol{b}} = \sum_{t=1}^{T} \frac{\partial L}{\partial \boldsymbol{h}_t} \frac{\partial \boldsymbol{h}_t}{\partial \boldsymbol{b}} = \sum_{t=1}^{T} \frac{\partial L}{\partial \boldsymbol{h}_t} \mathrm{diag}(\boldsymbol{1} - \boldsymbol{h}_t^2)$$

下面的推导中会涉及向量对矩阵的导数，这时需要将向量中的元素依次提取成标量对矩阵的导数。然后再将求和的结果归纳成向量乘积的形式。

$$\frac{\partial L}{\partial \boldsymbol{V}} = \sum_{t=1}^{T} \sum_{i=1}^{\mathrm{len}(\boldsymbol{o})} \frac{\partial L}{\partial o_{t,i}} \frac{\partial o_{t,i}}{\partial \boldsymbol{V}} = \sum_{t=1}^{T} \boldsymbol{h}_t \frac{\partial L}{\partial \boldsymbol{o}_t}$$

其中，$\mathrm{len}(\boldsymbol{o})$ 表示输出层向量的维数，$o_{t,i}$ 表示第 t 步输出层向量第 i 个元素的值。

$$\frac{\partial L}{\partial \boldsymbol{W}} = \sum_{t=2}^{T} \sum_{i=1}^{\mathrm{len}(\boldsymbol{h})} \frac{\partial L}{\partial h_{t,i}} \frac{\partial h_{t,i}}{\partial \boldsymbol{W}} = \sum_{t=2}^{T} \boldsymbol{h}_{t-1} \frac{\partial L}{\partial \boldsymbol{h}_t} \mathrm{diag}(\boldsymbol{1} - \boldsymbol{h}_t^2)$$

其中，$\mathrm{len}(\boldsymbol{h})$ 表示隐藏层向量的维数，$h_{t,i}$ 表示第 t 步隐藏层向量第 i 个元素的值。

$$\frac{\partial L}{\partial \boldsymbol{U}} = \sum_{t=1}^{T} \sum_{i=1}^{\mathrm{len}(\boldsymbol{h})} \frac{\partial L}{\partial h_{t,i}} \frac{\partial h_{t,i}}{\partial \boldsymbol{U}} = \sum_{t=1}^{T} \boldsymbol{x}_t \frac{\partial L}{\partial \boldsymbol{h}_t} \mathrm{diag}(\boldsymbol{1} - \boldsymbol{h}_t^2)$$

通过计算图沿时间方向的展开，可以沿着前向传播的反方向对计算图中的节点依次求梯度，然后再让模型的参数通过梯度下降的方向来改进，从而降低损失函数，这就是通过时间反向传播 BPTT 算法，与之前的反向传播 BP 算法过程基本一致。注意，这里的求导过程采用的是分子布局，在对参数进行负梯度修改时，应改为分母布局的形式，然后再修改。

BPTT 算法提供了看起来很自然的求导方法，但是仔细思考，我们会发现循环神经网络的参数是共享的，那么求导的时候就不必保存前向计算时所有中间节点的值，即在前向传播时就可以计算出相应的中间梯度值而丢弃之前的状态；最后根据这些中间梯度值通过链式法则直接得到对应参数的导数。这种在前向传播时计算梯度的方法叫**实时循环学习**（Real-Time Recurrent Learning，RTRL）。同样对于简单循环网络，我们对 RTRL 学习方法的过程进行简单的推导，推导公式使用分子布局方式。

首先，根据简单循环网络的前向传播公式，我们可以很容易得到每一个时间步应当保存下来的梯度值：

$$\frac{\partial \boldsymbol{h}_t}{\partial W_{ij}} = \frac{\partial \boldsymbol{h}_t}{\partial \boldsymbol{a}_t} \left(\frac{\partial \boldsymbol{a}_t}{\partial W_{ij}} + \frac{\partial \boldsymbol{a}_t}{\partial \boldsymbol{h}_{t-1}} \frac{\partial \boldsymbol{h}_{t-1}}{\partial W_{ij}} \right) = \mathrm{diag}(\boldsymbol{1} - \boldsymbol{h}_t^2) \left(\boldsymbol{p}_i (h_{t-1,j}) + \boldsymbol{W} \frac{\partial \boldsymbol{h}_{t-1}}{\partial W_{ij}} \right)$$

其中，W_{ij} 表示参数矩阵 $\boldsymbol{W}$ 的第 i 行、第 j 列的值，$h_{t-1,j}$ 表示第 $t-1$ 步隐藏层向量第 j 个元素的值，$\boldsymbol{p}_i(h_{t-1,j})$ 表示只有第 i 个元素值为 $h_{t-1,j}$，其余值都为 0 的向量。

$$\frac{\partial \boldsymbol{h}_t}{\partial U_{ij}} = \frac{\partial \boldsymbol{h}_t}{\partial \boldsymbol{a}_t}\left(\frac{\partial \boldsymbol{a}_t}{\partial U_{ij}} + \frac{\partial \boldsymbol{a}_t}{\partial \boldsymbol{h}_{t-1}}\frac{\partial \boldsymbol{h}_{t-1}}{\partial U_{ij}}\right) = \mathrm{diag}\left(1 - \boldsymbol{h}_t^2\right)\left(\boldsymbol{p}_i(x_{t,j}) + \boldsymbol{W}\frac{\partial \boldsymbol{h}_{t-1}}{\partial U_{ij}}\right)$$

其中，U_{ij} 表示参数矩阵 $\boldsymbol{U}$ 的第 i 行、第 j 列的值，$x_{t,j}$ 表示第 t 步隐藏层向量第 j 个元素的值，$\boldsymbol{p}_i(x_{t,j})$ 表示只有第 i 个元素值为 $x_{t,j}$、其余值都为 0 的向量。

$$\frac{\partial \boldsymbol{h}_t}{\partial \boldsymbol{b}} = \frac{\partial \boldsymbol{h}_t}{\partial \boldsymbol{a}_t}\left(\frac{\partial \boldsymbol{a}_t}{\partial \boldsymbol{b}} + \frac{\partial \boldsymbol{a}_t}{\partial \boldsymbol{h}_{t-1}}\frac{\partial \boldsymbol{h}_{t-1}}{\partial \boldsymbol{b}}\right) = \mathrm{diag}\left(1 - \boldsymbol{h}_t^2\right)\left(\boldsymbol{I} + \boldsymbol{W}\frac{\partial \boldsymbol{h}_{t-1}}{\partial \boldsymbol{b}}\right)$$

然后，当第 t 个时间步存在输出时，我们就可以通过链式法则得到此刻的损失函数对各个参数的导数值。

$$\frac{\partial L_t}{\partial \boldsymbol{c}} = \frac{\partial L_t}{\partial \boldsymbol{o}_t}\frac{\partial \boldsymbol{o}_t}{\partial \boldsymbol{c}} = \frac{\partial L_t}{\partial \boldsymbol{o}_t}$$

$$\frac{\partial L_t}{\partial \boldsymbol{V}} = \boldsymbol{h}_t\frac{\partial L_t}{\partial \boldsymbol{o}_t}$$

$$\frac{\partial L_t}{\partial W_{ij}} = \frac{\partial L_t}{\partial \boldsymbol{o}_t}\frac{\partial \boldsymbol{o}_t}{\partial \boldsymbol{h}_t}\frac{\partial \boldsymbol{h}_t}{\partial W_{ij}} = \frac{\partial L_t}{\partial \boldsymbol{o}_t}\boldsymbol{V}\frac{\partial \boldsymbol{h}_t}{\partial W_{ij}}$$

$$\frac{\partial L_t}{\partial U_{ij}} = \frac{\partial L_t}{\partial \boldsymbol{o}_t}\frac{\partial \boldsymbol{o}_t}{\partial \boldsymbol{h}_t}\frac{\partial \boldsymbol{h}_t}{\partial U_{ij}} = \frac{\partial L_t}{\partial \boldsymbol{o}_t}\boldsymbol{V}\frac{\partial \boldsymbol{h}_t}{\partial U_{ij}}$$

$$\frac{\partial L_t}{\partial \boldsymbol{b}} = \frac{\partial L_t}{\partial \boldsymbol{o}_t}\frac{\partial \boldsymbol{o}_t}{\partial \boldsymbol{h}_t}\frac{\partial \boldsymbol{h}_t}{\partial \boldsymbol{b}} = \frac{\partial L_t}{\partial \boldsymbol{o}_t}\boldsymbol{V}\frac{\partial \boldsymbol{h}_t}{\partial \boldsymbol{b}}$$

最后，如果该网络有多个输出和多个损失函数，需要将这些损失函数的梯度相加，才能得到最终的总损失函数对模型中各个参数的导数。注意，以上的推导过程为分子布局，需要将其变为分母布局才能进行梯度下降优化。

综上所述，循环神经网络的参数学习主要有两种方式：时间反向传播算法 BPTT 和实时循环学习算法 RTRL。BPTT 算法相对于 RTRL 算法，计算量更小，因为一般模型的输入向量的维度要远远高于输出向量的维度。但是 BPTT 算法需要保存中间所有时刻的偏导数，所需空间更大，而 RTRL 算法在使用完上一个时间步的偏导数后就可以删去，因此更节省空间。另外，RTRL 算法不需要梯度反传，梯度的计算可以在前向传播中完成，因此更适合在线学习或无限序列的训练任务。

6.1.3　循环神经网络变种结构

循环神经网络是一种存在反馈连接的网络的总称，因此除了图 6.2 所示的简单循环网络结构，它还存在很多的变种结构。

第一个 RNN 变种，如图 6.3 所示。

这种结构只有最末端一个输出单元，之前 $T-1$ 步隐藏层单元并不连接输出层。这种网络结构适合多输入、单输出的应用场景，例如，序列分类应用——"分辨一句话是否有语法错误"，序列预测应用——"根据过去几天的平均气温预测未来一天的平均气温"或简单的特征提取任务——"提取序列的特征向量"等等。

第二个 RNN 变种,如图 6.4 所示。

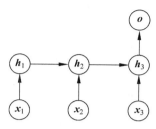

图 6.3 第一个 RNN 变种

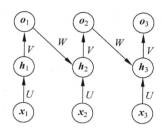

图 6.4 第二个 RNN 变种

这种结构将输出的结果反馈至隐藏层节点,可以使用**导师驱动过程(teacher forcing)**进行训练,每一个时间步都可以并行进行,在某种程度上避免了 BPTT 算法的线性时间复杂度,更容易训练。但是这种 RNN 结构没有图 6.2 所示的 RNN 功能强大,它只能表示更小的函数集合。因为输出层 *o* 只是特定的预测值,并不像隐藏层 *h* 蕴含丰富的信息,除非它拥有高维且丰富的信息。

第三个 RNN 变种,如图 6.5 所示。

它是一种生成式 RNN。在使用时,直接将预测的结果作为下一个时间步的输入,继续展开 RNN。这种结构可以用作语句生成,例如非常有名的"莎士比亚写诗"就是通过训练莎士比亚的诗集,让 RNN 了解他的写作风格,然后给定第一个字,让模型自动作出后续的诗句。

第四个 RNN 变种,如图 6.6 所示。

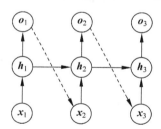

图 6.5 第三个 RNN 变种

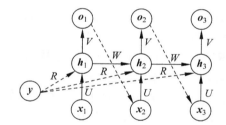

图 6.6 第四个 RNN 变种

它也是一种生成式 RNN。与图 6.5 所示 RNN 不同的是,它增加了一个约束每一步生成结果的节点 *y*。这种结构最典型的应用是"看图说话",首先通过卷积神经网络提取图像的特征,编码为一个特征向量 *y*,然后通过概率随机生成一句话。由于这句话的生成过程受到 *y* 的约束,因此这句话的内容可以与图像内容一致。

第五个 RNN 变种,如图 6.7 所示。

也就是 Sequence-to-Sequence 模型或 Seq2Seq 模型,我们会在后续小节中详细介绍。这种结构的输入与输出都是序列,不过输出在输入完成之后进行。通常需要一个终止符的输入来提示输出的开始,在图 6.7 中为 *x*₃ 节点。这种结构的用途广泛,可以完成交互式任务,例如在"机器翻译"任务中,用户输入一句待翻译语句,模型输出一句目标语言的语句;在"机器人对话"任务中,该模型可以训练完成人与机器的聊天对话。这种结构的功能强大之处还在于它的输入序列与输出序列可以不等长,这也是与图 6.2 所示结构的不同点。

第六个 RNN 变种,如图 6.8 所示。也就是双向 RNN 模型。与其他单向的 RNN 模型相比,双向的 RNN 能够提取过去和未来的信息,联合考虑"上下文"的信息使得它能产生更精确的预测。我们会在后续小节中详细介绍双向 RNN 模型以及它的变种模型。

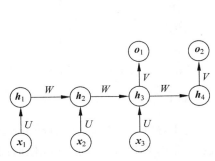

图 6.7　第五个 RNN 变种

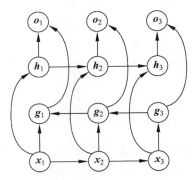

图 6.8　第五个 RNN 变种

本小节介绍了六种常见的 RNN 变种模型,除此之外,还有很多其他的 RNN 模型没有介绍。RNN 中节点的组合和连接方式可以有很大差别,实现的功能也是千差万别,但是设计思路有着异曲同工之妙。

6.1.4　深度循环神经网络

循环神经网络是深度神经网络吗? 对于这一问题,不同人有不同的看法。

针对图 6.2 所示的简单循环网络 SRN,有人认为其为深度网络,另一部分人不以为然。前者认为,SRN 可以沿时间维度展开,从输入到输出的数据流需要经过很深的路径;后者认为,SRN 虽然可以横向展开,但是从输入到输出只有一层隐层单元,是一个非常浅的网络。其实,他们都各有各的道理。

大部分循环神经网络的计算可以分解为三部分参数及其变换:

(1) 输入层到隐藏层的参数和变换;

(2) 上一时间步的隐藏层状态至下一时间步的隐藏层状态的变换及其参数;

(3) 隐藏层到输出层的参数和变换。

在 SRN 中,这三部分的参数各是一个权重矩阵,变换则各是一个权重矩阵对应的仿射变换和非线性函数组成的变换。这种在多层感知机中单个层表示的变换称为浅变换,通常是一个仿射变换和一个固定的非线性变换。也就是说,SRN 中的计算全部都是浅变换。

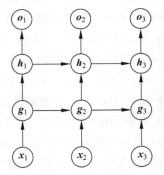

图 6.9　增加具有循环结构的隐层

如果在这三部分的计算中引入"深度"的概念,会使模型的能力变得更强吗? 实验证明,深度循环网络确实有更强的能力。

首先,Graves 等提出了如图 6.9 所示的结构,增加了具有循环结构的隐藏层,大大地提高了网络的能力。其次,针对上述讨论的 RNN 中的三个部分,Pascanu 等提出在每个部分中都使用一个单独的 MLP 结构可以增加模型的容量,如图 6.10 所示。但是,这种结构在输入层-隐藏层、隐藏层-隐藏层和隐藏层-输出层之间增加更深的路径(如 MLP),从而可能会导致模型的优化变得困难。因此,他又提出了如图 6.11 所示的结构,即在隐藏层的每一个时间步之间增加跳跃连接,可以缓和优化困难的问题。

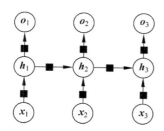

图 6.10 增加路径

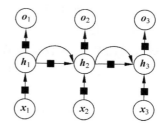

图 6.11 在层间增加跳跃连接

6.1.5 递归神经网络

递归神经网络(**recursive neural network**)的英文缩写也是 RNN,导致很多地方将循环神经网络和递归神经网络当作等价的概念。还有人认为,循环神经网络是节点在时间上的递归,而递归神经网络是在结构上进行递归,如图 6.12 所示。其实这些看法都有一定道理,但是并不准确。

递归神经网络其实是循环神经网络的一个拓展,它并不像传统循环神经网络那样是链式展开,而是构造成一棵更深的树形结构,因此它们的计算图有本质的差别,我们建议不要将"递归神经网络"缩写为"RNN"以示区别。

递归神经网络首先由 Pollack 提出,Bottou 给出了这类网络的潜在用途——学习推论。递归神经网络相比于传统的循环神经网络,有一个明显的优势是,对于长度为 T 的序列,树形结构可以让网络的深度由 $O(T)$ 缩减为 $O(\log T)$,这可能有助于解决长期依赖的问题。

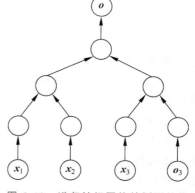

图 6.12 递归神经网络的树形结构

那么我们如何构造这一棵树呢?首先,比较通用的方法就是使用不依赖数据内容的结构,如平衡二叉树。然后,对于某些特定的领域,可能会有更恰当的树结构,例如,在自然语言处理方面,递归神经网络的树结构可以固定为语法分析树的结构。最后,更为理想的情况就是让网络自动地选择如何构建这一棵树。

6.2 长期依赖和门控 RNN

6.2.1 长期依赖的挑战

当计算图变得很深时,神经网络会面临长期依赖的问题——由于深层的神经网络结构会导致模型丢失之前的信息,让优化变得尤为困难。深层的计算图不仅存在于前馈网络(多层感知机、卷积神经网络等)中,还存在于循环神经网络中。在先前讨论的卷积神经网络里,我们可以通过控制网络的深度、增加跳跃连接的残差块等措施来缓解这一问题。但是在循环神经网络中,我们需要在很长的时间序列中通过重复的操作来构建很深的特征图,这会使得长期依赖的问题变得更加明显。

在简单循环网络 SRN 中,我们简化反馈操作为不断与矩阵 W 相乘,那么经过 t 个时间步后,相当于输入乘以 W^t。假设矩阵 W 可以对角化,从而可以进行特征分解:

$$W = V \operatorname{diag}(\lambda) V^{-1}$$

那么可以得到:

$$W^t = (V \operatorname{diag}(\lambda) V^{-1})^t = V \operatorname{diag}(\lambda)^t V^{-1}$$

当特征值 λ_i 不在 1 的附近时,如果在量级上大于 1 则会指数爆炸,如果小于 1 则会指数消失。类似地,**梯度消失与爆炸问题**(**vanishing and exploding gradient problem**)是指,在计算图中求取梯度时,也会因为 $\operatorname{diag}(\lambda)^t$ 的问题而大幅度变化。

通过上述分析,我们再来考虑,为什么在循环神经网络中,长期依赖问题更明显呢?正是因为循环神经网络每一个时间步之间的迁移使用的是共享参数 W,而前馈神经网络参数不共享,那么即使是非常深的前馈网路,也可以通过某种手段很大程度上避免梯度消失与爆炸问题。因此,对于循环神经网络来讲,梯度消失与爆炸问题变得尤为严峻。

6.2.2　循环神经网络的长期依赖问题

在循环神经网络的学习过程中,经过很深的传播后,梯度倾向消失(大多数情况)或爆炸(很少发生,但是对优化影响很大)。即使假设网络模型的参数是稳定的(可存储记忆,并且梯度不发生爆炸),长期依赖的困难来自于比短期相互作用指数小的权重(很多 Jacobian 矩阵的相乘)。

对于循环神经网络的梯度消失与爆炸问题,有人可能会希望让参数保持在使梯度不消失也不爆炸的空间中来解决这一问题。但是这个想法并不能满足,因为为了使 RNN 能够储存记忆并对微小噪声具有鲁棒性,RNN 的参数必须要进入到梯度消失的区域中。换句话说,为了让模型能够表示长期依赖,长期相互作用的梯度幅值相对于短期相互作用的梯度幅值就会变得更小。但是这并不是说学习长期依赖完全不可能,这只是意味着长期依赖的信息很容易被短期依赖的信息所隐蔽,因此需要很长时间的学习。Bengio 等的实验证明,当我们增加了依赖关系的跨度时,基于梯度的优化就会变得越来越困难,使用随机梯度下降训练序列长度为 10 或 20 的传统 RNN 的成功率很快会变成 0。

学习长期依赖的问题一直是深度学习中的一个大挑战。目前,在循环神经网络方面,已经有很多方法被提出用于缓解学习长期依赖(通常是上百个时间步的依赖)难的问题,这里对其中的一小部分作简单的介绍。

首先,输入层至隐藏层的参数矩阵和隐藏层时间步之间的参数矩阵是最难学的两部分,因此避免该困难的方法就是设定循环的隐藏层单元,让它能够很好地捕捉长期依赖的信息,然后只学习隐藏层至输出层的参数。以该思想为代表的算法有**回声状态网络**(**Echo State Network,ESN**)和**流体状态机**(**Liquid State Machine,LSM**)。

其次,另一种解决长期依赖的方法是使模型能够在多个尺度上进行信息处理,使模型既能够处理细粒度时间上的细节,又能够处理粗粒度时间上的遥远历史信息。这种思想类似于卷积神经网络中的多尺度特征提取。利用这种思想的具体策略包括在时间展开方向增加跳跃连接、**渗漏单元**(leaky unit)使用不同时间常数去处理信息、去除一些建模细粒度信息的连接等。

最后,还有近年来使用最多、应用最广、效果最好的一种策略——**门控 RNN**(gated RNN),其中最著名的两个网络是**长短期记忆**(Long Short-Term Memory,**LSTM**)网络和基于**门控循环单元**(Gated Recurrent Unit,**GRU**)网络。

6.2.3 门控 RNN

在介绍门控 RNN 之前,我们先简单介绍用**渗漏单元**(leaky unit)来解决长期依赖的方法。为了避免梯度消失和梯度爆炸,我们需要使导数的乘积近似为 1。具体的实现方法之一就是设置线性自连接单元,并且这些连接的权重近似为 1。例如,我们在更新参数 h 时,采用如下的方法来保留历史信息:

$$h_{t+1} = \alpha h_t + (1-\alpha) v_t$$

其中,α 就是从 h_t 到 h_{t+1} 线性自连接的一种方式。当 α 接近 0 时,上一个时间步的信息或历史的信息会迅速丢失,留下的更多是当前时间步的信息;当 α 接近 1 时,历史的信息能够保持很久。这种模拟滑动平均的隐藏层单元被称为渗漏单元。

类似渗漏单元的方法,门控 RNN 也是设计信息通过时间维度的路径,使得导数既不消失也不爆炸。区别在于,渗漏单元是人工设定时间常数或参数化这一平滑权重,而门控 RNN 则将其推广为每一个时间步的连接权重都可以改变。对于一个输入序列,我们希望它能够在一段时间内保留信息,并且在使用之后能够遗忘这些信息,从零开始积累新的信息。而门控 RNN 正是自动而不是手动决定何时应该累积信息、何时应该遗忘信息的。

长短期记忆网络,又称为 LSTM,引入了自循环的思想来让梯度持续流动,并且自循环的权重可以由网络根据序列上下文自动确定,而不是固定的。LSTM 细胞块结构如图 6.13 所示。

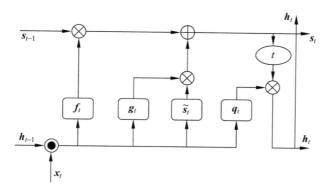

图 6.13 LSTM 细胞块结构

基于 LSTM 单元的循环神经网络除了外部的 RNN 循环(隐层单元 $\boldsymbol{h}_t$ 环)外,还存在 LSTM 细胞内的自环(状态单元 $\boldsymbol{s}_t$ 环),因此 LSTM 并不是简单地对数据进行参数矩阵的放射变换后再连接非线性激活函数。LSTM 细胞块内的各部分计算公式如下:

$$f_t = \sigma(\boldsymbol{b}_f + \boldsymbol{U}_f \boldsymbol{x}_t + \boldsymbol{W}_f \boldsymbol{h}_{t-1})$$
$$g_t = \sigma(\boldsymbol{b}_g + \boldsymbol{U}_g \boldsymbol{x}_t + \boldsymbol{W}_g \boldsymbol{h}_{t-1})$$
$$\tilde{s}_t = \tanh(\boldsymbol{b} + \boldsymbol{U} \boldsymbol{x}_t + \boldsymbol{W} \boldsymbol{h}_{t-1})$$
$$s_t = f_t * \boldsymbol{s}_{t-1} + g_t * \tilde{s}_t$$
$$q_t = \sigma(\boldsymbol{b}_q + \boldsymbol{U}_q \boldsymbol{x}_t + \boldsymbol{W}_q \boldsymbol{h}_{t-1})$$
$$h_t = q_t * \tanh(\boldsymbol{s}_t)$$

其中, $*$ 代表两个向量中的对应元素依次相乘, $\sigma(\cdot)$ 代表 sigmoid 激活函数。

相比于传统的循环网络,LSTM 块拥有更多的参数和控制数据流动的门控单元。其中最重要的组成部分就是状态单元 $\boldsymbol{s}_t$,与之前讨论的渗漏单元有相同的线性自环结构。不同的是,此处的时间常数由**遗忘门**(**forget gate**) f_t 控制。在时间常数的计算中,通过 sigmoid 激活函数将遗忘门的输出映射为 $0 \sim 1$ 的值。通过遗忘门的参数的学习,历史的信息能够选择性的保留。遗忘门中的参数包括输入权重 $\boldsymbol{U}_f$、循环权重 $\boldsymbol{W}_f$ 和偏置向量 $\boldsymbol{b}_f$。

对于状态单元 $\boldsymbol{s}_t$ 的更新,除了通过遗忘门保留部分历史信息,还要通过**外部输入门**(**external input gate**) g_t 来选择当前时间步可以通过的新的输入信息 $\tilde{s}_t$。其中,新的输入信息 $\tilde{s}_t$ 由当前的输入 $\boldsymbol{x}_t$ 和上一时间步隐藏层的输出 $\boldsymbol{h}_{t-1}$ 以及可学习的参数 $\boldsymbol{U}$、$\boldsymbol{W}$ 和 $\boldsymbol{b}$ 决定。外部输入门的计算类似于遗忘门的计算,通过输入权重 $\boldsymbol{U}_g$、循环权重 $\boldsymbol{W}_g$ 和偏置向量 $\boldsymbol{b}_g$ 三个参数以及 sigmoid 激活函数来确定 $\tilde{s}_t$ 的通过量。

在获得当前时间步的状态单元 $\boldsymbol{s}_t$ 的信息后,还需要通过**输出门**(**output gate**) q_t 来得到当前时间步的隐藏层的输出。输出门的计算同样类似于遗忘门和外部输入门,由输入权重 $\boldsymbol{U}_q$、循环权重 $\boldsymbol{W}_q$ 和偏置向量 $\boldsymbol{b}_q$ 三个参数以及 sigmoid 激活函数来决定。

经过数据集的检验和多年来的考验,LSTM 网络比传统的循环神经网络更容易学习长期依赖。下面继续介绍 LSTM 的变体和替代品。

门控循环单元,又称 GRU,是 LSTM 最著名的变种。GRU 细胞块结构示意图如图 6.14 所示。

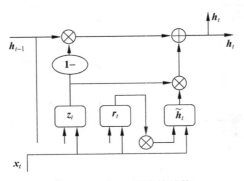

图 6.14　GRU 细胞块结构

　　GRU 与 LSTM 细胞块最大的区别是，GRU 将状态单元与隐藏单元合并，导致不用单独保存内部自环的状态。并且 GRU 细胞块中只包含两个门控单元，LSTM 是通过遗忘门和外部输入门来联合控制历史信息与当前信息的通过与遗忘，而 GRU 是通过一个门控单元来完成这一功能。GRU 中各部分计算公式如下：

$$z_t = \sigma(\boldsymbol{b}_z + \boldsymbol{U}_z \boldsymbol{x}_t + \boldsymbol{W}_z \boldsymbol{h}_{t-1})$$

$$r_t = \sigma(\boldsymbol{b}_r + \boldsymbol{U}_r \boldsymbol{x}_t + \boldsymbol{W}_r \boldsymbol{h}_{t-1})$$

$$\tilde{\boldsymbol{h}}_t = \tanh(\boldsymbol{b} + \boldsymbol{U}\boldsymbol{x}_t + \boldsymbol{W}(r_t * \boldsymbol{h}_{t-1}))$$

$$\boldsymbol{h}_t = z_t * \boldsymbol{h}_{t-1} + (1 - z_t) * \tilde{\boldsymbol{h}}_t$$

　　GRU 网络仅通过两个门控单元来完成隐藏层状态的更新，它们分别是**更新门**（**update gate**）z_t 和**复位门**（**reset gate**）r_t。这两个门能够分别独立地"忽略"LSTM 中状态向量的一部分。更新门能像渗漏单元一样达到线型门控的目的；复位门可以决定当前隐藏层中有多少信息可以保留下来，增加了更多的非线性效应。

　　整体看来，LSTM 与 GRU 有以下三点不同。

　　（1）LSTM 包含 3 个门控单元；而 GRU 只包含 2 个，并且少了状态单元。GRU 在参数量上更少。

　　（2）LSTM 通过遗忘门和外部输入门来联合控制历史信息和当前信息的通过量；而 GRU 仅通过复位门来控制要保存的信息，并且对于当前时间步的输入信息不再变换。

　　（3）LSTM 通过构造一个状态单元来学习长期依赖，为了获得隐藏层的信息，需要输出门和 tanh 激活函数的过滤处理；而 GRU 直接通过更新门对隐藏单元进行处理。

　　其他门控 RNN。围绕门控单元这一主题，还有很多其他的门控 RNN 变种，但是一些研究发现，这些结构在大量的任务中难以明显击败 LSTM 和 GRU 这两种原始结构，Greff 等则认为其中的关键因素是遗忘门，而 Jozefowicz 等发现向 LSTM 的遗忘门加入 **1** 的偏置可以让 LSTM 与当前最佳的变种一样鲁棒。

6.2.4　优化长期依赖

　　门控 RNN 是解决长期依赖的一种常用方法，也是目前使用广泛的一类手段。在这一节，我们继续讨论通过优化的方法来缓解长期依赖的问题。注意，基于优化的这些方法使用起来并没有比门控单元的方法更简单，下面用一个例子来说明。

　　Martens 和 Sutskever（2011）提出，用二阶导数优化可以避免梯度消失的问题。二阶导数优化算法可以先简单理解为一阶导数除以二阶导数（对于高维向量就是梯度乘以 Hessian 矩阵的逆），如果一阶导数消失的时候，二阶导数也以相同的速率收缩，那么一阶导数和二阶导数的比率就相对恒定。虽然发现用二阶导数的优化效果不错，但是二阶导数优化方法还有很多的缺点，例如计算代价高、需要批量优化并且容易被鞍点吸引。之后，Sutskever 等（2013）提出了一种简单的方法来达到该效果，例如通过精心初始化的 Nesterov 动量方法。然而，应用 LSTM 网络之后，以上两种方法很容易被随机梯度下降（甚至不加动量的优化）方法所取代。因此，优化问题也是机器学习中的一个长期的问题，而设计一个容易优化的模型（LSTM、GRU 等）要比设计强大的优化算法要容易得多。

截断梯度（clipping gradient）：强非线性函数（如深度展开的循环神经网络）更容易产生非常大或非常小的梯度。对于梯度爆炸的情况，有一个简单而有效的方法已经被很多研究者使用多年，那就是截断梯度。对于截断的方式，通常有两种。第一种是针对梯度向量的每一个元素进行截断：

$$\boldsymbol{g}_i = \frac{\boldsymbol{g}_i v}{|\boldsymbol{g}_i|}, \quad |\boldsymbol{g}_i| > v$$

第二种是针对向量的范数进行截断：

$$\boldsymbol{g} = \frac{\boldsymbol{g} v}{\|\boldsymbol{g}\|}, \quad \|\boldsymbol{g}\| > v$$

后一种方法能保持梯度下降的方向不变，只改变梯度的幅值，但是实验表明，这两种方法效果相差不大。实际上，当梯度产生爆炸时，随机选取一个方向行进一步通常也能很好地离开数值不稳定的区域。

引导"信息流"的正则化：上述截断梯度的方法可以缓解梯度爆炸问题，但是对于梯度消失问题却无能为力。为了缓解梯度消失和长期依赖的问题，我们需要采用如下手段：在循环展开的计算图中，控制循环连接的梯度乘积接近 1。具体实现的一种方法就是上一小节所说的构建自循环或门控单元，如 LSTM 和 GRU 等。另一种方法就是通过约束直接引导"信息流"。特别是对于只有末端一个损失的情况，我们希望梯度在延时间方向回传的过程中保持其幅度不变，即当前时间步的隐藏层梯度

$$\frac{\partial L}{\partial \boldsymbol{h}_t}$$

和上一时间步的隐藏层梯度

$$\frac{\partial L}{\partial \boldsymbol{h}_t} \frac{\partial \boldsymbol{h}_t}{\partial \boldsymbol{h}_{t-1}}$$

大小相等。那么就可以构造如下的正则项约束：

$$\Omega = \sum_t \left(\frac{\left\| \frac{\partial L}{\partial \boldsymbol{h}_t} \frac{\partial \boldsymbol{h}_t}{\partial \boldsymbol{h}_{t-1}} \right\|}{\left\| \frac{\partial L}{\partial \boldsymbol{h}_t} \right\|} - 1 \right)^2$$

实验表明，如果正则化项约束与截断梯度相结合，那么可以大大增加循环神经网络可学习的时间跨度，并且此时截断梯度非常重要。但是该方法的一个主要缺点就是在处理数据冗余任务（如语言模型）时，并不如 LSTM 的方法有效。

6.3 双向 RNN

前几节讨论的模型基本都是单向模型，即沿着时间发展的方向延展序列。但是对于某些任务，我们仅通过历史的信息进行预测是不准确的，可能还需要未来的信息来辅助才行。例如理解一句话时，经常会说"根据上下文理解……"，因为同样一句话在不同的上下文环境中可能会有不同的含义。而之前的循环神经网络都只能获得"上文"的信息，为了能获得"下文"的信息，我们需要增加一条与时间展开方向相反的路径，用于编码未来的信息。

双向循环神经网络（**Bidirectional Recurrent Neural Network，Bi-RNN**）就是为了满足这种需求而提出的,它存在两个相反方向的隐藏层。图 6.8 展示了一种典型的双向 RNN 模型按时间展开的示意图。对于这个模型,每个节点的计算公式如下:

$$h_t = \tanh(b_h + W_h h_{t-1} + U_h x_t)$$
$$g_t = \tanh(b_g + W_g g_{t+1} + U_g x_t)$$
$$o_t = c + V_h h_t + V_g g_t$$

即每一个时间步的输出都与两个隐藏层单元有关,而这两个隐藏层单元分别提取前向和反向的信息。这个过程其实比较类似于卷积神经网络中的卷积操作,根据一个窗口中的信息来得到当前时间步的状态。不同的是,卷积的窗口大小和位置是固定的,而双向循环神经网络中每一步的窗口都是不同的。

此外,为了捕获深度时间展开的序列特征,我们也可以使用 LSTM 或 GRU 细胞块来代替每一个隐层单元。

时间序列是一个一维的序列,而双向循环神经网络的思想也很容易拓展到二维或高维输入当中。例如我们想提取图像的空间相关信息时,可以设计 4 个二维 RNN 来处理。这 4 个 RNN 分别提取 4 个方向的特征,分别是:从左上角至右下角、从右上角至左下角、从左下角至右上角和从右下角至左上角。那么对于每一个像素,它所对应的隐藏层单元有 4 个。对于高维信息,隐藏层单元的数量会以指数的速度增长,因此相比于卷积神经网络,在高维数据上应用 RNN 的计算成本很高,但是同一特征图中的每个元素之间存在横向的相互作用。实际上,这样的 RNN 的前向传播公式可以写成使用卷积的形式。

目前,双向循环网络在图像、语音模型和自然语言处理等领域有广泛应用,尤其在双向信息的应用中非常成功。为了展示其成功应用,在本节的最后将简单介绍一篇使用双向 RNN 来完成动作检测的文章——*A Multi-Stream Bi-Directional Recurrent Neural Network for Fine-Grained Action Detection*。这项工作由三菱电子研究实验室（MERL）发表在 2016 年的 *Computer Vision and Pattern Recognition* 会议上,它首次将双向 RNN 应用到了动作检测任务中,其中涉及卷积神经网络和循环神经网络等内容,我们主要关注循环网络部分。该方法的整体框架如图 6.15 所示。

动作检测（**action detection**）是指在一段视频中检测出人的动作以及动作发生的地点和时间等属性,这里的动作是事先定义好的,等同于在动作集合中的分类任务。与之类似的任务是**动作识别**（**action classification**）,动作分类是指在一段剪辑过的视频中检测人的动作,不用关心动作发生的地点和时间（因为视频已经剪辑过,动作一定存在）。因此,动作检测和动作识别的关系类似于我们熟悉的物体检测（检测图像中物体的位置和类别）和物体分类（检测仅存在一个物体的图像中的物体类别）的关系,动作检测要比动作识别难。

该方法首先将视频分为若干个**视频块**（**short chunks**）,然后将这些视频块通过"多流网络"（Multi-Stream Network，MSN）来提取高层次特征,最后使用一个双向的 LSTM 网络来对每一个视频块的动作进行分类。这里的"多流网络"就是由多个 CNN 组成的一个组合特征提取器,不做详细的分析。下面主要讨论使用双向 RNN 带来的好处。

如果该方法需要解决的问题是动作识别,那么不需要 RNN 模型也可以完成。只需要通过对 MSN 提取的特征进行动作分类,再综合其中一部分视频块（因为其中仅存在一个动作）的分类结果进行"多数表决"就可以得到这一段长视频的动作识别结果。但是对于动

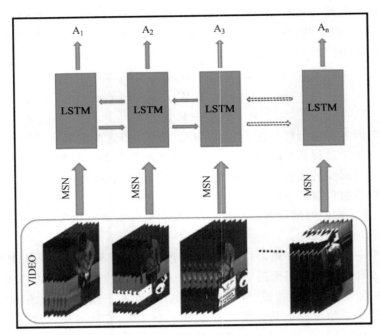

图 6.15　动作检测方法框架

作检测任务,我们不能确定该长视频中有几个动作、每个动作什么时候发生、都是些什么
动作……因此,为了精确得到每一视频块是什么动作,需要联合考虑它们之间的相关性,使
用循环网络结构是很好的。考虑到动作的延续性,使用 LSTM 可以获得长期依赖信息。为
了精确定位动作发生时间段,双向的 RNN 相比于单向 RNN 可以更好地得到动作发生和结
束的边界。最后,通过实验证明,使用双向 LSTM 模型可以大大提升动作检测任务的正
确率。

6.4　序列到序列架构

6.4.1　Seq2Seq

在讨论完双向 RNN 模型后,我们继续关注另一个应用广泛的循环网络变种——序列
到序列架构。

至今讨论的大多数模型都是输入序列与输出序列等长的模型。遇到了长期依赖的问
题,我们对隐藏层单元进行修改,就有了 LSTM 和 GRU 等门控 RNN 结构。为了在获得历
史信息的同时获取未来的信息,我们增加了不同方向展开的隐藏层,于是就有了双向 RNN
结构。但是还有很多应用的输入和输出序列长度并不一定相等,例如机器翻译、聊天对话、
问答等。

我们称这种将序列映射到另一个可变长度的序列的 RNN 架构为编码-解码架构或序
列到序列(Sequence-to-Sequence,Seq2Seq)架构。当然,这种架构的创新之处就在于输入

与输出序列的长度可以不同,并且这里并不要求编码器与解码器的隐藏层单元维度相同。图 6.16 展示了序列到序列架构的 RNN 模型。

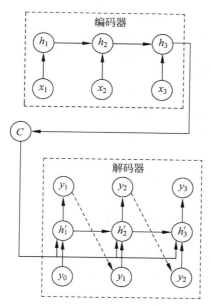

图 6.16　序列到序列架构的 RNN 模型

这种架构主要分为两部分。

（1）**编码器（encoder）**：又称为**读取器（reader）**或**输入（input）**RNN。它利用 RNN 处理输入序列 $\boldsymbol{X}=(\boldsymbol{x}_1,\boldsymbol{x}_2,\cdots,\boldsymbol{x}_{nx})$,得到输入序列的隐藏单元状态,通常称之为"上下文",记作 C,它代表了输入序列的语义特征概要。

（2）**解码器（decoder）**：又称为**写入器（writer）**或**输出（output）**RNN。它利用 RNN 结构,以固定长度的向量（即"上下文"）为条件来生成输出序列 $\boldsymbol{Y}=(\boldsymbol{y}_1,\boldsymbol{y}_2,\cdots,\boldsymbol{y}_{ny})$。在产生序列时,使用向量 C 作为约束,产生输出序列,并且上一时刻的输出作为下一时刻的输入,直到输出终止符。

对序列到序列架构的优化目标就是最大化如下的对数似然（使数据集中所有"序列对" $\boldsymbol{X}$ 和 $\boldsymbol{Y}$ 的对数概率和最大）：

$$\sum \log P(\boldsymbol{y}_1,\boldsymbol{y}_2,\cdots,\boldsymbol{y}_{ny} \mid \boldsymbol{x}_1,\boldsymbol{x}_2,\cdots,\boldsymbol{x}_{nx})$$

然而,该序列到序列架构还有一个明显的不足。编码器将输入序列转变为一个固定长度的"上下文"向量真的好吗? 如果句子很长,"上下文"向量真的能够提取所有的特征? 那么我们要怎么解决这一问题?

6.4.2　注意力机制

在序列到序列模型中,"上下文"向量 C 的维度太小而导致难以恰当地概括一个长序列。这一缺点由 Bahdanau 等观察到,并且建议将向量 C 变为一个长度可变的序列而不是一个固定长度的向量,引入了将序列 C 的元素与输出序列的元素关联匹配的**注意力机制**

（attention mechanism）。

　　注意力机制最成功的应用是机器翻译,下面我们就以机器翻译为例,展示如何在机器翻译中引入注意力机制。注意,注意力机制并不是循环神经网络或机器翻译所独有的方法或应用,它在图像领域也有大量的应用,例如看图说话、视频预测等。

　　在利用注意力机制之前,基于 Seq2Seq 框架的机器翻译主要有两方面问题。

　　(1) 待翻译语句长度可能很长,而编码向量容量经常不足。

　　(2) 长期依赖问题,即早期信息易丢失。

　　通过引入注意力机制,输出序列的每个文字都要得到一个"上下文"向量而不是仅得到一个向量。这种方式的优点是在解码阶段,每一个时间步产生的结果更有针对性,可以被更好地解码。用公式来描述,引入注意力机制之前,翻译的过程是:

$$\boldsymbol{y}_1 = f(\boldsymbol{C})$$
$$\boldsymbol{y}_2 = f(\boldsymbol{C}, \boldsymbol{y}_1)$$
$$\boldsymbol{y}_3 = f(\boldsymbol{C}, \boldsymbol{y}_1, \boldsymbol{y}_2)$$

其中,$f(\cdot)$ 代表解码器对应的非线性函数。可以看到,产生每一个目标单词时,依据的"上下文"都是相同的,没有任何的指导效果。而引入注意力机制之后,翻译的过程为:

$$\boldsymbol{y}_1 = f(\boldsymbol{C}_1)$$
$$\boldsymbol{y}_2 = f(\boldsymbol{C}_2, \boldsymbol{y}_1)$$
$$\boldsymbol{y}_3 = f(\boldsymbol{C}_3, \boldsymbol{y}_1, \boldsymbol{y}_2)$$

其中,$\boldsymbol{C}_i$ 代表与第 i 个输出单词相关的"上下文"向量,这个向量受该输出单词和输入语句中各个单词的注意力概率分布影响。下面用一个具体例子说明。

　　在机器翻译应用中,我们需要翻译"I love you",对应的中文应该是"我爱你"。那么在产生"我"这个字时,应该更关注输入序列中的"I"这一部分,而不是整句话。增加了注意力机制的机器翻译模型理解起来如图 6.17 所示。

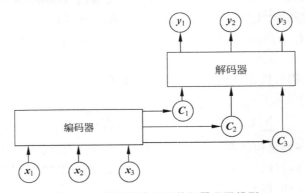

图 6.17　带注意力机制的机器翻译模型

　　那么,问题的关键就在于如何求取输出序列中每一个单词的"上下文"向量 $\boldsymbol{C}_i$。对于上述机器翻译问题,我们可以根据简单的加权平均来综合输入各单词的特征:

$$\boldsymbol{C}_i = \sum_{j=1}^{Nx} a_{ij} \boldsymbol{h}_j$$

其中,Nx 代表输入序列的长度,a_{ij} 代表输出序列的第 i 个单词对输入序列的第 j 个单词的注意力大小，h_j 代表输入序列中第 j 个单词的语义特征编码（往往就是编码器中第 j 个时间步的隐藏层状态）。例如，在翻译"我"的时候，可能会得到如下的"上下文"向量：

$$C_1 = 0.8 \times h_1 + 0.05 \times h_2 + 0.15 \times h_3$$

那么问题又来了，对于输出的每一个单词，如何分配它对输入各单词的注意力 a_{ij} 呢？这里，我们又回到了 Seq2Seq 框架。我们在使用 RNN 作为解码器来产生每一个输出单词 y_i 时，都会受到上一个时间步隐藏层单元 h'_{i-1} 的影响。因此，我们可以衡量上一个时间步的隐藏层单元 h'_{i-1} 与输入序列每一个单词的语义特征编码的相似性，即如下相似度函数。

$$F(h_j, h'_{i-1}) = \begin{cases} h_j^{\mathrm{T}} h'_{i-1}, \text{dot} \\ h_j^{\mathrm{T}} W_a h'_{i-1}, \text{general} \\ W_a [h_j; h'_{i-1}], \text{concat} \end{cases}$$

大多数引入注意力机制的模型都是采用该方法计算注意力，通常区别在于相似度函数 F 的定义不同。最后，我们可以根据 softmax 函数来综合所有的相似度函数，从而获得注意力分布 a_{ij}。

$$a_{ij} = \frac{F(h_j, h'_{i-1})}{\sum_{j=1}^{Nx} F(h_j, h'_{i-1})}$$

上述这种获取"上下文"的"软性"信息的选择机制称为**软注意力机制（soft attention mechanism）**。除此之外，注意力机制还有一些其他的变种。

有一种注意力是只关注到输入的某一个位置，而忽略其他所有的信息，这种注意力机制称为**硬注意力机制（hard attention mechanism）**。通常硬注意力机制的实现方式有两种，第一种方式就是直接选择注意力最高的那个向量，即赢者通吃（winner takes all）的方式。

$$C_i = h_j, \quad j = \underset{j}{\arg\max}\, a_{ij}$$

第二种方式就是根据注意力分布来进行概率采样，得到需要关注的位置。硬注意力机制与软注意力机制相比，在选择输入特征时运用了一个不可导的函数，导致网络不能端到端地训练。因此，为了能够使用反向传播算法，一般使用软注意力机制。

将软注意力机制扩展为更一般的情况，注意力机制一般包含三个重要角色：键（key）、值（value）和查询（query），其中，"键"k_j 和"查询"q_i 用于计算注意力分布 a_{ij}，"值"v_j 用于聚合"上下文"向量。这种更一般的注意力机制称为**键值对注意力机制（key-value attention mechanism）**。对于软注意力，"键"和"值"都为输入序列，"查询"为输出的某一个时间步的隐藏层状态。

$$a_{ij} = \frac{F(k_j, q_i)}{\sum_{j=1}^{Nx} F(k_j, q_i)}$$

$$C_i = \sum_{j=1}^{Nx} a_{ij} v_j$$

多头注意力机制（multi-head attention mechanism） 是建立于键值对注意力机制上的一种拓展，它利用多个"查询"$Q = [q_1, q_2, \cdots, q_m]$，平行地从输入信息中计算多个键值对注意力，然后进行拼接。

$$C_{1m} = \left[\sum_{j=1}^{Nx} a_{1j}\boldsymbol{v}_j \, ; \sum_{j=1}^{Nx} a_{2j}\boldsymbol{v}_j \, ; \cdots ; \sum_{j=1}^{Nx} a_{mj}\boldsymbol{v}_j \right]$$

如今应用的输入类型有多种,如果输入信息本身是有分层结构的,例如单词、长句、段落、章节等,那么我们就可以利用层次化的注意力机制或者更复杂的结构化的注意力机制来处理。

最后,再介绍一个非常重要的注意力机制——**自注意力模型**(self-attention model)。自注意力又称为**内部注意力**(intra-attention),研究的是"键""值"和"查询"都相同的情况,例如我们需要研究一个句子内部的单词之间的依赖关系。对于这种情况,我们有很多模型可以使用,但是不同模型会有不同的局限性。如果使用卷积网络,卷积操作相当于一个固定大小的窗口来提取单词之间的相关关系,很显然这种结构只能编码局部信息。如果使用循环神经网络,理论上可以编码长期依赖,但是通常会受限于特征向量的容量和训练困难等因素。如果使用全连接网络,我们可以一次处理一个序列,从而解决长期依赖的问题,但是却无法解决变长序列输入的问题(全连接网络的参数矩阵维度是固定的)。由此拓展,我们就需要使用注意力机制来"动态"地生成不同的连接权重,即自注意力模型。这里以最简单的**尺度点积注意力**(scaled dot-product attention)为例,介绍它的计算过程。

对于一个输入序列 $\boldsymbol{X} \in \Re^{d \times N}$(序列长度为 N,每一步的特征向量为 d 维)和输出序列 $\boldsymbol{Y} \in \Re^{e \times N}$(序列长度为 N,每一步的特征向量为 e 维),我们首先可以通过线性变换分别得到"键"序列矩阵、"值"序列矩阵和"查询"序列矩阵:

$$\boldsymbol{K} = \boldsymbol{W}_K \boldsymbol{X} \in \Re^{f \times N}$$

$$\boldsymbol{V} = \boldsymbol{W}_V \boldsymbol{X} \in \Re^{e \times N}$$

$$\boldsymbol{Q} = \boldsymbol{W}_Q \boldsymbol{X} \in \Re^{f \times N}$$

其中,$\boldsymbol{W}_K \in \Re^{f \times d}$、$\boldsymbol{W}_V \in \Re^{e \times d}$、$\boldsymbol{W}_Q \in \Re^{f \times d}$ 为可学习的参数矩阵。

利用这三个矩阵,我们很容易就可以通过注意力机制得到输出序列矩阵:

$$\boldsymbol{H} = \boldsymbol{V} \, \mathrm{softmax} \left(\frac{\boldsymbol{K}^{\top} \boldsymbol{Q}}{\sqrt{f}} \right)$$

其中,softmax 为按列归一化的函数,实现了注意力的功能;计算相似度的方法为**缩放点积**(**scaled dot-product**),除以 $\sqrt{f}$ 是为了防止内积的值过大或者过小而引起的 softmax 值非 0 即 1。

自注意力模型可以作为卷积神经网络或者循环神经网络中的一个模块来使用。需要注意的是,自注意力模型训练得到的权重矩阵只考虑了"键"和"查询"的匹配情况,没有考虑序列的顺序信息,因此,在单独使用自注意力模型时,我们通常都需要加入位置编码来修正这一问题。

6.5　实践:电影评论情感分析

情感分析是指判断一段文本所表达的情绪状态,如正面情绪、负面情绪等。情感分析的应用场景非常广泛,如把用户在购物网站、旅游网站、电影评论网站上发表的评论分成正面评论和负面评论;为了分析用户对于某一产品的整体使用感受,抓取产品的用户评论并进行情感分析等等。

本实践基于经典的情感分析数据集 IMDB 实现电影情感分类,使用飞桨深度学习平台进行代码实现,分类效果如图 6.18 所示。本实践代码已在 AI Studio 上公开,通过扫描上方二维码或访问 https://aistudio.baidu.com/aistudio/projectDetail/101810,可在页面中找到本章节对应实践代码。

电影评论	类别
在冯小刚这几年的电影里,算最好的一部了	正面
很不好看,好像一个地方台的电视剧	负面
圆方镜头全程炫技,色调背景美则美矣,但剧情拖沓,口音不伦不类,一直努力却始终无法入戏	负面
剧情四星。但是圆镜视角加上婺源的风景整个非常有中国写意山水画的感觉,看得实在太舒服了。。	正面

图 6.18 电影情感分类效果图

6.5.1 数据准备

经典的 IMDB 情感分析数据集,其训练集和测试集分别包含 25000 个已标注过的电影评论,各包含 50% 的正面评价和 50% 的负面评价。其中,负面评论的得分小于等于 4,正面评论的得分大于等于 7,满分 10 分。

飞桨深度学习平台为开发者们提供了读取 IDMB 数据字典、训练集和测试集的 API,分别为 paddle.dataset.imdb.word_dict()、paddle.dataset.imdb.train()、paddle.dataset.imdb.test()。训练集与测试集准备的代码如代码清单 6.1 所示。

代码清单 6.1 训练集与测试集准备

```
BATCH_SIZE = 128
BUF_SIZE = 512
word_dict = paddle.dataset.imdb.word_dict()
dict_dim = len(word_dict)
train_reader = paddle.batch(paddle.reader.shuffle(
                            paddle.dataset.imdb.train(word_dict),
                            BUF_SIZE),
            batch_size = BATCH_SIZE)
test_reader = paddle.batch(imdb.test(word_dict),
            batch_size = BATCH_SIZE)
```

6.5.2 网络结构定义

自然语言是一种典型的序列数据。循环神经网络是一种能对序列数据进行精确建模的有力工具。但循环神经网络的一个致命弱点是容易出现梯度消失或梯度爆炸现象。长短期记忆网络(LSTM)由于增加了记忆单元 c、输入门 i、遗忘门 f 及输出门 o,可以有效提升循环神经网络处理长序列数据的能力。

借鉴深层循环神经网络的构建思想,可以构建基于 LSTM 的栈式双向循环神经网络,来对时序数据进行建模。

栈式双向 LSTM 的结构如图 6.19 所示。其中奇数层的 LSTM 正向,偶数层的 LSTM 反向,高一层的 LSTM 使用之前所有层的信息作为输入。对最高层的 LSTM 序列,在时间维度上进行最大池化,得到文本的定长向量表示。最后将文本表示连接至 softmax 构建分类模型。定义三层栈式双向 LSTM 的代码如代码清单 6.2 所示。

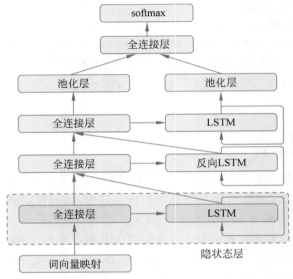

图 6.19　栈式双向 LSTM

代码清单 6.2　定义三层栈式双向 LSTM

```
def stacked_lstm_net(data, input_dim, class_dim, emb_dim, hid_dim, stacked_num):
    #计算词向量
    emb = fluid.layers.embedding(
        input = data, size = [input_dim, emb_dim], is_sparse = True)
    #第一层栈,全连接层
    fc1 = fluid.layers.fc(input = emb, size = hid_dim)
    #lstm 层
    lstm1, cell1 = fluid.layers.dynamic_lstm(input = fc1, size = hid_dim)
    inputs = [fc1, lstm1]
    #其余的所有栈结构
    for i in range(2, stacked_num + 1):
        fc = fluid.layers.fc(input = inputs, size = hid_dim)
        lstm, cell = fluid.layers.dynamic_lstm(
            input = fc, size = hid_dim, is_reverse = (i % 2) == 0)
        inputs = [fc, lstm]
    #池化层
    fc_last = fluid.layers.sequence_pool(input = inputs[0], pool_type = 'max')
    lstm_last = fluid.layers.sequence_pool(input = inputs[1], pool_type = 'max')
    #全连接层,softmax 预测
    prediction = fluid.layers.fc(
```

```
    input = [fc_last, lstm_last], size = class_dim, act = 'softmax')
return prediction
```

上述代码中，input_dim 表示的是词典的大小；class_dim 表示情感分类的类别数，IMDB 数据集将数据分为正向和负向，即为二分类问题，所以 class_dim 为 2；emb_dim 和 hid_dim 分别表示词向量的维度和隐藏层的维度；stacked_num 代表的是 LSTM 双向栈的层数，本实践中设置为 3。

接下来进行数据层的定义，如代码清单 6.3 所示。

代码清单 6.3　数据层定义

```
#定义输入数据,lod_level 不为 0 指定输入数据为序列数据
words = fluid.layers.data(name = 'words', shape = [1], dtype = 'int64', lod_level = 1)
label = fluid.layers.data(name = 'label', shape = [1], dtype = 'int64')
```

上面我们定义好了前馈神经网络，这里我们使用定义好的网络来获取分类器，如代码清单 6.4 所示。

代码清单 6.4　获取分类器

```
model = stacked_lstm_net(data,dict_dim,CLASS_DIM,EMB_DIM,HID_DIM,STACKED_NUM)
```

接着定义损失函数，这里同样是一个分类任务，所以使用的损失函数也是交叉熵损失函数。这里也可以使用 fluid.layers.accuracy()接口定义一个输出分类准确率的函数，可以方便在训练的时候，输出测试时的分类准确率，观察模型收敛的情况，如代码清单 6.5 所示。

代码清单 6.5　定义损失函数与准确率函数

```
cost = fluid.layers.cross_entropy(input = model, label = label)
avg_cost = fluid.layers.mean(cost)
acc = fluid.layers.accuracy(input = model, label = label)
```

然后是定义优化方法，这里使用的是 Adagrad 优化方法，Adagrad 优化方法多用于处理稀疏数据，设置学习率为 0.002，如代码清单 6.6 所示。

代码清单 6.6　定义优化方法

```
optimizer = fluid.optimizer.AdamOptimizer(learning_rate = 0.001)
opts = optimizer.minimize(avg_cost)
```

6.5.3　网络训练

在上一节中描述了前馈神经网络模型，本节中主要讲述在飞桨深度学习平台中如何使

用 Executor 来训练模型。

首先进行 Executor 的创建,如代码清单 6.7 所示。

代码清单 6.7   Executor 的创建

```
place = fluid.CPUPlace()                      # 定义运算场所为 CPU
exe = fluid.Executor(place)                   # 创建执行器
exe.run(fluid.default_startup_program())      # 初始化 Program
```

定义好网络训练需要的 Executor,在执行训练之前,需要首先定义输入的数据维度,如代码清单 6.8 所示,一条句子对应一个标签。

代码清单 6.8   数据维度定义

```
feeder = fluid.DataFeeder(place = place, feed_list = [words, label])
```

之后就可以进行正式的训练了,本实践中设置训练轮数为 5。在 Executor 的 run 方法中,feed 代表以字典的形式定义数据传入网络的顺序,feeder 在代码清单 6.8 中已经进行了定义,将 data[0]、data[1]分别传给 words、label。fetch_list 定义了网络的输出。在每轮训练中,每 100 个 batch 打印一次平均误差和准确率。

每轮训练完成后,使用测试集进行测试。每轮测试中,打印一次平均误差和平均准确率。

训练和测试的代码如代码清单 6.9 所示。

代码清单 6.9   训练与测试

```
NUM_EPOCH = 5
for pass_id in range(NUM_EPOCH):
    for batch_id, data in enumerate(train_reader()):        # 遍历 train_reader
        train_cost, train_acc = exe.run(program = fluid.default_main_program(),
                            feed = feeder.feed(data),
                            fetch_list = [avg_cost, acc])
        # 每 100 个 batch 打印一次信息 误差、准确率
        if batch_id % 100 == 0:
            print('Pass: %d, Batch: %d, Cost: %0.5f, Accuracy: %0.5f' %
                (pass_id, batch_id, train_cost[0], train_acc[0]))
    test_accs = []
    test_costs = []
    # 每训练一轮 进行一次测试
    for batch_id, data in enumerate(test_reader()):         # 遍历 test_reader
        test_cost, test_acc = exe.run(program = fluid.default_main_program(),
                            feed = feeder.feed(data),        # 喂入数据
                            fetch_list = [avg_cost, acc])    # fetch 误差、准确率
        test_accs.append(test_acc[0])                        # 每个 batch 的准确率
        test_costs.append(test_cost[0])                      # 每个 batch 的误差
    test_cost = (sum(test_costs) / len(test_costs))          # 每轮的平均误差
    test_acc = (sum(test_accs) / len(test_accs))             # 每轮的平均准确率
```

```
print('Test: % d, Cost: % 0.5f, Accuracy: % 0.5f' % (pass_id, test_cost, test_acc))
```

每轮训练完成后,对模型进行保存,如代码清单 6.10 所示。

代码清单 6.10　模型保存

```
model_save_dir = "/home/aistudio/data/emotionclassify.inference.model"
if not os.path.exists(model_save_dir):
os.makedirs(model_save_dir)
print('save models to % s' % (model_save_dir))
fluid.io.save_inference_model(model_save_dir,    # 保存推理 model 的路径
                            ['words'],           # 推理需要 feed 的数据
                            [model],             # 保存推理结果的 Variables
                            exe)                 # 使用 Executor 实例 exe 保存模型
```

通过观察训练过程中的误差和准确率趋势,可以对网络训练结果进行评估,如图 6.20 所示。

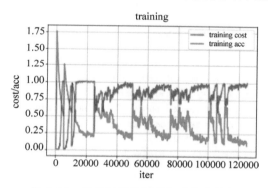

图 6.20　训练过程的误差和准确率趋势

通过观察可以看到,训练过程中平均误差是在逐步降低的,与此同时,训练的准确率是在提高的。说明模型是在收敛的。

6.5.4　网络预测

接下来就可以使用训练好的模型来进行预测了。我们任意选取 3 个评论,把评论中的每个词对应到 word_dict 中的 id。如果词典中没有这个词,则设为 unknown。然后我们用 create_lod_tensor 来创建细节层次的张量,关于该函数的详细解释请参照 API 文档。

首先我们模拟了 3 条电影评论,第一句是中性的,第二句偏向正面,第三句偏向负面,用于进行预测。并对每条电影评论进行分词,分词后的结果为 reviews。具体代码如代码清单 6.11 所示。

代码清单 6.11　定义预测数据

```
reviews_str = ['read the book forget the movie', 'this is a great movie', 'this is very bad']
reviews = [c.split() for c in reviews_str]
```

我们把评论中的每个词对应到 word_dict 中的 id。如果词典中没有这个词，则设为 unknown。使用飞桨的 create_lod_tensor() 创建张量，如代码清单 6.12 所示。

代码清单 6.12　构造预测数据张量

```
UNK = word_dict['<unk>']
lod = []
for c in reviews:
    lod.append([word_dict.get(words.encode('utf-8'), UNK) for words in c])
base_shape = [[len(c) for c in lod]]
tensor_words = fluid.create_lod_tensor(lod, base_shape, place)
```

至此，我们已经准备好了要预测的数据，接下来使用训练好的模型对准备好的数据进行预测，如代码清单 6.13 所示。

代码清单 6.13　开始预测

```
with fluid.scope_guard(inference_scope):
    [inference_program,
    feed_target_names,
    fetch_targets] = fluid.io.load_inference_model(model_save_dir, infer_exe)
    results = exe.run(program = inference_program
                    feed = {feed_target_names[0]: tensor_words},
                    fetch_list = fetch_targets)
    for i, r in enumerate(results[0]):
        print("\'%s\'的预测结果为：正面概率为：%0.5f,负面概率为：%0.5f" % (reviews_str[i],
r[0], r[1]))
```

打印预测结果如图 6.21 所示。

'read the book forget the movie'的预测结果为：正面概率为：0.43845，负面概率为：0.56155
'this is a great movie'的预测结果为：正面概率为：0.51821，负面概率为：0.48179
'this is very bad'的预测结果为：正面概率为：0.43049，负面概率为：0.56951

图 6.21　电影情感分类预测结果

6.6　习题

1. 请使用 BPTT 算法和 RTRL 算法推导 LSTM 细胞块和 GRU 细胞块的参数学习过程。
2. 对于图 6.3 所示的变种一（多对一）结构，它可以完成以下哪些任务？（　　　）
   A. 语音识别
   B. 情感分类
   C. 图像分类
   D. 语音年龄识别
3. 对于图 6.6 所示的变种四（上一步的输出作为下一步的输入，且有约束）结构，在计

算第 t 步时,网络正在估计(　　)。

      A. $P(o_1, o_2, \cdots, o_{t-1}, y)$

      B. $P(o_t, y)$

      C. $P(o_t | o_1, o_2, \cdots, o_{t-1}, y)$

      D. $P(o_t | y)$

  4. 如何构造递归神经网络,使其成为一个简单循环网络?

  5. 回顾在前馈神经网络中解决梯度消失的方法,你还能想到哪些小技巧可以缓解循环神经网络中梯度消失的问题。

第7章　深度学习进阶

深度学习不仅在传统计算机视觉、语音识别和自然语言处理等领域取得了瞩目的成就，而且渗透到更多的研究领域，为原本难以解决的问题提供了新的思路，取得了令人称赞的效果。在图像合成、图像语义编辑、图像风格迁移、图像超分辨率等应用方面，深度生成模型已经展现出特有的"艺术性"。在 AI 人机对战、自动驾驶决策等方面深度强化学习大展身手。在社交网络、推荐系统、物理系统、化学分子预测、知识图谱等领域神经网络也不甘示弱。本章将结合深度学习研究的前沿，介绍深度学习中的热点和具有巨大潜力的研究方向。

7.1　深度生成模型

概率生成模型，简称**生成模型**（**Generative Model**），是概率统计和机器学习中的一类重要模型，指一系列用于随机生成可观测数据的模型。相比于判别式方法，生成模型能学习数据的联合概率分布情况，能够反映同类数据本身的相似度，学习收敛速度更快，并且在隐变量存在时也可使用。

在机器学习中，生成模型可以直接对图像、文本、声音等数据进行建模，也可以结合贝叶斯定理建立变量间的条件概率分布。具体到图像生成任务，生成模型可以概括为用概率方式描述图像的生成，通过对概率分布采样产生数据。例如用一个随机向量 X 来表示一幅图像，其中向量的每一维都表示图像中的一个像素值。假设数据集中采集到的图像都服从一个复杂分布 $p(X)$，在生成图像之前需要根据所观测到的样本来估计这个复杂分布 $p(X)$，然后根据这个分布 $p(X)$ 采样生成图像。在大多数问题中，直接对高维向量进行建模分析是比较困难的，因此会引入一些假设来简化问题，如条件独立性等，**高斯混合模型**（**Gaussian Mixture Model，GMM**）、**隐马尔可夫模型**（**Hidden Markov Model，HMM**）、**朴素贝叶斯分类器**（**Naive Bayesian Classification**）等都是这类模型的代表。

深度生成模型就是利用深度神经网络来估计这种复杂的分布 $p(X)$，根据万用近似定理，神经网络可以近似任意函数 f，对于一个服从正态分布的随机量 Z，使 $f:Z \rightarrow X$，$f(Z)$ 服从 X 的分布 $\hat{p}(X)$。从概率论的角度来看，生成模型本质上就是一种分布变换，深度生成模型是利用深度神经网络这种近似任意函数的能力将简单的分布映射到复杂的分布，逼近任意复杂分布。

本节接下来将介绍两种深度生成模型：**变分自编码器**（Variational Auto-Encoder，VAE）和**生成对抗网络**（Generative Adversarial Network，GAN）。

7.1.1 变分自编码器

自编码器的思想在 20 世纪 80 年代末就开始出现在神经网络的应用中，后来也被用于初始化网络的权重。传统自编码器被用于降维或特征学习，变分自编码器避免了复杂的边界似然概率，对自编码器编码空间不连续的问题进行了改进，可以生成连续的、更丰富多样的样本。

1. 自编码器

自编码器（Autoencoder，AE）由一个**编码器**（Encoder）和一个**解码器**（Decoder）组成，编码器将输入压缩为潜在空间表征，解码器将潜在空间表征重构为输出。如图 7.1 所示，编码器网络接收输入，并将其转换成更紧凑的编码表示，解码器网络根据这些编码可以重构出原来的输入。

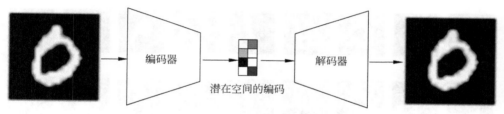

图 7.1　自编码器结构

编码器和解码器都可以由深度神经网络来完成。如图 7.2 所示，编码器网络用 $f(x)$ 表示，解码器网络用 $g(x)$ 表示，串联在一起构成完整的自编码器网络，并通过反向传播算法调整网络参数使得输出趋近于输入。实际上自编码器可以被看作前馈网络的一个特例，在第 4 章中介绍的优化技术都可以用于自编码器的训练。

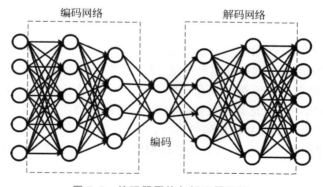

图 7.2　编码器网络与解码器网络

自编码器具有三个明显特征。

（1）数据相关性。自编码器只能压缩与此前训练数据类似的数据，例如，使用 MNIST

手写数据训练出来的自编码器对人脸图片压缩成紧凑表征,其效果很差。

(2)数据有损性。自编码器是一种有损压缩算法,解压后得到的输出与原始输入相比有信息损失。

(3)自动学习性。自动编码器能从样本中自动学习潜在空间的表示,这意味着对指定类的输入,训练特定的编码器是很方便的。

自编码器可以在没有标签的情况下学习到数据的有用的紧凑表达,这在很长一段时间内被研究者们认为是解决无监督学习的可能方案。编码器压缩后的潜在空间表征是自编码器的关键,由于编码器是一种数据有损的压缩算法,压缩后的数据学习到输入数据中最重要的特征,在适当的维度和系数约束下自编码器可以学习到比普通降维方法如 PCA、LDA 等更有意义的数据映射。

自编码器通常有两方面的应用:一是数据去噪;二是为进行可视化而降维。例如降噪编码器在训练时会对输入的样本加入一些噪声,编码后的结果与原始输入数据计算损失,这样训练出来的自编码器可以消除噪声。如图 7.3 所示,图中第一行为原始数据,第二行为加入了噪声的数据,第三行为自编码器重构的数据,可以看到经过自编码器后数据中的噪声被消除了。

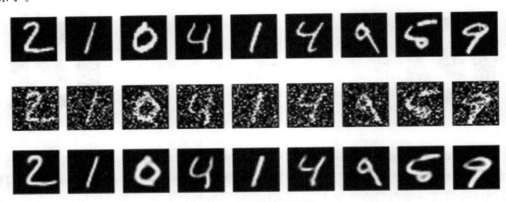

图 7.3   降噪自编码器

2. 自编码器存在的问题

自编码器会学习生成潜在空间的紧凑表示和重构输入,但是自编码器的基本问题在于,它将输入数据压缩成潜在空间中的编码矢量,其潜在空间可能不连续,这意味着对其潜在空间的紧凑表示进行简单的插值都是不允许的。举例来说,在 MNIST 数据集上训练一个自编码器,并在 2D 空间中可视化其潜在空间的编码,可以看到不同簇的形成。根据得到的这些图像的编码,如果只是希望复制相同的图像,那么复制编码后使用解码器重构就足够了。但是,建立生成模型时并不只是想简单地复制相同的数据,而是希望生成新的数据,这就需要在潜在的空间中随机抽样,或者从一个连续的潜在空间中插值以获得新的表征,此时自编码器可能就无能为力了。

3. 变分自编码器

变分自编码器(Variational Auto-Encoder,VAE)在自编码器的基础上对编码增加了"高斯噪声",使得解码器能容忍编码的噪声。变分自编码器在潜在空间的设计上是连续的,允许随机采样和插值,变分自编码器的这种特性使得它在生成建模时非常有用。

为了达到这个目的,变分自编码器不再将输入数据压缩成潜在空间的编码,而是将数据转换为两个大小为 n 的统计分布参数向量:均值向量$\boldsymbol{\mu}$和标准差向量$\boldsymbol{\sigma}$。然后根据两个参数生成新的正态分布,并在新生成的分布中进行随机采样,得到其隐变量,解码器接收隐变量重构输入,如图 7.4 所示。

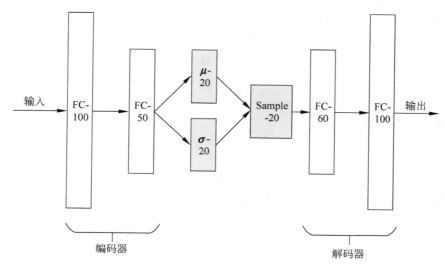

图 7.4 变分自编码器

在变分自编码器中,通过均值向量$\boldsymbol{\mu}$和标准差向量$\boldsymbol{\sigma}$生成分布并随机采样得到随机变量 $\boldsymbol{X}$,如图 7.5 所示。其中的随机采样意味着对于相同的输入,即使其平均值和标准偏差保持不变,但编码是从分布内的任意位置的随机采样,因此解码器不仅可以获得指向该类样本的潜在空间中的单个点,也可以获得附近的点。同样地,解码器也不再是获得潜在空间中的离散的特定编码,而是得到其附近的所有的采样点,这就打破了原本不连续的潜在空间,使得在局部尺度上潜在空间变得平滑,并使解码器产生相似的样本。

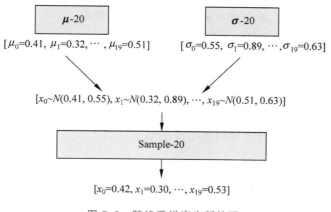

图 7.5 随机采样产生新编码

在理想状况下使用生成模型时,通常会在类之间的编码空间中随机采样或者进行插值,因此希望样本之间的重叠也不太相似。但是如果不对均值向量$\boldsymbol{\mu}$和标准差向量$\boldsymbol{\sigma}$加以限制,那么可能会导致编码器倾向于学习为不同的类生成不同的均值向量$\boldsymbol{\mu}$,而标准差向量$\boldsymbol{\sigma}$趋于0。因为此时相同的样本编码本身的变化不大,解码器的不确定度较低,更利于解码器有效地重构输入。然而这与之前使潜在空间变得平滑背道而驰,变分自编码器是希望所有编码尽可能地彼此接近,但仍然是独特的,而且允许平滑插值构建新的样本。

为了强制使编码器的输出接近正态分布,在变分自编码器网络的损失函数中引入Kullback-Leibler 散度(Kullback-Leibler Divergence),简称 K-L 散度,也称**相对熵(Relative Entropy**),是两个概率分布间差异的非对称性度量。

$$D_{\text{K-L}}(P \parallel Q) = \sum P(x)\log \frac{P(x)}{Q(x)}$$

其连续概率表达式为

$$D_{\text{K-L}}(P \parallel Q) = \int P(x)\log \frac{P(x)}{Q(x)}\mathrm{d}x$$

K-L 散度越小说明两个概率分布越接近,损失函数中最小化 K-L 散度意味着优化均值向量$\boldsymbol{\mu}$和标准差向量$\boldsymbol{\sigma}$,使其与目标分布的概率分布参数相似。

$$D_{\text{K-L}}(N(\boldsymbol{\mu},\boldsymbol{\sigma}^2) \parallel N(0,1))$$

$$= \int \frac{1}{\sqrt{2\pi\boldsymbol{\sigma}^2}} e^{-\frac{(x-\boldsymbol{\mu})^2}{2\boldsymbol{\sigma}^2}} \left(\log \frac{\frac{1}{\sqrt{2\pi\boldsymbol{\sigma}^2}} e^{-\frac{(x-\boldsymbol{\mu})^2}{2\boldsymbol{\sigma}^2}}}{\frac{1}{\sqrt{2\pi}} e^{-\frac{x^2}{2\boldsymbol{\sigma}^2}}} \right) \mathrm{d}x$$

$$= \frac{1}{2} \int \frac{1}{\sqrt{2\pi\boldsymbol{\sigma}^2}} e^{-\frac{(x-\boldsymbol{\mu})^2}{2\boldsymbol{\sigma}^2}} \left(-\log\boldsymbol{\sigma}^2 + x^2 - \frac{(x-\boldsymbol{\mu})^2}{2\boldsymbol{\sigma}^2} \right) \mathrm{d}x$$

$$= \frac{1}{2} \left(-\log\boldsymbol{\sigma}^2 + \int \frac{1}{\sqrt{2\pi\boldsymbol{\sigma}^2}} e^{-\frac{(x-\boldsymbol{\mu})^2}{2\boldsymbol{\sigma}^2}} \cdot x^2 \mathrm{d}x - \int \frac{1}{\sqrt{2\pi\boldsymbol{\sigma}^2}} e^{-\frac{(x-\boldsymbol{\mu})^2}{2\boldsymbol{\sigma}^2}} \cdot \frac{(x-\boldsymbol{\mu})^2}{2\boldsymbol{\sigma}^2}\mathrm{d}x \right)$$

其中第二项为正态分布的二阶矩$\boldsymbol{\mu}^2+\boldsymbol{\sigma}^2$,第三项为$-1$,因此

$$D_{\text{K-L}}(N(\boldsymbol{\mu},\boldsymbol{\sigma}^2) \parallel N(0,1)) = \frac{1}{2}(-\log\boldsymbol{\sigma}^2 + \boldsymbol{\mu}^2 + \boldsymbol{\sigma}^2 - 1)$$

则变分自编码器由重建损失与 K-L 散度构成

$$Loss = -cross\_entropy(x,z) + \frac{1}{2}(-\log\boldsymbol{\sigma}^2 + \boldsymbol{\mu}^2 + \boldsymbol{\sigma}^2 - 1)$$

在 MNIST 上训练的变分自编码器生成的结果见图 7.6。

7.1.2　生成对抗网络

生成对抗网络(Generative Adversarial Networks,GAN)由 Ian Goodfellow 等人于2014 年提出,是一个通过对抗过程估计生成模型的新框架,引起了业内人士的广泛关注和

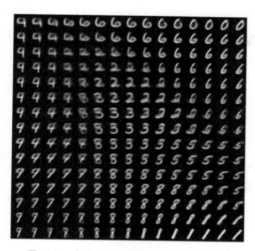

图 7.6 变分自编码器生成新手写数字

研究,被深度学习界的专家 Yann LeCun 称为"20 年来机器学习领域最酷的想法"。生成对抗网络不需要大量标注训练数据就能学习深度表征的方式,其理论成果迅速落地,在图像合成、图像语义编辑、风格迁移、图像超分辨率等应用上取得了非常好的效果。

1. 网络结构与模型分析

生成对抗网络在结构上受博弈论中的二人零和博弈的启发,整个系统由一个生成器 G 和一个判别器 D 构成。生成器 G 的目标是捕捉真实数据样本的潜在分布,并生成新数据样本。判别器 D 是一个二分类器,其目标是尽量判别输入是来自真实数据还是新生成的样本,如图 7.7 所示。

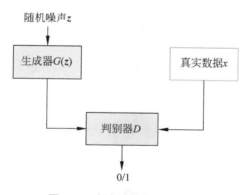

图 7.7 生成对抗网络结构图

判别器 D 和生成器 G 都可以由神经网络构成,随机噪声 z 采样自先验分布 $z \sim p_z(z)$。在训练过程中,生成器和判别器都在提高自己的能力,生成器 G 尽量生成难以判断来源的样本,而判别器 D 对真假样本要有更强的区分,这两个互相对抗的网络不断交替训练,直到收敛时判别器 D 再也无法判断样本来源时,可以认为生成器 G 已经学习到了真实数据的分布。

接下来讨论生成对抗网络的训练问题。首先考虑已有生成器 G 的情况（可认为此时生成器 G 已训练好），则在判别器网络中，对一个给定的样本 $(\boldsymbol{x}, y)$，$y \in \{0, 1\}$，标签 $y = 0$ 表示样本来自生成器 G，$y = 1$ 表示样本来自真实数据，判别器 D 输出样本 $\boldsymbol{x}$ 来自于真实数据 $\boldsymbol{x} \sim p_{\text{data}}(x)$ 的概率为

$$p(y = 1 \mid \boldsymbol{X}) = D(\boldsymbol{X}, \theta_D)$$

样本 $\boldsymbol{x}$ 来自于生成器的概率为

$$p(y = 0 \mid \boldsymbol{X}) = 1 - D(\boldsymbol{X}, \theta_D)$$

其中 θ_D 表示判别器 D 网络中的参数。要求判别器 D 网络的最大对数似然（即最小交叉熵），则判别器 D 网络目标函数为

$$\min_{\theta_D} - (E_x [y \log p(y = 1 \mid \boldsymbol{X}) + (1 + y) \log p(y = 0 \mid \boldsymbol{X})])$$

$$= \max_{\theta_D} (E_{x - p_{\text{data}}(x)} [\log D(\boldsymbol{X}, \theta_D)] + E_{x_G \sim p_G(x_G)} [\log(1 - D(\boldsymbol{X}_G, \theta_D))])$$

$$= \max_{\theta_D} (E_{x - p_{\text{data}}(x)} [\log D(\boldsymbol{X}, \theta_D)] + E_{z \sim p_z(z)} [\log(1 - D(G(\boldsymbol{Z}, \theta_G), \theta_D))])$$

其中 θ_G 表示生成器 G 网络中的参数。

而在生成网络中，生成的样本应该尽量趋近于真实样本，使判别器 D 难以判断，其损失函数为

$$\max_{\theta_G} (E_{z \sim p_G(z)} [\log D(G(\boldsymbol{Z}, \theta_G), \theta_D)])$$

$$= \min_{\theta_G} (E_{z \sim p_G(z)} [\log(1 - D(G(\boldsymbol{Z}, \theta_G), \theta_D))])$$

当输入数据是从真实数据中采样时，判别器的目标是使得输出概率值 $D(\boldsymbol{X}, \theta_D)$ 趋近于 1，而当输入由生成器生成时，判别器的目标是使得输出概率值 $D(G(\boldsymbol{Z}, \theta_G), \theta_D)$ 趋近于 0，而此时生成器的目标是使其趋于 1，所以生成对抗网络的训练过程就是判别器和生成器的零和游戏。生成对抗网络的优化是一个极小-极大化问题，其损失函数可以完整地表达为

$$\min_{\theta_G} \max_{\theta_D} (E_{x - p_{\text{data}}(x)} [\log D(\boldsymbol{X}, \theta_D)] + E_{x_G - p_G(x_G)} [\log(1 - D(\boldsymbol{X}_G, \theta_D))])$$

$$= \min_{\theta_G} \max_{\theta_D} (E_{x - p_{\text{data}}(x)} [\log D(\boldsymbol{X}, \theta_D)] + E_{z - p_G(z)} [\log(1 - D(G(\boldsymbol{Z}, \theta_G), \theta_D))])$$

假设 $p_{\text{data}}(x)$ 与 $p_G(x)$ 已知，对上式求导计算极值可得最优判别器 D^* 为

$$D^*(x) = \frac{p_{\text{data}}(x)}{p_{\text{data}}(x) + p_G(x)}$$

将最优判别器 D^* 代入损失函数公式可得其目标函数

$$L(G \mid D^*) = E_{x - p_{\text{data}}(x)} \left[\log \frac{p_{\text{data}}(x)}{p_{\text{data}}(x) + p_G(x)} \right] + E_{x_G \sim p_G(x_G)} \left[\log \frac{p_{\text{data}}(x)}{p_{\text{data}}(x) + p_G(x)} \right]$$

$$= D_{\text{K-L}} \left(p_{\text{data}} \, \middle\| \, \frac{p_{\text{data}} + p_G}{2} \right) + D_{\text{K-L}} \left(p_G \, \middle\| \, \frac{p_{\text{data}} + p_G}{2} \right) - 2 \log 2$$

引入 JS 散度（Jensen-Shannon divergence）

$$D_{\text{J-S}}(P \parallel Q) = \frac{1}{2} D_{\text{K-L}} \left(P \, \middle\| \, \frac{P + Q}{2} \right) + \frac{1}{2} D_{\text{K-L}} \left(Q \, \middle\| \, \frac{P + Q}{2} \right)$$

则目标函数公式可以写作

$$L(G \mid D^*) = 2JSD\left(p_{\text{data}} \middle\| \frac{p_{\text{data}} + p_G}{2}\right) - 2\log 2$$

J-S 散度的值域范围是$[0,1]$，当两个分布相同时，J-S 散度为 0，完全不重合时为 $\log 2$（取自然对数底时为 1）。相较于 K-L 散度，J-S 散度解决了 K-L 散度非对称的问题，更便于度量两个概率分布的相似度。在训练生成对抗网络时，若判别器网络已为最优，生成器网络的优化目标是最小化真实数据的分布 $p_{\text{data}}(x)$ 和模型分布 $p_G(x)$ 之间的 J-S 散度。当这两个分布相同时，J-S 散度为 0，网络损失 $L(G|D^*) = -2\log 2$；当这两个分布完全不重合时，J-S 散度恒为 $\log 2$，网络损失 $L(G|D^*) = 0$ 保持不变，此时梯度消失。

所以在训练生成对抗网络时，一般不能将判别器网络训练到最优，而是动态调整判别器网络与生成器网络的能力，使判别器网络略强于生成器网络。若判别器网络过强，则梯度消失，而过弱，则生成网络的梯度为错误的梯度。因此，调整判别器网络在梯度消失和梯度错误之间取得平衡是一件非常有技巧的事情。

生成对抗网络不仅存在梯度消失的问题，还存在模式崩塌的问题。将最优判别器 D^* 代入生成器网络的目标函数可得

$$L_G(G \mid D^*) = E_{x \sim p_G(x)}[\log D^*(x)]$$

$$= E_{x \sim p_G(x)}\left[\log \frac{p_{\text{data}}(x)}{p_{\text{data}}(x) + p_G(x)} \cdot \frac{p_G(x)}{p_G(x)}\right]$$

$$= -E_{x \sim p_G(x)}\left[\log \frac{p_G(x)}{p_{\text{data}}(x)}\right] + E_{x \sim p_G(x)}\left[\log \frac{p_G(x)}{p_{\text{data}}(x) + p_G(x)}\right]$$

$$= -D_{\text{K-L}}(p_G \| p_{\text{data}}) + E_{x \sim p_G(x)}[\log(1 - D^*(x))]$$

$$= -D_{\text{K-L}}(p_G \| p_{\text{data}}) + 2D_{\text{J-S}}(p_G \| p_{\text{data}}) - 2\log 2 - E_{x \sim p_{\text{data}}(x)}[\log D^*(x)]$$

对其优化可得

$$\max_{\theta_G} L_G(G \mid D^*) = \min_{\theta_G}(D_{\text{K-L}}(p_G \| p_{\text{data}}) - 2D_{\text{J-S}}(p_G \| p_{\text{data}})) +$$

$$\min_{\theta_G}[2\log 2 + E_{x \sim p_{\text{data}}(x)}(\log D^*(x))]$$

其中 $2\log 2 + E_{x \sim p_{\text{data}}(x)}[\log D^*(x)]$ 与生成网络无关，因此

$$\max_{\theta_G} L_G(G \mid D^*) = \min_{\theta_G}(D_{\text{K-L}}(p_G \| p_{\text{data}}) - 2D_{\text{J-S}}(p_{\text{data}} \| p_G))$$

$D_{\text{J-S}}(p_{\text{data}} \| p_G)$ 是一个有界的数值，因此生成器网络的优化目标更多地受到 K-L 散度 $D_{\text{K-L}}(p_G \| p_{\text{data}})$ 的影响，而当 $p_G(x)$ 趋于 0 时，不管 $p_{\text{data}}(x)$ 如何取值，$D_{\text{K-L}}(p_G \| p_{\text{data}})$ 都会趋于 0，此时生成网络会倾向于生成趋于 0 的样本。

2. 生成对抗网络的训练方法

相比于单目标的优化任务，生成对抗网络的优化中包含两个相反的优化目标。所以训练生成对抗网络比普通网络难，是一件非常有技巧性的工作。下面给出生成对抗网络的训练算法过程。

输入：训练集 Data，Mini-Batch 样本数据 N，训练对抗迭代总次数 K_t，每次对抗迭代中判别器网络的迭代次数 K_D

for k1 in range(K_t):

    //训练判别器网络

    for k2 in range(K_D)：

        1．从训练集中采样 N 个样本 x

        2．从正态分布中采样 N 个样本 z

        3．计算判别器网络参数的梯度：

$$\frac{\partial}{\partial \theta_D}\left[\frac{1}{N}\sum_{n=1}^{N}(\log D(x,\theta_D)+\log(1-D(G(z,\theta_G),\theta_D)))\right]$$

        4．使用随机梯度上升更新参数 θ_D

    //end 判别器训练

    //训练生成器网络

    1．从正态分布中采样 N 个样本 z

    2．计算判别器网络参数的梯度：

$$\frac{\partial}{\partial x}\left[\frac{1}{N}\sum_{n=1}^{N}\log D(G(z,\theta_G),\theta_D)\right]$$

    3．使用随机梯度上升更新参数 θ_G

输出：生成网络 $G(z,\theta_G)$

算法优化生成器网络时选择了 $\max_{\theta_G}(E_{z\sim p(z)}[\log D(G(z,\theta_G),\theta_D)])$，而不是 $\min_{\theta_G}(E_{z\sim p(z)}[\log(1-D(G(z,\theta_G),\theta_D))])$，这两个式子本是等价的，但因为对数函数 $\log(x)$ 在靠近 0 时的梯度大于靠近 1 处的梯度，当判别器样本以很高的置信度为此时假样本时，$D(G(z,\theta_G),\theta_D)$ 趋于 0，$1-D(G(z,\theta_G),\theta_D)$ 趋于 1，此时选择更大的梯度有利于优化。并且生成对抗网络在训练初期往往不太稳定，需要动态平衡两个网络的能力。对于判别网络来说，刚训练时判别器的判别能力不能太强，否则生成网络的能力得不到"正样本"，其能力难以提升；也不能太弱，否则生成器网络的能力提升也有限。因此在训练时需要密切关注网络训练的结果，并且在每次迭代中控制判别器网络的能力比生成器网络的能力略强。

3．生成对抗网络的典型模型

在 Ian Goodfellow 等人提出的原始生成对抗网络中，为了有更强的建模能力来拟合任意分布，所提模型先验假设少，对于数据没有限制，而且模型本身设计也比较简单，判别器与生成器都只使用了简单的前馈神经网络，并使用反向传播算法训练网络后就能得到所需要的生成器。虽然原始的生成对抗网络突破了当时人们对深度神经网络的认识，取得了突破性进展，但是原始的生成对抗网络却存在许多问题，其中最困难的问题是训练过程的稳定性和收敛性难以保证，需要非常小心地在判别器与生成器之间取得一个能力上的平衡，否则很容易出现梯度消失或者模式崩塌问题而无法继续训练。其次，不同于之前的分类神经网络，对抗网络中生成器和判别器的损失无法指示训练进程,生成的样本缺乏多样性。为此,大量研究人员开始对原始模型进行改进,提出新的生成对抗网络模型或者训练技巧,以增加模型的稳定性,提高生成结果的质量。

1) DCGAN

生成对抗网络的原始模型使用的是全连接网络,Radford 等人提出了 DCGAN(深度卷积生成对抗网络),将原始生成对抗网络中的生成器与判别器替换为卷积神经网络,并对卷积神经网络的结构做了一些改变,以提高样本的质量和收敛的速度。

在网络的拓扑结构方面,论文中给出了训练稳定网络的几点建议。

(1) 使用卷积层代替池化层,生成器中使用**微步卷积**(**Fractional Convolution**)实现上采样,判别器中使用**步长卷积**(**Stride Convolution**)实现下采样。

(2) 生成器和判别器中使用 BN 层,生成器的最后一层和判别器的第一层除外。

(3) 使用比较深的模型时去除全连接层。

(4) 关于激活函数,生成器中使用 ReLU,最后输出层采用 Tanh,判别器中使用 Leaky ReLU,不要使用 Sigmoid。

DCGAN 给出了一个生成器网络结构示例,如图 7.8 所示,100 维的输入被投影到一个较小的空间范围,通过 4 个微步卷积上采样到 64×64 的图像。

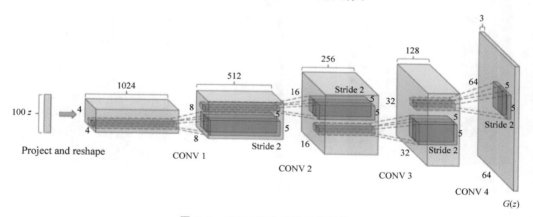

图 7.8　DCGAN 生成器网络结构

在之前的章节中,讨论过生成对抗网络难以训练的问题,而在 DCGAN 中,也给出网络模型训练方面的一些建议。

(1) 判别器使用一个比生成器小的模型,因为生成器的任务更重,生成图像较判断真伪的难度更大,应该使用参数更多的模型。

(2) 在判别器中使用 Dropout,防止判别器过拟合,陷入生成器生成的一些奇怪的图像中。

(3) 较高的 L2 正则可以降低判别器的能力,使生成器的学习变得容易,同时较高的 L2 正则也能提高判别器的通用性。

DCGAN 对输入变量对应的隐空间进行了一系列探索,一个非常有意思的实验是将输入信号 z 看作生成图像的一种表示,并对输入信号 z 进行矢量运算,可以观察到最后生成的结果出现了"类似"的变化,例如图 7.9 中,"微笑的女士"减去"女士"加上"男士",生成器可以给出"微笑的男士"的图像,"戴眼镜的男士"减去"男士"加上"女士",生成器可以给出"戴眼镜的女士"的图像。

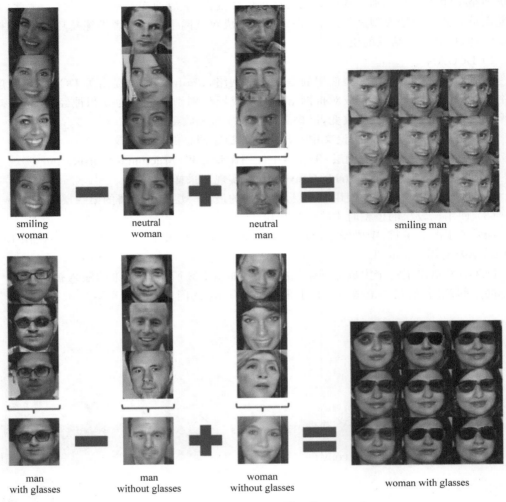

smiling woman　　neutral woman　　neutral man　　smiling man

man with glasses　　man without glasses　　woman without glasses　　woman with glasses

图 7.9　隐空间矢量运算

　　在生成对抗网络中,原始隐变量十分简单,经过高度复杂的非线性函数拟合后,不太容易找到变量到生成数据的方式,这就意味着要定制生成的数据就成了一件困难的事情,例如生成对抗网络可以生成一张人脸,但是难以控制脸型、头发和五官等的细节。为了解决这些问题,研究者们更深入地探索了隐变量空间,对隐变量施加更多的约束或者增加外部约束条件来控制网络生成的结果,具体可以拓展阅读相关文献 InfoGAN(InfoGAN：Interpretable Representation Learning by Information Maximizing Generative Adversarial Nets)与条件GAN(Conditional Generative Adversarial Nets)。

　　2) WGAN(Wasserstein GAN)

　　DCGAN 在网络的拓扑结构和训练方式上给出了提高生成对抗网络训练稳定性的建议,但损失函数中依然使用了 J-S 散度,而 J-S 散度并不适合衡量生成数据分布和真实数据分布的距离,仅通过优化 J-S 散度来训练生成对抗网络可能会找不到合适的优化目标,虽然DCGAN 在结果上产生了清晰的图片,但是生成对抗网络损失函数时的不能指示训练进程、容易梯度消失和模式坍塌等问题依然没有从本源上解决。

因此 WGAN 引入了 Wasserstein 距离来取代 J-S 散度以优化生成对抗网络。Wasserstein 度量是最优运输理论中的一个经典度量,表示在一个度量空间下两个概率分布之间的距离,一阶 Wasserstein 距离表达式为

$$W(p_r, p_g) = \inf_{\gamma \in \Pi(p_r, p_g)} E_{(x,y) \sim \gamma} \big[\parallel x - y \parallel \big]$$

其中 $\Pi(p_r, p_g)$ 为 p_r、p_g 所有联合分布的集合。当 p_r、p_g 这两个分布没有重叠时,一阶 Wasserstein 距离可以衡量这两个分布之间的距离,而对应的 K-L 散度为 $+\infty$,J-S 散度为 $\log 2$(自然对数底时为 1)。上式计算复杂且不可导,根据 Kantorovich-Rubinstein 对偶定理可得一阶 Wasserstein 距离的对偶形式

$$W(p_r, p_g) = \sup_{\parallel f \parallel_L \leqslant 1} E_{x \sim p_r} [f(x)] - E_{x \sim p_g} [f(x)]$$

其中的函数 f 需要满足 k-Lipchitz 条件,即

$$\parallel f \parallel_L = \sup_{x \neq y} \frac{|f(x) - f(y)|}{|x - y|} \leqslant 1$$

为了更便于优化,函数 f 的条件被适应地放松,只要满足 k-Lipchitz 即可,即目标函数被乘了一个系数,最优解的位置并没有改变。将函数 f 看作判别器网络,θ_D 为网络参数,假设所有可能 θ_D 的集合 Θ,对 $\theta_D \in \Theta$,$f(x)$ 满足 k-Lipchitz 连续,则一阶 Wasserstein 距离的对偶形式的上确界可以写为

$$\max_{\theta_D \in \Theta} E_{x \sim p_r} [f(x, \theta_D)] - E_{x \sim p_g} [f(x, \theta_D)]$$

为使 $f(x, \theta_D)$ 满足 k-Lipchitz 连续,需令其导数有界。在实际的优化过程中,对函数不作任何限制,在优化完成后对模型参数进行截断操作以近似导数有界,保证 $f(x, \theta_D)$ 在限制条件之内。最终生成模型的梯度为

$$\nabla_{\theta_G} W = -E_{z \sim p(z)} \big[\nabla_{\theta_G} f(g(z, \theta_G), \theta_D) \big]$$

Wasserstein 距离从理论上解决原始生成对抗网络梯度消失的问题,使训练变得稳定。判别器不再简单地判断样本是否来自生成器,目标函数不再是两个分布的比率,而是输出一个连续值以度量生成数据的分布与真实数据的分布,缓解了模型坍塌的问题,此时的判别器也称为**评论网络(Critic Network)**。

将 WGAN 应用于基于全连接网络的生成对抗网络和 DCGAN,可以使网络的训练更加稳定。如图 7.10 所示,左侧为基于全连接网络的生成对抗网络的训练过程,右侧为 DCGAN,可见随着损失值的下降,采样的生成样本质量越来越好。

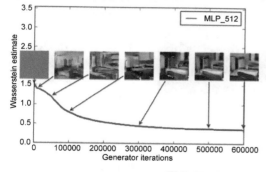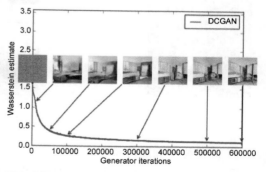

图 7.10 Wasserstein 距离度量训练结果

4. 应用

生成对抗网络作为一种生成式方法,其生成器通过深度神经网络实现,不限制生成维度,很大程度上拓宽了生成样本的范围,特别是对于图像。由于深度神经网络能拟合任意函数,也增加了设计的自由度,应用广泛。

1)图像生成

生成对抗网络最初便用在图像生成任务上,DCGAN、WGAN 等都能较好地生成图像。研究者们也一直致力于提升生成对抗网络的质量,LAPGAN 便是其中的典型代表,LAPGAN 设计时借鉴了**拉普拉斯金字塔(Laplacian Pyramid)**的方式,学习相邻层间的残差,从粗到细地生成图像。图 7.11 中,左侧为 LAPGAN 生成的图像示意,右侧为 LAPGAN 从粗到细生成图像的过程。

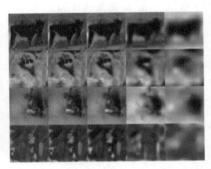

图 7.11   LAPGAN 生成图像

2)图像转换

图像转换是生成对抗网络中非常有趣的应用,其本质是一个像素到像素的映射问题,在保持图像中语义的基础上对图像的表现形式做出改变,例如将白天的照片变成夜晚,为黑白图像上色,将草稿图补充完整等,Isola 等人给出了一种使用条件生成**对抗网络(Conditional GAN)**进行图像转换的通用解决方案,其应用与效果见图 7.12。

图 7.12   LAPGAN 转换图像

3)图像修复和超分辨率

图像修复和超分辨率都是人们日常生活中非常实用的功能。图像修复只需要填补图像中缺失的区域，Pathak 等人提出了一种基于上下文像素预测的无监督学习算法，结合自编解码网络结构（Auto-Encoder）和生成对抗网络，使用自编解码学习图像特征，并结合上下文填充待修补区域，再使用判别器判断图像是修复的还是来自真实数据，当判别器无法判断是否为修复图时，可以认为修复的图像非常接近真实数据，其效果如图 7.13 所示。

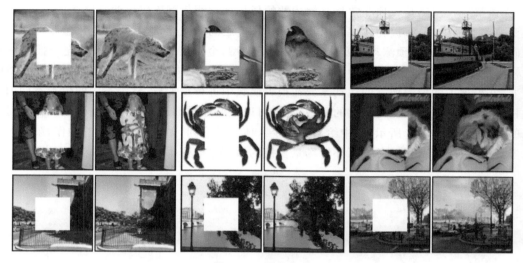

图 7.13 图像修复

超分辨率（**Super-Resolution，SR**）即通过硬件或软件的方法提高原有图像的分辨率，分为从多张低分辨率图像重建出高分辨率图像和从单张低分辨率图像重建出高分辨率图像。深度学习超分辨率主要是从单张低分辨率图像重建。Ledig 等人将生成对抗网络用于超分辨率重建，原理类似图像修复，用生成器进行超分辨率重建，判别器判断图片是来自超分辨率重建的图片还是真实图片，当判别器无法判断时说明超分辨率重建的图片非常接近真实图片。在比较图片质量时，常用的一个度量指标是峰值信噪比，但峰值信噪比高的重建图片，通常会丢失高频细节，不一定有好的视觉观感。对此，Ledig 等人提出了使用感知损失与对抗损失共同优化，使生成的图片更加逼真，如图 7.14 所示，第一张为插值放大的图像，第二张为 SR 重构的图像，第三张为使用感知损失优化后的重构图像，第四张为真实数据。

图 7.14 超分辨率重构

4）视频预测

无监督视频预测是指模型在没有外界监督的条件下，根据已有的观察生成未来的视频帧序列。视频预测需要对视频场景进行内部建模来预测未来视频中的场景，使机器得以提前决策，在机器人、自动驾驶和无人机等领域有广泛的应用。由于自然场景的复杂性和多样性，无监督视频预测是一项非常具有挑战性的任务。预测模型不仅要建立物体的外观模型，还要建立运动模型，掌握物体之间以及物体和环境之间的交互，这就要求视频预测建立一个准确理解视频内容和预测动态变化的内部表征模型，金贝贝等人提出让模型充分捕获并提取帧间的变化，相邻帧间的差异能够提供丰富的信息，反映物体的运动规律以及周围环境的演变，并根据不同位置像素的运动差异在损失函数中进行重加权，赋予不同的位置不同的损失权重，以此来克服预测时像素的平均效应，可以很好地预测人体动作的变化以及行走时步态的变换。如图 7.15 所示，图中给出了四个人体运动序列，第一行为预测的动作，第二行为真实数据。此外，对驾驶条件下环境场景变换的预测也取得了很好的效果。

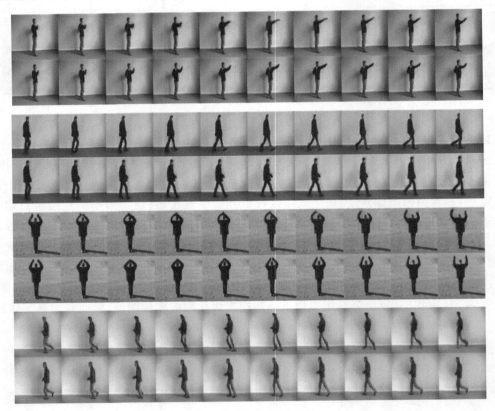

图 7.15　人体姿势预测

7.2　深度强化学习

强化学习（Reinforcement Learning，RL），又称增强学习，是机器学习中的一个领域，强调如何基于环境而行动，以取得最大化的预期利益。其灵感来源于心理学中的行为主义理论,即有机体如何在环境给予的奖励或惩罚的刺激下,逐步形成对刺激的预期,产生能获得最大利益的习惯性行为。这个方法具有普适性,因此在许多领域都有研究,例如博弈论、控制论、运筹学、信息论、仿真优化、多主体系统学习、群体智能、统计学以及遗传算法。

前面章节中主要介绍的是监督算法,一般情况下,监督学习方法依靠带有人工标注的数据。然而很多情况下人工标注是比较困难的。例如在自动驾驶过程中如果用监督学习的方法来进行赛车游戏,就要把当前的路况作为输入数据,把加速、刹车、转向等动作当前时刻的操作作为标签。那么训练一个赛车高手就需要收集大量的路状以及驾驶操作信息,这样的数据收集是比较麻烦的。而且对于不同的路状条件,即使给出了当前路状下"正确"的驾驶操作,也不能保证最后赛车能赢得游戏。但是可以通过大量的模拟数据,从最终游戏的结果倒推驾驶操作,通过反复试错来寻找正确的操作,进而制定赢得比赛的驾驶策略,这就是强化学习的基本思想。

7.2.1 强化学习模型

强化学习模型的结构包括两个部分:**智能体(Agent)**和**环境(Environment)**,如图 7.16 所示。智能体通过观察环境的**状态(State)**并获取反馈的**奖励(Reward)**来进行学习和决策,环境会受智能体**动作(Action)**影响而改变状态,并给智能体反馈一定的奖励。

智能体的全所动作 a 构成动作空间 A,环境的所有状态 s 构成状态空间 S,可用一个离散的序列化过程来描述强化学习。在时刻 t,智能体基于当前状态 s_t 发出动作 a_t,环境受到影响生成新的状态 s_{t+1} 并反馈奖

图 7.16 强化学习模型

励 $r_{t+1}=r(s_t,a_t,s_{t+1})$,这个过程循环反复就是强化学习的过程:$s_0,a_0,s_1,r_1,a_1,\cdots,s_t,r_t,a_t,\cdots$,智能体的目标就是要更加"正确"决策,以最大化累计奖励。其中,智能体根据环境状态来决策的方式称为**策略(Policy)**,用 $\pi(a\mid s)$ 表示,可以分为确定性策略(Deterministic Policy)和随机性策略(Stochastic Policy)。环境受智能体动作的影响转变为新状态的概率称为状态转移概率 $p(s_{t+1}\mid a_t,s_t)$,这个智能体与环境交互的过程可以用马尔可夫决策过程来描述(Markov Decision Process,MDP)

$$p(s_{t+1}\mid s_t,a_t,\cdots,s_0,a_0)=p(s_{t+1}\mid s_t,a_t)$$

时刻 t 之后的决策过程中回报(return)为

$$G_t=\sum_k \gamma^k r_{t+k+1}$$

其中 $\gamma\in[0,1]$,表示折扣因子,反映智能体在决策中考虑未来一段时间回报的折扣,γ 接近 0 表明这个智能体更着重于当前利益,γ 接近 1 表明这个智能体更多地考虑了将来可能的整体收益。

智能体可以在与环境的交互中获得奖励,但是回报是无法直接得到的,为了计算回报,就需要**值函数(Value Function)**来将环境所处的状态、状态-动作与回报关联起来,因此定义两个值函数:状态值函数和状态-动作值函数。

状态值函数(State Value Function)表示从状态 s 开始执行策略 π 得到的期望回报

$$V_\pi(s) = E_\pi[G_t \mid s_t = s] = E_\pi\left[\sum_k \gamma^k r_{t+k+1} \mid s_t = s\right]$$

对 $V_\pi(s)$ 展开,其中 s'、a' 为下个时刻的状态与执行的动作

$$
\begin{aligned}
V_\pi(s) &= E_\pi\left[\sum_k \gamma^k r_{t+k+1} \mid s_t = s\right] \\
&= E_\pi\left[r_{t+1} + \gamma \sum_k \gamma^k r_{t+k+2} \mid s_t = s\right] \\
&= \sum_a \pi(a \mid s) \sum_{s'} p(s' \mid s,a) \sum_{a'} \pi(a' \mid s')\left[r_{t+1} + \gamma \sum_k \gamma^k r_{t+k+2} \mid s_{t+1} = s'\right] \\
&= \sum_a \pi(a \mid s) \sum_{s'} p(s' \mid s,a)[r(s,a,s') + \gamma V_\pi(s')]
\end{aligned}
$$

可见状态为 s 时的值函数可由下个状态的值函数计算得出,也称为状态值函数的贝尔曼方程(Bellman Equation)。

状态-动作值函数(State-action Function),也称 Q 函数(Q-function),表示从状态 s 开始,智能体执行动作 a 得到的期望回报

$$Q_\pi(s,a) = E_{s'}[r(s,a,s') + \gamma V_\pi(s')]$$

状态值函数是状态-动作值函数关于动作 a 的期望

$$V_\pi(s) = \sum_a \pi(a \mid s) Q_\pi(s,a) = E_\pi[Q_\pi(s,a)]$$

同理,可以推导 Q 函数的贝尔曼方程

$$Q_\pi(s,a) = \sum_{s'} p(s' \mid s,a)\left[r(s,a,s') + \gamma \sum_{a'} \pi(a' \mid s') Q_\pi(s',a')\right]$$

值函数通过评估策略 π 来估计状态 s 后的期望回报,此状态下智能体执行动作 a 使用 $Q_\pi(s,a) > V_\pi(s)$,表示智能体执行动作 a 比执行当前策略 π 能获得更大的期望回报,因为智能体应该调整自身参数增大执行动作 a 的概率,即调整 $\pi(a|s)$,强化学习的关键任务就是建模策略 $\pi(a|s)$ 和值函数 $V_\pi(s)$、$Q_\pi(s,a)$。

7.2.2　强化学习分类

求解强化学习问题,可以通过建立对状态的估计来解决,或者通过直接建立对策略的估计来解决,据此强化学习的方法可以分为三类。

(1) **基于值函数的强化学习(Value-Based RL)**:在智能体中有对状态的值估计函数,没有直接的策略函数,策略函数由价值函数间接得到。这类方法中代表性的有动态规划(值迭代法)、基于蒙特卡洛法的强化学习和基于时间差分法的强化学习等。

(2) **基于策略函数的强化学习(Policy-Based RL)**:智能体的行为直接由策略函数产生,在智能体中并不维护一个对各状态价值的估计函数。这类方法中代表性的有基于策略梯度的强化学习、基于置信域策略优化的强化学习、基于确定性策略的强化学习和基于引导策略搜索的强化学习等。

(3) **演员-评判家算法(Actor-Critic)**:智能体中既有价值函数,也有策略函数,是一种结

合策略梯度和时序差分学习的强化学习。

基于值函数的强化学习通过潜在奖励估计动作的期望回报来选取动作,而基于策略函数的强化学习通过对策略抽样,估计其概率分布并增加期望回报大的动作被执行的概率。相较于基于值函数的强化学习,基于策略函数的强化学习在连续动作空间上更具优势,但是策略函数的解空间比较大时,采样不充分容易陷入局部最优解。演员-评判家算法结合了两种方法的优势,演员会根据策略的概率分布执行动作,评判家评估动作价值,加速了策略梯度的学习,有更好的收敛性。

7.2.3 深度强化学习

强化学习在电梯调度、作业车间调度、机器人技术等问题上取得了很大的成功,但是这些强化学习方法缺乏可扩展性,并且局限于低维的问题。这些限制的存在是因为强化学习本身存在的复杂性的问题:存储复杂性、计算复杂性以及机器学习算法中的样本复杂度。因此直接从如视觉、语音这样的高维感官输入学习控制智能体是强化学习一直以来面临的挑战。

为了克服这些困难,使用深度神经网络来使得智能体可以感知更复杂的环境状态,依靠深度神经网络强大的函数逼近能力建立更复杂的策略,提高强化学习算法的能力。**深度强化学习**(**Deep Reinforcement Learning**)是将强化学习和深度学习结合在一起,用强化学习来定义问题和优化目标,用深度学习来解决策略和值函数的建模问题,然后使用误差反向传播算法来优化目标函数。

2013年,DeepMind团队提出了开创性的**深度Q网络**(**Deep Q Network,DQN**),可以直接从输入的原始图像中学习算法、玩游戏,其智能体在雅达利(Atari)2600游戏中表现出远超人类玩家的水平。深度Q网络的重大意义在于它第一个令人信服地证明了强化学习智能体可以仅用奖励就在高维观测集上进行训练。深度Q网络的问世使得深度强化学习开始受到广泛的关注,深度Q网络变体层出不穷,研究者们针对深度Q网络的训练算法、网络结构做了大量改进,并为深度Q网络引入了新的学习机制。

深度Q网络已在许多领域取得了很大的进步,但是受限于值函数本身的性质,在面对连续动作空间时,只能输出离散的状态-动作值,深度Q网络在解决这方面问题时变得非常吃力。因此,深度学习方法开始与基于策略函数的强化学习结合,DeepMind的Lillicrap等人提出了**深度确定性策略梯度算法**(**Deep Deterministic Policy Gradient,DDPG**),基于演讲-评判家方法,使用一个深度神经网络来拟合策略函数和值函数并直接输出动作,是针对连续行为的策略学习方法。此外,**异步演员-评判家算法**(**Asynchronous Advantage Actor-Critic,A3C**)和**近端策略优化算法**(**Proximal Policy Optimization,PPO**)等方法也对策略梯度做了改进。A3C使用一个智能体随机探索,多个智能体共同探索并在线更新全局的策略,打破数据的相关性,也极大地缩短了训练的时间。近端策略优化算法在策略参数更新上进行改善以应用到大规模的策略更新中。由于PPO优异的性能,OpenAI科学家已经将其用作默认的深度强化学习算法。

7.2.4　深度 Q 网络

使用值函数可以评估策略 π,则最优策略 π^* 为

$$\forall s \in S,\quad \pi^* = \arg\max_{\pi} V_{\pi}(s)$$

但直接计算这个值函数是很难实现的,可以通过迭代的方式不断优化策略,直至最佳策略出现,因此可以假设一个新的策略 $\pi'(a|s)$

$$\pi'(a \mid s) = \arg\max_{a} Q_{\pi}(s,a)$$

执行 π' 可以得到更好的评估结果

$$\forall s \in S,\quad V_{\pi'}(s) \geqslant V_{\pi}(s)$$

由此,迭代求最优策略的方法为:先随机初始化一个策略,计算该策略的值函数,并根据值函数来设置新的策略,然后一直反复迭代直到收敛。问题的关键转为如何计算策略 π 的值函数。

Q-learning 是在基于值函数的强化学习中非常有代表性的一种算法,是一种异策略(off-policy)的时序差分算法,求 Q 函数的估计方法如下:

$$Q(s_t,a_t) \leftarrow Q(s_t,a_t) + \alpha[r_{t+1} + \gamma \max_{a_{t+1}} Q(s_{t+1},a_{t+1}) - Q(s_t,a_t)]$$

Q-learning 使用 $Q(s_t,a_t)$ 来直接估计最优状态函数,并且每一次都会把之前已经更新的模型应用在新的评估中。Q 学习算法如下:

输入:状态空间 S,动作空间 A

超参数:折扣率 γ,学习率 α

1. 随机初始化 $Q(s_t,a_t)$

2. 迭代求解

For each epoch:

　　随机选择一个初始化状态 S

　　While S 不是结束状态:

　　　　使用一种采样方式(如 $\varepsilon-greedy$)为状态 S 选择动作 a

　　　　执行动作 a,得到奖励 r 和下一状态 s'

　　　　$Q(s,a) \leftarrow Q(s,a) + \alpha[r + \gamma \max_{a'} Q(s',a') - Q(s,a)]$

　　　　$s \leftarrow s'$

传统强化学习算法在状态和动作空间中需要为 $Q_{\pi}(s,a)$ 建模来计算它的值,如果把这个函数值的计算由神经网络来拟合,就可以把深度神经网络对高维数据的表征能力和其强大的函数拟合能力引入 Q-learning 中,这样的网络就称为 Q 网络(Q-network),函数值 $Q_{\pi}(s,a)$ 转变为深度神经网络的输出 $Q(s,a|\theta)$,其中 θ 为神经网络的参数。对 Q-learning 采用随机梯度下降进行优化,其目标函数为

$$L(s,a,s' \mid \theta) = (r + \gamma \max_{a'} Q(s',a' \mid \theta) - Q(s,a \mid \theta))^2$$

在这个目标中,参数学习的目标依赖参数自身,这就造成了目标的不稳定。因此在实际

使用中,需要**冻结目标网络(Freezing Target Networks)**,在一个时段时冻结目标网络中的参数。此外,在训练时使用的数据往往具有很强的相关性,例如游戏过程中前一帧的数据和后一帧的数据会十分接近,这些相近的数据往往对应同一个动作,这样的数据直接用于网络训练是不好的。对此,可以构建一个经验池,将智能体最近使用过的数据预存在经验池中。训练时,从经验池中随机抽取一定数量的样本来进行训练,就可以打破相邻训练样本的相似性,避免产生错误的动作模式,陷入局部最优。

基于经验池的深度 Q 网络学习算法如下:

输入:状态空间 S,动作空间 A

超参数:折扣率 γ,学习率 α,冻结时间 T

1. 设置经验池大小 N,初始化经验池 D
2. 初始化 Q 网络的参数 θ,初始化目标 Q 网络参数 $\theta^* = \theta$
3. 迭代求解

For each epoch:

    随机选择一个初始化状态 S

    While S 不是结束状态:

        使用 $\epsilon-greedy$ 采样方式为状态 S 选择动作 a

        执行动作 a,得到奖励 r 和下一状态 s'

        将 (s,a,r,s') 存入经验池 D

        从经验池 D 中采样 $(\hat{s},\hat{a},\hat{r},\hat{s'})$,$(s,a,r,s') \leftarrow (\hat{s},\hat{a},\hat{r},\hat{s'})$

        If s' 为结束状态

            $y = r$

        Else

            $y = r + \gamma \max_{a'}[Q(s',a',\theta^*)]$

        计算损失 $(y-Q(s,a,\theta))^2$,通过 SGD 更新网络参数 θ

        冻结参数 $\theta * T$ 次后更新参数 $\theta^* \leftarrow \theta$

        $s \leftarrow s'$

输出:Q 网络的参数 θ

7.2.5 深度强化学习应用

近几年来,深度强化学习的成果层出不穷,闻名遐迩的便是 DeepMind 公司的围棋手 AlphaGO,而随着 AlphaGO 进化到 AlphaZero,深度强化学习研究的进展也是有目共睹,预示着深度强化学习的研究和应用进入了一个新的阶段。深度强化学习算法的应用也越来越广泛,例如,在机器人方面,深度强化学习算法可以直接从摄像头获取的图像中学习机器人的控制策略,而不再是从机器人状态的低维特征中学习,更无须再由机器人专家设计专门的控制器。深度强化学习算法可以用作**元学习**(**learn to learn**)的代理、机械臂抓取、自动驾驶汽车控制等。图 7.17 中给出了一些深度强化学习算法的实例:(a)Atari 游戏;(b)TORCS

赛车；(c)机器人模拟器到现实；(d)机械臂拧瓶盖、放立方体；(e)机器人视觉自主导航；(f)根据单词将注意力集中到图像对应的内容。

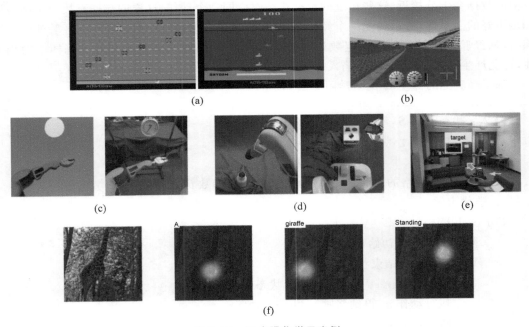

图 7.17　深度强化学习实例

7.3　迁移学习

迁移学习(Transfer Learning,TL)顾名思义就是将从一项任务中学习到的能力迁移到另一项任务中。这对于人类来说是最常用的学习方法之一,所谓"举一反三"指的就是将学习到的能力应用在不同的方面,例如我们学习了 C 语言之后再来学习 Python 就会很简单,学会了开汽车之后开卡丁车就很容易上手,练习了羽毛球之后再进行壁球练习也能很快学会。这对人类而言似乎是与生俱来的能力。而对于机器来说,进行迁移学习,就是利用虚拟数据来进行学习,所得模型对目标任务进行一些调整即可应用。这对于提高机器的能力是有很大帮助的,就像机器"站在了巨人"的肩膀上,例如进行机器翻译时,将中文转英语的模型迁移到日语转英语；在图像识别中将对 ImageNet 图像的分类迁移到医疗图像的分类；在自然语言处理方面,将舆论分析模型用于法律文件分类等。目前迁移学习方法在情感分类,图像分类,命名实体识别,WiFi 信号定位,自动化设计,翻译等问题上取得了很好的应用效果。机器学习专家吴恩达在 2016 年的 NIPS 上表示迁移学习的应用前景非常广,他认为迁移学习将是继监督学习后又一次井喷式的应用促进。机器学习发展历程如图 7.18 所示。

7.3.1　迁移学习的定义与分类

在许多机器学习和数据挖掘算法中通常有一个重要的假设：当前的训练数据和将来的训练数据在相同的特征空间且具有相同的分布。但是,在许多实际应用中,这种假设可能不

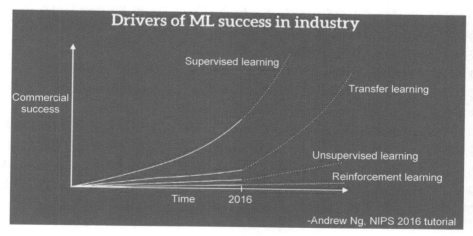

图 7.18　机器学习发展

成立。例如,我们有时需要在一个感兴趣的域中完成分类任务,但是我们仅在另一个域中有足够的训练数据,后者数据可以在不同的特征空间中遵循不同的数据分布。在这种情况下,如果能将学习到的知识转移,那么就可以避免昂贵的数据标签工作而且大大提高学习的效率。近年来,转移学习已成为解决这一问题的有效方法,图 7.19 形象地描述了传统机器学习方法与迁移学习的不同。

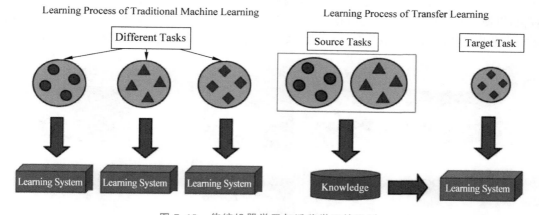

图 7.19　传统机器学习与迁移学习的区别

　　为了更好地描述问题,我们首先给出**域**和**任务**的定义:

　　域(Domain) $D=\{X,P(x)\}$ 由两部分组成:一个特征空间 X 及边际概率分布 $P(x)$,其中 $x=\{x_1,x_2,\cdots,x_n\}$。例如,在我们熟悉的图像分类任务中,x 即一个图像样本,特征 x_i 可以看作卷积神经网络中提取的一个特征,X 是所有特征的集合。

　　对于一个特定的域 $D=\{X,P(X)\}$,一个**任务(Task)** $T=\{Y,f(\cdot)\}$ 由两个部分组成:标签 Y 和目标函数 $f(\cdot)$,一般情况下 $f(\cdot)$ 难以直接给出,但是可以从训练数据 $\{X_i,Y_i\}$ 中通过学习得到,其中 $X_i \in X, Y_i \in Y$。函数 $f(\cdot)$ 可用于预测新实例 X 的相应标签 Y。从概率的角度上,$f(\cdot)$ 可以看作 $P(Y|X)$,因此任务也可以定义为 $T=\{Y,P(Y|X)\}$。

　　所谓**迁移学习(Transfer Learning,TL)**,就是在给定一个源域 D_S 和源域上的学习任务

T_S、目标域 D_T 和目标域上的学习任务 T_T 上,通过源域 D_S 和 T_S 来学习目标域 D_T 上的预测函数 $f_T(\cdot)$,其中 $D_S \neq D_T$ 或者 $T_S \neq T_T$。

根据迁移场景的不同,可将迁移学习分为三种。

(1) **归纳式迁移学习**(**Inductive Transfer Learning**):目标任务和源任务不同,目标域与源域可同可不同。归纳式迁移学习就是要用目标域中已有的一些标注数据生成一个目标域中的预测模型 $f_T(\cdot)$。

(2) **直推式迁移学习**(**Transductive Transfer Learning**):目标任务和源任务相同,目标域和源域不同。这种情况下,目标域中无已标注数据可用,而源域中有大量标注数据。

(3) **无监督迁移学习**(**Unsupervised Transfer Learning**):目标任务与源任务不同但相关。但是无监督迁移学习主要针对目标域中的无监督学习问题,如聚类、降维、密度估计。这种情况下,训练中源域和目标域都无已标注数据可用。

7.3.2　迁移学习的基本方法

1. 样本迁移(Instance-Based Transfer Learning)

在源域 D_S 中找到与目标域 D_T 相似的数据,根据一定的权重生成规则对数据样本进行权重调整,对数据样本进行重用。把这个数据的权值进行调整,使得新的数据与目标域的数据匹配。图 7.20 给出了样本迁移的例子,找到源域中与目标域中相似的样本,并加重该样本的权值,以便更好地利用源域中的数据,提高目标域任务的能力。样本迁移方法简单易实现,但是不太适用于源域与目标域数据分布相差较大的情况,而对样本的选择加权也依赖人的经验。

图 7.20　样本迁移示意图

2. 特征迁移(Feature-Based Transfer Learning)

特征迁移主要是通过引入源数据特征来帮助完成目标域的任务。若在源域和目标域含有一些相似的特征,则可以通过特征变换将源域和目标域映射到相同的空间,然后进行传统的机器学习。根据特征空间的不同又可以分为同构迁移学习与异构迁移学习,如图 7.21 所示,同构迁移学习的特征空间一致,异构迁移学习的特征不同,需要挖掘源域与目标域的交叉特征或者借助中间数据进行特征转换。

同构迁移学习

源域（图像）　　　　目标域（图像）

共同特征

异构迁移学习

源域（文本）　　　　目标域（图像）

两个黄鹂鸣翠柳，
一行白鹭上青天。

有文本标
记的图片

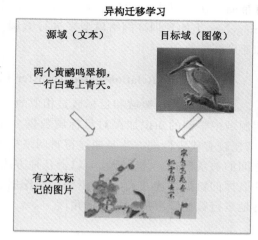

图 7.21　特征迁移示意图

3.　模型迁移（Parameter-Based Transfer Learning）

模型迁移就是把源域上训练完成的模型中的一部分应用到目标域任务的模型上。对于参数模型，可以将源域上训练完成的模型的参数的一部分或者全部用于任务域上的模型，模型迁移可以利用模型之间的相似性来提高模型的能力。如图 7.22 所示，在需要使用模型进行特征猫狗分类任务时，可以将在 ImageNet 上预训练的模型用于初始化猫狗分类模型。

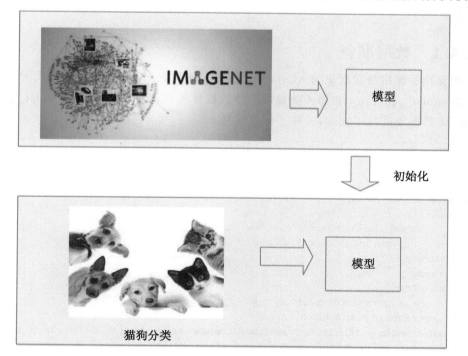

图 7.22　模型迁移示意图

特别是对于神经网络模型,模型迁移方法对提高神经网络的收敛速度、提升范化能力都有帮助。在使用神经网络进行目标预测、语义分割、深度估计、图像问答等方面都会使用在 ImageNet 上的预训练网络模型来进行微调(Fine-tuning),使得网络不容易出现梯度消失,加速训练的收敛。

4. 关系迁移(Relation-Based Transfer Learning)

关系迁移假设源域和目标域是相似的,可以将源域的一些逻辑关系应用到目标域。利用源域中学到的知识加深对目标域数据分布和性质的认识。目前的关系迁移研究相对较少,比较有代表性的方法是通过逻辑网络模型对这些域中的关系进行建模,进一步刻画数据之间的关系模式。关系迁移与以上几种方法截然不同,不再局限于数据样本、特征和模型这些具体的数据表述方式,而是更深刻地挖掘数据内部和数据之间的外在联系和相关性,为更好地进行数据学习提供了新的角度。

7.4　实践：生成对抗网络

在模型训练过程中,若数据集数量不够,不足以让模型收敛。最直接的解决方法是增加数据集,而人工收集图片数据并进行标注是很耗时的。在本节中我们将学习如何使用 7.1.2 节中提到的生成对抗网络来生成数据。

本实践代码已在 AI Studio 上公开,通过扫描上方二维码或访问 https://aistudio.baidu.com/aistudio/projectDetail/101810,可在页面中找到本章节对应实践代码。

7.4.1　数据准备

本次实践所使用的数据集为 MNIST 数据集。如代码清单 7.1 所示,定义了真实数据集提供器 mnist_generator 和加入随机噪声的数据集提供器 z_generator。mnist_generator 中对 mnist 数据集进行了处理,去除了图片标签。

代码清单 7.1　数据准备

```
z_dim = 100
def mnist_reader(reader):
    def r():
        for img, label in reader():
            yield img.reshape(1, 28, 28)
    return r
def z_reader():
    while True:
        yield np.random.normal(0.0, 1.0, (z_dim, 1, 1)).astype('float32')
mnist_generator = paddle.batch(
    paddle.reader.shuffle(mnist_reader(paddle.dataset.mnist.train()), 30000), batch_size = 128)
z_generator = paddle.batch(z_reader, batch_size = 128)()
```

7.4.2 网络配置

7.1.2 节中提到,生成对抗网络由生成器 G 和判别器 D 构成。生成器 G 不断学习训练集中真实数据的概率分布,目标是将输入的随机噪声转化为可以以假乱真的图片。判别器 D 判断一个图片是否真实,目标是将生成模型 G 产生的"假"图片与训练集中的"真"图片分辨开。

首先定义生成器 G,目标是生成新的数据样本。如代码清单 7.2 所示,生成器由两组全连接和 BN 层、两组转置卷积运算组成,其中最后一组的卷积运算的卷积核数为 1,因为输出图像为一个手写数字图片。

代码清单 7.2　生成器定义

```
def Generator(y, name = "G"):
    with fluid.unique_name.guard(name + "/"):
        # 第一组全连接和BN 层
        y = fluid.layers.fc(y, size = 1024, act = 'relu')
        y = fluid.layers.batch_norm(y, act = 'relu')
        # 第二组全连接和BN 层
        y = fluid.layers.fc(y, size = 128 * 7 * 7)
        y = fluid.layers.batch_norm(y, act = 'relu')
        # 进行形状变换
        y = fluid.layers.reshape(y, shape = (-1, 128, 7, 7))
        #第一组转置卷积运算
        y = fluid.layers.image_resize(y, scale = 2)
        y = fluid.layers.conv2d(y, num_filters = 64, filter_size = 5, padding = 2, act = 'relu')
        #第二组转置卷积运算
        y = fluid.layers.image_resize(y, scale = 2)
        y = fluid.layers.conv2d(y, num_filters = 1, filter_size = 5, padding = 2, act = 'relu')
    return y
```

接下来进行判别器 D 的定义,判别器的目标是尽量判别输入是来自真实数据还是新生成的样本。如代码清单 7.3 所示,判别器由三组卷积池化层和一个全连接层组成。

代码清单 7.3　判别器定义

```
def Discriminator(images, name = "D"):
    def conv_bn(input, num_filters, filter_size):
        y = fluid.layers.conv2d(input = input,
                                num_filters = num_filters,
                                filter_size = filter_size,
                                stride = 1,
                                bias_attr = False)
        y = fluid.layers.batch_norm(y, act = "leaky_relu")
        return y
    with fluid.unique_name.guard(name + "/"):
        # 第一组卷积池化
```

```
        y = conv_bn(images, num_filters = 32, filter_size = 3)
        y = fluid.layers.pool2d(y, pool_size = 2, pool_stride = 2)
        # 第二组卷积池化
        y = conv_bn(y, num_filters = 64, filter_size = 3)
        y = fluid.layers.pool2d(y, pool_size = 2, pool_stride = 2)
        # 第三组卷积池化
        y = conv_bn(y, num_filters = 128, filter_size = 3)
        y = fluid.layers.pool2d(y, pool_size = 2, pool_stride = 2)
        # 全连接输出层
        y = fluid.layers.fc(y, size = 1)
    return y
```

以上分别定义了生成器 Generator 和判别器 Discriminator。接下来定义训练用的 Program。如代码清单 7.4 所示，train_d_real 作用为训练判别器识别真实的图片，train_d_fake 作用是训练判别器识别加入噪声的图片，train_g 作用是训练判别器识别生成器生成的假图片。

代码清单 7.4　创建 Program

```
train_d_fake = fluid.Program()
train_d_real = fluid.Program()
train_g = fluid.Program()
startup = fluid.Program()
```

由于在接下来的训练过程中要同时对 train_d_real、train_d_fake、train_g 进行训练，三者参数的更新不应该互相影响。如代码清单 7.5 所示，定义了 get_params 方法，用于从程序中获取 prefix 开头的参数名字。

代码清单 7.5　获取参数

```
# 从 Program 获取 prefix 开头的参数名字
def get_params(program, prefix):
    all_params = program.global_block().all_parameters()
    return [t.name for t in all_params if t.name.startswith(prefix)]
```

train_d_real 作用为训练判别器识别真实的图片，如代码清单 7.6 所示。

代码清单 7.6　训练判别器，识别真实图片

```
# 训练判别器 D 识别真实图片
with fluid.program_guard(train_d_real, startup):
    real_image = fluid.layers.data('image', shape = [1, 28, 28])
    ones = fluid.layers.fill_constant_batch_size_like(real_image, shape = [-1, 1], dtype =
'float32', value = 1)
    p_real = Discriminator(real_image)
    real_cost = fluid.layers.sigmoid_cross_entropy_with_logits(p_real, ones)
    real_avg_cost = fluid.layers.mean(real_cost)
    d_params = get_params(train_d_real, "D")
```

```
optimizer = fluid.optimizer.AdamOptimizer(learning_rate = 2e - 4)
optimizer.minimize(real_avg_cost, parameter_list = d_params)
```

train_d_fake 作用是训练判别器识别加入噪声的图片,如代码清单 7.7 所示。

代码清单 7.7　训练判别器,识别生成器图片为假图片

```
with fluid.program_guard(train_d_fake, startup):
    z = fluid.layers.data(name = 'z', shape = [z_dim, 1, 1])
    zeros = fluid.layers.fill_constant_batch_size_like(z, shape = [ - 1, 1], dtype = 'float32',
value = 0)
    p_fake = Discriminator(Generator(z))
    fake_cost = fluid.layers.sigmoid_cross_entropy_with_logits(p_fake, zeros)
    fake_avg_cost = fluid.layers.mean(fake_cost)
    d_params = get_params(train_d_fake, "D")
    optimizer = fluid.optimizer.AdamOptimizer(learning_rate = 2e - 4)
    optimizer.minimize(fake_avg_cost, parameter_list = d_params)
```

train_g 作用是训练判别器识别生成器生成的假图片,如代码清单 7.8 所示。

代码清单 7.8　训练判别器,识别生成器图片为假图片

```
with fluid.program_guard(train_g, startup):
    z = fluid.layers.data(name = 'z', shape = [z_dim, 1, 1])
    ones = fluid.layers.fill_constant_batch_size_like(z, shape = [ - 1, 1], dtype = 'float32',
value = 1)
    fake = Generator(z)
    infer_program = train_g.clone(for_test = True)
    p = Discriminator(fake)
    g_cost = fluid.layers.sigmoid_cross_entropy_with_logits(p, ones)
    g_avg_cost = fluid.layers.mean(g_cost)
    g_params = get_params(train_g, "G")
    optimizer = fluid.optimizer.AdamOptimizer(learning_rate = 2e - 4)
    optimizer.minimize(g_avg_cost, parameter_list = g_params)
```

7.4.3　模型训练与预测

首先进行 Executor 的创建,代码如代码清单 7.9 所示。

代码清单 7.9　Executor 的创建

```
place = fluid.CPUPlace()              # 定义运算场所为CPU
exe = fluid.Executor(place)           # 创建执行器
exe.run(startup)                      # 初始化Program
```

如代码清单 7.10 所示,获取测试需要的噪声数据,获取预测图片。

代码清单 7.10　测试数据准备

```
test_z = np.array(next(z_generator))
```

通过不断更新判别器的参数,使得判别器的识别能力越来越强。不断更新生成器的参数,使得生成器生成的图像越来越逼近真实图像。在每一轮训练结束后,都进行一次预测,输入生成器生成的图片并显示出来。

接下来开始训练,不断更新生成器和判别器的参数,使得生成器生成的图像越逼真,判别器对图片的识别能力越来越强。如代码清单 7.11 所示,每轮训练结束后,打印一次误差值,并进行一次预测。show_image_grid()方法的主要功能是构建 8×8 的图片阵列,并可视化预测的图片,如图 7.23 所示。

代码清单 7.11　训练与预测

```
for pass_id in range(5):
    for i, real_image in enumerate(mnist_generator()):
        r_fake = exe.run(program = train_d_fake,
                         fetch_list = [fake_avg_cost],
                         feed = {'z': np.array(next(z_generator))})
        r_real = exe.run(program = train_d_real,
                         fetch_list = [real_avg_cost],
                         feed = {'image': np.array(real_image)})
        r_g = exe.run(program = train_g,
                      fetch_list = [g_avg_cost],
                      feed = {'z': np.array(next(z_generator))})
    print("Pass: % d, fake_avg_cost: % f, real_avg_cost: % f, g_avg_cost: % f" % (pass_id, r
_fake[0][0], r_real[0][0], r_g[0][0]))
    r_i = exe.run(program = infer_program,
                  fetch_list = [fake],
                  feed = {'z': test_z})
    # 显示生成的图片
    show_image_grid(r_i[0], pass_id)
```

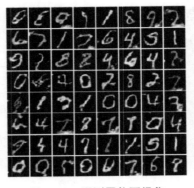

图 7.23　预测图片可视化

7.5 习题

1. 根据 KL 散度的计算公式,说明为什么变分自编码器要使用正态分布而不能使用均匀分布。

2. 为什么生成对抗网络会有梯度消失和模式坍塌?

3. 试用 Python 计算 Wasserstein 距离。

4. 证明:若强化学习中每一个动作反馈的奖励有上界 R_{max},则回报也是有界的。

第8章 深度学习应用： 计算机视觉

在第 6 章介绍卷积神经网络时,给出了一些非常典型的卷积神经网络模型,并对这些模型的分类能力进行了评估,所谓图像分类是为一组新的测试图像的类别进行预测,如图 8.1 所示。图像分类任务是计算机视觉的核心,实际应用广泛,图像分类对于人类来说是个十分简单的问题,而对于计算机来说却并不容易,在计算机中图像由一个三通道的矩阵表示,面临视点变化、尺度变化、类内变化、图像变形、图像遮挡、照明条件变化和背景杂斑等众多难题。而卷积神经网络在解决图像分类问题上已经超越了人类的水平。

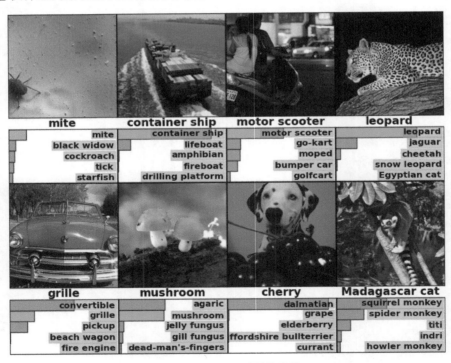

图 8.1 AlexNet 对图像分类

而卷积神经网络的能力强大,其结构特别适用于解决计算机视觉任务,分类只是任务之一,另外两个核心任务便是目标检测和语义分割。本章主要介绍卷积神经网络在目标检测和语义分割中的应用。

8.1　目标检测

　　目标检测(**Object Detection**)也称物体检测,需要识别图像中存在的物体,并给出这些物体在图像中的位置。相较于图像分类给出物体的类别,目标检测还会涉及为各个对象输出边界框(Bounding-Box,BBox),并且需要对很多对象进行分类和定位,而不仅仅是对个别主体对象进行分类和定位,如图 8.2 所示。物体分类与检测在很多领域都有广泛的应用,例如安防领域的人脸识别、行人检测、智能视频分析等,交通领域的车辆计数、车牌检测与识别等。

图 8.2　目标检测

　　Pascal VOC 是世界计算机视觉领域知名的竞赛,比赛中参赛者要对人、猫、鸟、飞机、汽车、船、盆栽等 20 类物体进行检测。由于 Pascal VOC 数据中类别有限,样本数量较少,微软、Facebook 等公司联合发布了数据集 MS COCO(Microsoft COCO:Common Objects in Context)。数据集以场景理解为主要目标,数据集中的图像主要从复杂的日常场景中截取,并精确标定图像中的目标位置,图像包括 91 类目标,328 000 张图像和 2 500 000 个标张。这是当前目标检测中使用最多的数据集。基于卷积神经网络的目标检测方法在 Pascal VOC 的目标检测中使 mAP 从 46% 提升到 95%,已经基本解决 Pascal VOC 的目标检测问题,而先进的目标检测方法在 COCO 目标检测中 mAP 也已经超过 50%,而且检测速度也有明显的提升。此外还有针对自动驾驶环境下的三维目标检测的数据集 KITTI。

　　本节主要介绍图像的目标检测,在接下来的小节中首先将简要介绍传统目标检测的方法,然后介绍基于卷积神经网络的两类检测方法:基于区域的卷积神经网络目标检测和基于回归的卷积神经网络目标检测。

8.1.1　传统目标检测

　　在传统的目标检测方法中,一般性的方案框架有三个阶段。

　　(1) 候选区域生成:给出物体可能出现的建议区域。通常使用不同尺寸的滑动窗口框,在给定图像的不同位置处选取候选区域。

　　(2) 特征提取:对候选区域进行特征提取,包括图像的颜色、纹理和空间特征等,如最具代表性的是 SIFT 特征。

　　(3) 分类器分类:根据提取的特征使用一种分类方法对候选区域中的内容进行分类。

　　候选区域生成,也称**区域提名**(**Region Proposal**),目标是尽可能准确地给出物体的可能位置(Region of Interest,RoI),其结果与检测结果的召回率(Recall)有很大的关系。使用不同尺寸的滑动窗口框遍历全图的方法是最基本的方法,但是对不同尺寸、不同位置的窗口都要进行重复计算,代价太大。候选区域建议算法克服滑动窗口的缺点,能在图像上生成需要数量(一般为数百到数千)的候选区域,并尽量使得目标出现在这些区域的概率大。常见候选区域建议算法为选择性搜索(Selective Search,SS)或者边界框(EdgeBox)。选择性搜索算法先利用基于图的图像分割方法得到小尺度的区域,然后根据颜色、纹理、尺寸和空间交叠计算相邻区域之间的相似度,迭代合并相似度大的相邻区域得到大尺寸的区域,如图 8.3 所示。

图 8.3   选择性搜索生成候选区域

在传统目标检测算法框架中特征提取的好坏对最后的结果影响极大,直接关系后续分类结果的准确性。经典的人脸检测算法通常选用 Harr 特征和 Adaboost 分类器,在滑动窗口搜索区域中进行人脸检测。多尺度形变部件模型(Deformable Part Model,DPM)则利用梯度直方图特征(Histogram of Gradient,HOG),并使用支持向量机作为分类器。DPM 认为物体由多个部件组成,并用部件间的关系来描述物体,在人脸检测、行人检测等任务上取得了不错的效果。

传统目标检测算法存在两个方面的问题。

(1) 特征工程:需要人工从图像中获取有关的目标特征信息。针对某种特定的检测任务,人工设计不同的方法。对不同的目标或者同一目标的不同形态,需要不同的特征。鲁棒性和可移植性差。

(2) 传统方法多采用滑动窗口进行遍历搜索,把图片分成各种尺度和大小的区域,然后识别筛选。这种方法没有针对性,时间和空间复杂度都很高,在实践中难以真正使用。

8.1.2   基于区域的卷积神经网络目标检测

2014 年,基于卷积神经网络的物体检测方法 R-CNN 将 Pascal VOC 2007 目标检测的mAP 从 24% 提升到 48%,并在后续衍进的方法中不断取得更高的准确度,开启了目标检测的新篇章。这一类方法继承了传统物体检测的思想,生成目标的候选区域,然后对候选区域进行分类,是两阶段的检测方法。

1. R-CNN

R-CNN 由 Ross Girshick 提出，使用选择性搜索算法产生候选区域（约 2000 个），再用卷积神经网络对候选区域中的内容进行分类，如图 8.4 所示。

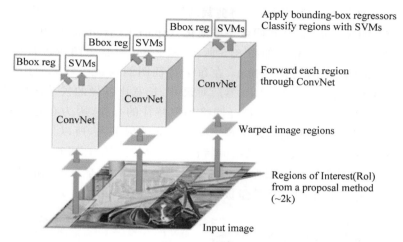

图 8.4 R-CNN

其主要步骤如下：

（1）生成候选区域：输入原始图像，使用选择性搜索算法产生 2000 个左右的候选区域（RoI），以尽量包含目标可能会出现的区域；

（2）候选区域缩放：将裁剪下的所有候选区域缩放到固定大小（如卷积神经网络常用的输入大小 224×224）；

（3）特征提取：使用卷积神经网络提取候选区域的特征，得到 4096 维的特征向量；

（4）候选区域分类：使用已经预训练好的支持向量机对 2000 多个 4096 维的特征向量进行分类，需要对每一个类别训练一个支持向量机；

（5）非极大值抑制（Non-Maximum Suppression，NMS）：对每一类候选区域进行非极大抑制去除冗余，保留分类得分高且重合较少的区域；

（6）边界精调：使用一个线性回归器来精调边框的位置，使预测边框的位置与真实的位置更加接近，需要对每一个类别训练一个线性回归器。

R-CNN 虽然在目标检测上有很好的效果，但依然存在许多问题。

（1）大量冗余计算：R-CNN 使用了选择性搜索算法产出了 2000 多个候选区域，对每个候选区域要进行一次卷积神经网络的前向传播，总共要进行 2000 多次前向传播，这样的计算量即使是使用 GPU 进行加速，每处理一张图像仍需要 13 秒。

（2）候选区域缩放：由于卷积神经网络中全连接层的存在，输入网络的数据尺寸是固定的，为了将所有候选区域都能输入到卷积神经网络中，强制将所有候选区域缩放到 227×227 的尺寸，导致部分图像失真。

（3）训练过程复杂：在对候选区域进行分类和精调时分别使用了支持向量机与线性回归器，因此需要分别训练卷积神经网络、支持向量机与线性回归器，过程复杂且缓慢，而且无法将最后的损失传回到卷积神经网络，会造成一定的精度损失。此外在训练过程中需要保存神经网络产生的特征,每张图像大约有 2000×4096 维的特征,保存所有图像的特征也要占用大量的空间资源。

2. SPP-Net

针对 R-CNN 进行目标检测时需要将剪裁的候选区域缩放到尺寸固定并存在大量冗余计算的问题,何恺明等人提出了**"空间金字塔池化"**(**Spatial Pyramid Pooling,SPP**)的方法来消除上述限制并设计了 SPP-net,如图 8.5 所示,SPP-net 对整个图像进行特征提取,其中 SPP 模块取代了原来的裁剪与拉伸操作,在每个特征图的候选区域上应用空间金字塔池化,使得这个候选区域用固定长度表示,然后对尺寸、长宽比各异的候选区域提取相同维度的特征。SPP-net 只执行了一次卷积神经网络提取特征的操作,因为在卷积神经网络中可以根据感受野计算特征图与原始输入图像之间的空间映射关系,所以只需要将选择性搜索在图像上生成的 2000 多个候选区域映射到特征图对应的区域,即可得到候选区域的特征,而不必在每个候选区域上都用卷积神经网络提取特征。这种共享特征图的机制使得特征提取次数从 2000 多次锐减到 1 次,计算量极大地减少。

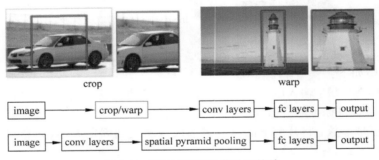

图 8.5 SPP 结构取代裁剪和缩放

SPP 层插入在所有卷积层与全连接层之间,为了对尺寸和长度比都不同的候选区域提取固定长度的特征,如图 8.6 所示。候选区域映射到特征图上的区域被论文作者称为窗口

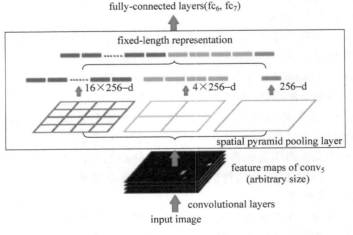

图 8.6 SPP 层结构

（window），SPP 层使用空间金字塔采样的方法，提取了多尺度的特征，计算最小尺度的特征时将 $w \times h$ 的窗口划分为 4×4 的块（block），对每个块进行 Max pooling 操作，得到 16×256 的特征，其中 256 是 SPP 层前特征图的通道数。同理再进行其他尺度的特征提取，并把特征拼接起来得到 $(4 \times 4 + 2 \times 2 + 1 \times 1) \times 256$ 的特征向量送入全连接层。

SPP-net 进行目标检测时的主要步骤如下：

（1）生成候选区域：输入原始图像，使用选择性搜索算法产生 2000 个左右的候选区域（RoI），以尽量包含目标可能会出现的区域；

（2）特征提取：使用卷积神经网络提取整个图像的特征图；

（3）空间池化采样：将所有候选区域映射到上一步输出的特征图上，对每个窗口进行 SPP 操作，得到固定长度的特征送入全连接层；

（4）候选区域分类：使用已经预训练好的支持向量机对 2000 多个窗口产生的特征向量进行分类，需要对每一个类别训练一个支持向量机；

（5）边界精调：使用一个线性回归器来精调边框的位置，使预测边框的位置与真实的位置更加接近，需要对每一个类别训练一个线性回归器；

（6）NMS 去重。

SPP-net 如图 8.7 所示。SPP-net 对 R-CNN 进行了改进，极大加快了目标检测的速度，并且用 SPP 替代候选区域的裁剪和缩放，但是其训练过程与 R-CNN 一样，卷积神经网络、支持向量机和线性回归器分开训练，并且需要保存大量的中间特征。

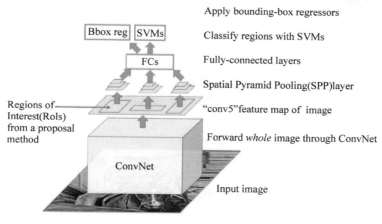

图 8.7 SPP-net

3. Fast-RCNN

为了解决 R-CNN 和 SPP-net 遗留下来的问题，Ross Girshick 在原有框架的基础上进行优化提出了 Fast-RCNN。Fast-RCNN 使用神经网络进行最后的各候选区域的分类和边界框精调，不再使用支持向量机和线性回归线，解决了梯度不能最终损失回传的问题。Fast-RCNN 参考了 SPP 层的设计提出了 RoI Pooling，不仅能将选择性搜索算法得到的候选区域映射到特征图上，并且能将梯度回传，这样分类损失和边界框精调的回归损失就能用于整个神经网络的训练，如图 8.8 所示。

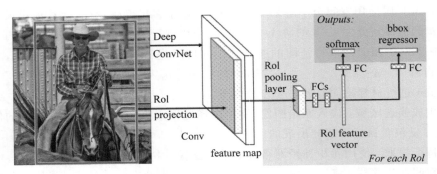

图 8.8   Fast R-CNN 框架

RoI Pooling 可以看作一个简化的 SPP 模块，RoI Pooling 操作中将候选区域映射到特征图上的区域称为**兴趣区域**（**Region of Interest，RoI**），并且舍弃了多尺度的特征，只将 RoI 划分为 7×7 的块后进行 Max pooling 操作，得到 $7 \times 7 \times 256$ 的特征，其中 256 是特征图的通道数，并将这个特征向量送出全连接层，如图 8.9 所示。由于只使用了 Max pooling，在梯度反向传播时只需要将梯度传回原位置，对传回原位置的梯度累加即可。

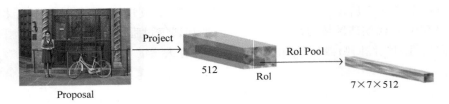

图 8.9   RoI Pooling

由全连层构成了两个分支：分类分支和边界框预测分支。在分类分支中，特征向量经过全连接层后接 Softmax 层进行 $K+1$ 分类，除了物体的类别 K，还需要加上一个类别——背景，使用 Softmax loss 计算损失

$$L_{cls}(p,u) = -\log p_u$$

其中 p 表示每个 RoI 在 $K+1$ 个分类中的离散概率分布 $p = (p_0, p_1, \cdots, p_K)$，$u$ 表示真实类别。

在边界框预测分支，只计算目标的 R 类 RoI 对应的边界框的值 $t^u = (t_x^u, t_y^u, t_w^u, t_h^u)$，并计算预测的边界框的值 t^u 与真实边界框的值 $v = (v_x, v_y, v_w, v_h)$ 的 $smooth_{L1}$ 损失

$$L_{loc}(t^u, v) = \sum_{i \in \{x,y,w,h\}} smooth_{L1}(t_i^u, v_i)$$

其中 $smooth_{L1}$ 损失为

$$smooth_{L1} = \begin{cases} 0.5x^2, & |x| < 1 \\ |x| - 0.5, & |x| \geqslant 1 \end{cases}$$

这支分类的损失的总和构成 Fast-RCNN 的多任务损失函数

$$L(p,u,t^u,v) = L_{cls}(p,u) + \lambda[u \geqslant 1] L_{loc}(t^u,v)$$

其中 λ 为权重因子，$[u \geqslant 1]$ 表示 $u \geqslant 1$ 时取 1，否则取 0，即背景不计算边界框损失，注意在计算边界框损失时为了更高的精度，并没有使用边界框的绝对坐标而是使用了相对偏移量。

Fast-RCNN 进行目标检测时的主要步骤如下：

（1）生成候选区域：输入原始图像，使用选择性搜索算法产生 2000 个左右的候选区域（RoI），以尽量包含目标可能会出现的区域；

（2）特征提取：使用卷积神经网络提取整个图像的特征图；

（3）RoI Pooling：将所有候选区域映射到上一步输出的特征图上，经过 RoI Pooling 得到固定长度的特征送入全连接层；

（4）候选区域分类与边界精调：经过两个全连接层后，特征再分别进入分类分支判断类别和边界框预测分支进行位置精调；

（5）NMS 去重。

Fast-RCNN 如图 8.10 所示。Fast-RCNN 在之前框架上有了更大的改进，RoI Pooling 连接了候选区域与特征图，使得信息可以沿网络正反两向传递；使用神经网络进行分类与边界框精调，并通过多任务损失函数训练，减轻了网络的训练工作，同时这种端到端的训练也有助于精度提高。Fast-RCNN 将 Pascal VOC 2012 上的 mAP 提高到 68.4%，并且速度上有了极大的提高。为了进一步提高速度，作者还使用 SVD 将全连接层的参数矩阵进行分解，以减少全连接层的乘加运算。表 8.1 对比了 Fast-RCNN 与 R-CNN、SPP-net 的性能和速度。

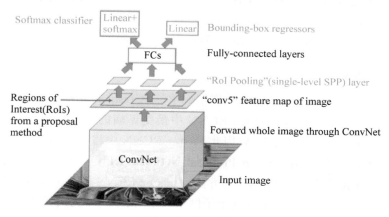

图 8.10　Fast-RCNN

表 8.1　Fast-RCNN 与 R-CNN、SPP-net 的性能和速度对比

| | Fast R-CNN | | | R-CNN | | | SPPnet |
	S	M	L	S	M	L	†L
train time(h)	**1.2**	2.0	9.5	22	28	84	25
train speed up	**18.3×**	14.0×	8.8×	1×	1×	1×	3.4×
test rate(s/im)	0.10	0.15	0.32	9.8	12.1	47.0	2.3
▷ with SVD	**0.06**	0.08	0.22	-	-	-	-
test speedup	98×	80×	146×	1×	1×	1×	20×
▷ with SVD	169×	150×	**213×**	-	-	-	-
VOC07 mAP	57.1	59.2	**66.9**	58.5	60.2	66.0	63.1
▷ with SVD	56.5	58.7	66.6	-	-	-	-

Fast-RCNN 初步完成了网络端到端的训练，如图 8.11 所示。但是从图像生成候选框还不是由网络完成，距离完全的端到端训练还有一步之遥。

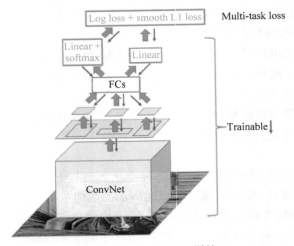

图 8.11　Fast-RCNN 训练

此外,框架优化后的 Fast-RCNN 速度已经有了很大的提高,但是依然不能实时运行,这主要是因为 Fast-RCNN 算法中的候选框由选择性搜索算法生成,选择性搜索算法在 CPU 上运行,运行速度较慢,占用了全部检测过程 2/3 的时间。

4. Faster-RCNN

在 Fast-RCNN 的基础上,任少卿、何凯明和 Ross Girshick 联袂完成了端到端的目标检测的最后一步——Faster-RCNN。Fast-RCNN 中最受诟病的一点是使用选择性搜索产生候选区域,其速度慢、准确率有待提高,因此 Faster-RCNN 中将这个部分也使用一个神经网络来实现,称为**区域提名网络**(**Region Proposal Network,RPN**),而特征提取、RoI Pooling、分类与分界框回归沿用了 Fast-RCNN 的方法。Faster-RCNN 使用一个主干网络提取特征网,这个特征图由 Faster-RCNN 中的两个子网络共享,其中一个完成候选区域生成,一个完成目标分类与边界框回归,RoI Pooling 成为连接这两个子网络的桥梁,如图 8.12 所示。

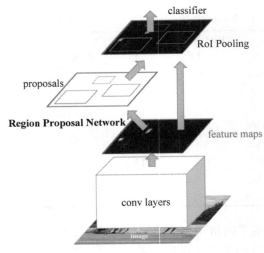

图 8.12　Faster-RCNN

Faster-RCNN 真正实现了目标检测端到端的训练与预测,这种候选区域分成-分类回归的网络框架也成了两阶段目标检测算法的原型。

Fast-RCNN 进行目标检测时的主要步骤如下:

(1) 特征提取:使用卷积神经网络提取整个图像的特征图,此特征图被 RPN 与目标分类回归子网络共享;

(2) 生成候选区域:上一步中提取的特征图输入到 RPN 中产生候选区域,并挑选出一定数量的候选区域(Faster-RCNN 挑选了生成时得分高的 2000 个候选区域作训练,挑选了 300 个作预测);

(3) RoI Pooling:将所有候选区域映射到上一步输出的特征图上,经过 RoI Pooling 得到固定长度的特征送入全连接层;

(4) 候选区域分类与边界精调:经过两个全连接层后特征再分别进入分类分支判断类别和边界框预测分支进行位置精调;

(5) NMS 去重。

5. 区域提名网络(Region Proposal Network,RPN)

Faster-RCNN 的关键就在于区域提名网络 RPN,RPN 的目标是生成图片中的边界框,其输出是类别与边界框的位置,因为只需要判断目标是否存在于边界框中,故只需要分为前景和背景两类。边界框是具有不同尺寸和长宽比的矩形,为了表示这些矩形,作者引入了锚点(Anchors)的概念,指一系列放置在图像上的固定尺寸的边界框的中心,如图 8.13 所示,第一个图中的 anchor 伴随了 9 个边界框,其长宽比为 1:1,1:2,2:1,尺寸为 1,2,3,故有 9 种组合。第二个图表示 anchor 伴随了 9 个在输入图像中对应的边界框(注意特征图到输入图像有一定尺寸的空间映射),第三个图是所有 anchor 的边界框都布放在图像上,这样的 anchor 设计一般包含了目标所在的区域。注意,部分文献中 anchor 也表明固定尺寸的边界框,因此需要根据上下文来理解文中 anchor 的含义。

图 8.13　锚点(anchor)与边界框

在提取的 $H_F \times W_F$ 特征图的每个点上创建 anchor(默认为 9 种边框,$k=9$),并用卷积提取其所在窗口(window)的特征,输出 256 维的向量,分别送入分类与回归分支。在分类分支中,k 个边框对应目标与背景两类,因此 256 维的向量转化为 $2k$ 个输出;同理在回归

分支中 k 个边框对应边界框左上角顶点的位置与边界框大小 (x,y,w,h)，256 维的向量转化为 $4k$ 个输出，如图 8.13 所示。实践过程中更常使用左上角顶点的相对位置与边框相对大小。

　　RPN 输出了所有预测边界框的类别与位置后，需要根据真正的边界框来定义预测边界框的正负样本，以进行网络训练。其中，预测边界框与真实边界框的 IoU(Intersection over Union)大于 0.5 的定义为正样本，大于等于 0.1 小于 0.5 的定义为负样本。在训练 RPN 时，使用类似 Fast-RCNN 的多任务损失，其中分类损失为 Softmax loss，回归损失为 Smooth L1 loss。RPN 可以单独训练，也可以与后续子网络共同训练，研究发现联合训练后的 RPN 可以获得更好的性能，产生质量更好的候选区域。区域提名网络 RPN 如图 8.14 所示。

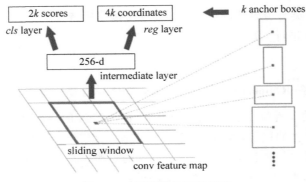

图 8.14　区域提名网络 RPN

　　从 R-CNN、Fast-RCNN 发展到 Faster-RCNN，基于区域的检测方法开始成熟，其精度与速度都有了很大的提高，Faster-RCNN 在 Pascal VOC 2012 中的 mAP 达到 78.8%，速度达到处理一张图像 198ms。Faster-RCNN 也成为两阶段目标检测的标准框架，随之更多优秀的方法涌现而来，如 R-FCN、Cascade R-CNN 等。

8.1.3　基于回归的卷积神经网络目标检测

　　Faster-RCNN 虽然取得了较高的检测精度，但是这种基于区域的检测方法包含候选区域生成与分类回归两个阶段，其速度还是达不到实时检测的要求。而基于回归的卷积神经网络目标检测方法不再将检测分为两个阶段，而从输入图像的位置上直接回归这个位置的边框和分类。

1. YOLO

　　YOLO 即 You Only Look Once 的简称，YOLO 算法实现了卷积神经网络端到端的目标检测，其过程非常简洁，如图 8.15 所示。

　　YOLO 进行目标检测时的主要步骤如下：

　　(1) 缩放图像：将输入图片缩放至 448×448，然后送入 CNN 网络；

　　(2) 预测边界框：将图像分割为 $S×S$ 的网格，每个网格对应 B 个边界框(假设物体的

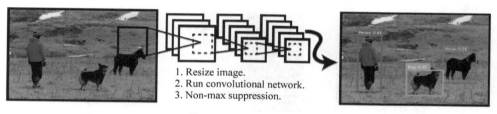

图 8.15 YOLO 流程图

中心在这个网格中），运行网络，预测所有网格对应的边框界位置，并对网络中的内容进行分类；

（3）非极大值抑制：执行 NMS 算法去除重复边界框。

为了获得更快的速度，YOLO 中使用了一个精简高效的网络，其结构如图 8.16 所示。

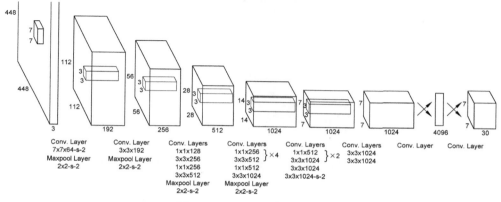

图 8.16 YOLO 网络结构图

YOLO 算法中，输入的图像被分割为 $S \times S$ 的网格，每个网格对应 B 个边界框，如图 8.16 所示，每个边界框包含 5 个参数，包括边界框的位置 (x, y, w, h) 和一个置信度（confidence）。置信度表示边界框中包括目标并且边界位置准确的概率

$$C_i = \Pr(Object) \times IOU_{pred}^{truth}$$

此外，还要对网格中的物体进行分类，总共有 C 个类别，则 $S \times S$ 的网格总共对应 $S \times S \times (B \times 5 + C)$ 的特征，每个网络虽然对应不同的边界框，但是这些边界框的类别是一样的。在 YOLO 中边界框的质量就是用其分类的分数与边界框置信度相乘所得的分数来评价。

$$p_b = \Pr(Class_i \mid Object) \times \Pr(Object) \times IOU_{pred}^{truth}$$
$$= \Pr(Class_i) \times IOU_{pred}^{truth}$$

YOLO 模型如图 8.17 所示。YOLO 预测每个网格单元对应 B 个边界框，但在训练时，只希望一个网格中的边界框预测器负责一个边界框对象，此时取当前 IOU 最高为检测对象，然后根据预测边界框与真实边界框间的损失函数来训练网络。YOLO 的损失函数包含三个部分：边界框坐标与大小的损失函数 L_{coord}、边界框置信度的损失函数 L_{conf} 和分类的损失函数 L_{cls}。

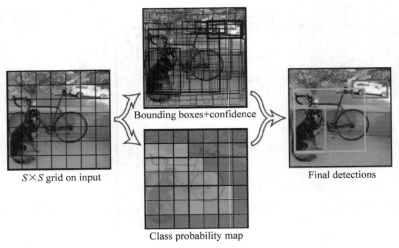

图 8.17　YOLO 模型

$$L_{coord} = \sum_{i=1}^{S^2} \sum_{j=0}^{B} 1_{ij}^{obj} \left[(x_i - \hat{x}_i)^2 + (y_i - \hat{y}_i)^2 \right] +$$

$$\sum_{i=0}^{S^2} \sum_{j=0}^{B} 1_{ij}^{obj} \left[(\sqrt{w_i} - \sqrt{\hat{w}_i})^2 + (\sqrt{h_i} - \sqrt{\hat{h}_i})^2 \right]$$

$$L_{conf} = \sum_{i=0}^{S^2} \sum_{j=0}^{B} 1_{ij}^{obj} (C_i - \hat{C}_i)^2 + \lambda_{noobj} \sum_{i=0}^{S^2} \sum_{j=0}^{B} 1_{ij}^{noobj} (C_i - \hat{C}_i)^2$$

$$L_{cls} = \sum_{i=0}^{S^2} 1_i^{obj} \sum_{c \in classes} (p_i(c) - p_i(c))^2$$

其中 1_i^{obj} 表示目标在第 i 个网格中，1_{ij}^{obj} 表示第 i 个网格中分配了第 j 个边界预测器，YOLO 的总损失函数为

$$L = \lambda_{coord} L_{coord} + L_{conf} + L_{cls}$$

其中 λ_{coord} 和 λ_{noobj} 为权重，默认为 5。

　　YOLO 将目标检测任务作为一个回归问题，无须生成建议区域，极大地提升了检测的速度，达到了 45fps，适合在资源紧张、实时性要求高的场景中使用。但是 YOLO 将图像分割成 $S \times S$ 的网格，降低了检测精度，也使得检测器最多只能检测 $S \times S \times B$ 个物体，对于一些小的物体，如果有多个小物体的中心同时出现在一个网格中，YOLO 最终也只可能检测出一个物体。

2. SSD

　　YOLO 为了目标检测的速度牺牲了一定的检测精度，Liu 等人结合了 RPN 与直接回归的思想，提出了 SSD 检测方法（Single Shot MultiBox Detector）。

　　SSD 进行目标检测时的主要步骤如下：

　　（1）缩放图像：将输入图片缩放至 300×300，然后送入 CNN 网络；

　　（2）特征提取：使用卷积神经网络提取特征，并在附近加一系列卷积生成多尺度的特征图；

（3）预测边界框：对不同尺度特征图中的每一个点都设置一组 default box（类似 RPN 中 anchor 对应的矩形框），并且为这些 default box 预设了不同的面积和长宽比，然后对每个 default box 进行分类和边框回归的操作；

（4）非极大值抑制：执行 NMS 算法去除重复边界框。

SSD 网络由两部分组成，如图 8.18 所示，前一部分主干网络用作特征提取，论文中使用了 VGG16。后半部分网络用于生成不同尺寸的特征图，在提取的特征图上再进行一系列卷积操作得到不同尺度的特征图，在特征图中的每个点上生成一组 default box 用于预测分类和调整位置信息。SSD 中 default box 类似 RPN 中的 anchor，在特征图的每个点上都有一组 default box，并且在不同尺寸的特征图上每组 default box 的类型是不同的，例如在图 8.18 中，在 38×38 的特征图上使用了 4 种不同的 default box，共 $38 \times 38 \times 4$ 个 default box，经过卷积产生 $38 \times 38 \times 4 \times (C+4)$ 维向量，其中 C 表示类别数，另外 4 维表示边界框的位置与尺寸。19×19 的特征图上使用了 6 种不同的 default box，共 $19 \times 19 \times 6$ 个 default box，经过卷积产生 $19 \times 19 \times 4 \times (C+4)$ 维向量，依次到最深层的特征图，总共产生 8732 个 default box 及对应的类别与边界框。SSD 中的 Default box 如表 8.2 所示。

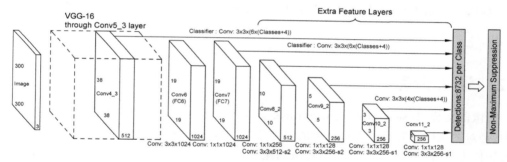

图 8.18 SSD 模型

表 8.2 SSD 中的 Default box

层	特征图尺寸	Default box 种类	Default box 总数
conv4-3	38×38	4	5776
fc7	19×19	6	2166
conv5-2	10×10	6	600
conv7-2	5×5	6	150
conv8-2	3×3	4	36
conv9-2	1×1	4	4
合计		8732	

这种多尺度的特征对目标的检测非常有利，在之前的 Faster-RCNN 中，anchors 对应的特征向量都是从最后一层的特征图上得到的，这种单一特征层感受野是十分有限的。而在 SSD 中，从 Conv4_3 开始利用多种尺寸的特征图的组合作为分类和回归的特征，也组合了不同大小的感受野，使用浅层特征检测小物体，使用深层特征检测大物体，对不同尺寸的目标检测鲁棒性更强。SSD 中需要将 default box 与真实边界框匹配，一个简单的策略是取 IoU 最大的匹配，而 SSD 的损失函数与 Faster-RCNN，是一个多任务损失，其中分类损失为

交叉熵,边界框回归损失为 Smooth L1。

SSD 方法在保持 YOLO 速度的同时取得了媲美 Faster-RCNN 的检测精度,在 Pascal VOC 数据集上,输入图像为 300×300 时,mAP 达到了 74.3%,59fps,而输入图像为 500×500 时,mAP 达到了 76.8%,22fps。但是 SSD 需要人工设定 default box 的形状与面积,其中不同尺寸的特征图使用了不同的 default box,这需要相当的经验才能取得较好的结果。

本节介绍了基于区域的检测方法与基于回归的检测方法,这些方法取得了不错的成绩,但是依然遗留了一些问题值得思考。例如在 RPN 中设 anchors 时是通过简单的枚举,Wang 等人提出了一种根据语义特征设置 anchor 的方法,显著提高了候选区域的质量。针对网络中正负样本不平衡的问题,研究者们将难样本挖掘嵌入了网络,对于基于区域的检测方法,Shrivastava 等人提出了在线样本挖掘(OHEM),将得分低的候选区域视为难样本,并将难样本再次送回网络训练;对于直接回归的方法,Lin 等人提出了 Focal loss 来平衡样本。继样本不平衡之后,研究者们也提出梯度不平衡导致训练效果下降。另一项重要的改进是多尺度特征的融合,何凯明等人提取的特征金字塔(FPN)融合了不同尺度的特征,进一步提高了检测的精度。此外,在结合上下文的目标检测,以及结合深度的目标检测等研究方向上,都取得了很好的成果。目标检测已经成为计算机视觉中最热点、发展最快的问题之一。

8.2　语义分割

图像语义分割(**Semantic Segmentation**)将整个图像分成若干像素组,并对其进行标记和分类,是对图像中现有目标进行精确的边界分割。与图像分类或目标检测相比,语义分割将图像转换为具有突出显示的感兴趣区域的掩模,对图像的认知到了像素级,这种认知在自动驾驶、图像搜索等许多领域都扮演着关键的角色。

图像是一个由像素点构成的矩阵,图像的语义分割其实是像素级的分类,并且将相同类的像素组合在一起,在图 8.19 中同一类像素使用相同的颜色标记,驾驶环境下的图像被分为天空、地面、树木和车辆等。

图 8.19　语义分割

相较于语义分割,更严格的问题是实例分割,除了语义分割之外,实例分割还需要将不同类型的实例进行分类,如图 8.20 所示,图中不仅将一类像素点做了标记,更对这一类中不同个体做了区分。

图 8.20　实例分割

语义分割的常用数据集有 PascalVOC、MS COCO、Cityscape 等。PascalVOC 数据集中包含训练集的 1464 张图像以及测试集的 1449 张图像,共标记了其中的房子、动物、各式交通工具等 21 个类别。而 MS COCO 数据集中包含了超过 80 个类别的标注,提供了超过82 783 张训练图片,40 504 张验证图片,以及超过 80 000 张测试图片。Cityscape 数据集是以城市道路场景为主的数据集,包含 30 个类别的标注,其中有 5000 张精细标注的图片,20 000 张粗略标注的图片。

本节主要介绍在图像上的语义分割,在接下来的小节中将简要介绍传统目标检测方法,然后介绍基于卷积神经网络的语义分割方法。

8.2.1　传统语义分割方法

传统图像分割方法根据灰度、颜色、空间纹理、几何形状等特征,把图像划分成若干个互不相交的区域,使得在同一区域内表现出特征一致性或相似性,而在不同区域间表现出明显的特征差别。

传统图像分割方法的研究很活跃,百家争鸣,这些方法大致可以分为三类。

(1) **基于阈值的分割方法**(**Thresholding Methods**):利用阈值对图像进行分割是最简单直观的方法,通过比较阈值与像素点的灰度值分割图像的前景与背景。阈值的设定又分为全局阈值和局部阈值,全局阈值对整个图像设置一个阈值来分割,很容易受光照条件的影响。而局部阈值通过设置不同的图像窗口,在窗口中使用不同的阈值进行分割。

(2) **基于像素聚类的分割方法**(**Clustering-Based Segmentation Methods**):聚类方法先设定一部分像素作为聚类中心,然后根据相邻像素间的关系将聚类中心附近的元素聚类,调整聚类簇的中心重复聚类,直到分割完图像或者损失函数小于阈值。

(3) **基于图划分的分割方法**(**Graph Partitioning Segmentation Methods**):将图像中的

像素点作为图模型的顶点,像素间的关系作为图模型的边,利用图模型的最大流算法来求最小割,进而完成图像的分割。其中代表性的方法有 N-cut 和 Grab cut。

8.2.2　基于卷积神经网络的语义分割

传统语义分割工作多是根据图像像素自身的低阶视觉信息(Low-level visual cues)来进行图像分割。这些方法无须进行训练,计算复杂度不高,但是在比较复杂的场景或者没有执行标准的情形下其分割的精度不高,而且分割后的目标还要经过一些其他的算法提取语义。

随着卷积神经网络被引入语义分割任务,基于卷积神经网络的语义分割方法被相继提出,不断刷新着图像语义分割精度,并且分割速度也不断优化,先进的语义分割方法能对高清图像进行实时语义分割。下面就介绍一些语义分割领域中的代表性工作。

1. 全卷积神经网络(FCN)

全卷积神经网络(Fully Convolutional Networks,FCN)来自 UC Berkeley 的研究小组,开启了卷积神经网络解决语义分割问题的先河。FCN 完成了一个像素级的端到端的语义分割框架,见图 8.21。FCN 可以接受任意尺寸的输入图像,通过反卷积层对最后一个卷积层的特征图(feature map)进行上采样,将它恢复到输入图像相同的尺寸。这样就可以对每一个像素产生一个预测,同时保留原始输入图像中的空间信息,最后在上采样的特征图上进行像素的分类。

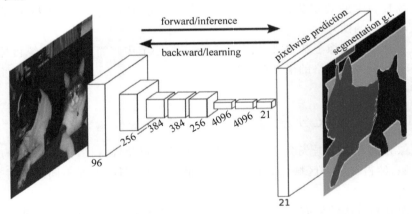

图 8.21　FCN 进行语义分割

一般的卷积神经网络中卷积层结束后会连接若干个全连接层,而全卷积神经网络将全连接层全部替换为卷积层,这样的方式可以保留 AlexNet、VGG、ResNet 等分类网络的主干,将其改造为全连接网络。以 FCN 中使用 AlexNet 为例(图 8.21),分类网络的前 5 层是卷积层;第 6 层、第 7 层是全连接层,其特征是一个长度为 4096 的一维向量;第 8 层输出长度为 1000 的一维向量,对应 1000 个类别的概率。FCN 将这 3 层全改为卷积层,卷积核的大小分别为(256,1,1,4096)、(4096,1,1,4096)、(4096,1,1,1000)。可见该网络中除了池化层以外所有的层都是卷积层,故称为全卷积网络。最后的特征网络可以看作是所有类别的热力图。在对 Pascal VOC 进行语义分割时,最后的通道数由 1000 改为了 21,输出 21 通道的热力图,因为 Pascal VOC 的数据中包含 21 个类别,其中包含 20 个物体类别和 1 个背景类别。在这些热力图中按通道方案取得分最高值作为分类的结果。卷积层替换全连接层如图 8.22 所示。

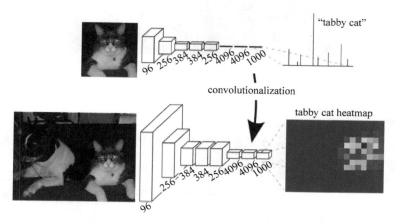

图 8.22　卷积层替换全连接层

卷积神经网络中的池化层或者带跨步的卷积会导致特征图的分辨率不断下降,为了解决下采样带来的问题,FCN 利用双线性插值将响应张量的长宽上采样到原图大小,图 8.23 中第一行的 32 倍上采样热力图恢复到原图大小,然后计算各像素所属类别。这种直接上采样的方式过于粗糙,为了更好地预测图像中的细节,FCN 使用 skip 连接将网络中浅层的特征结合。例如 FCN-16s 将主干网络的特征图上采样 2 倍后与 pool4 的特征图结合,再上采样 16 倍,同理 FCN-8s 还结合了 pool3 的特征图。这种结合浅层特征的方式可以有效增加分割结果中的细节,提高语义分割的准确性,见图 8.24。

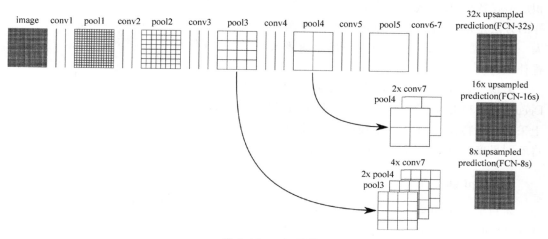

图 8.23　skip 结构

FCN 使用不同的主干网络时在 Pascal VOC 上取得了不同的结果,当主干网络为 AlexNet、VGG 时其 mean IU 分别为 39.8% 和 56.0%,可见主干网络的表达能力对分割的结果有很大的影响。

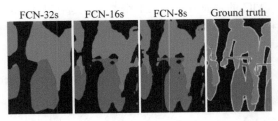

图 8.24　FCN 分割结果

2. SegNet

剑桥大学的 Badrinarayanan 等人参照自编码器的结构,提出了一个编码-解码结构的端到端的语义分割网络 SegNet,如图 8.25 所示。

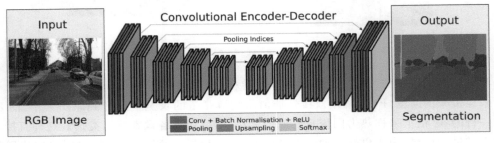

图 8.25　SegNet 结构

SegNet 的结构是对称的,其编码器基于 VGG,去掉了全连接层,并保存了下采样时所选择特征的位置。在解码器中,先对特征图上采样,然后接卷积层增强特征,反复此结构直到输出分割结果。解码器中上采样的方法是反向的 Max pooling 操作,见图 8.26,将特征图扩大一倍,根据 Max pooling 时保留的位置恢复其特征,其他位置补 0。

类似 SegNet 这种编码器-解码器结构的方法还有 DeconvNet 和 UNet 等,DeconvNet 中使用了转置卷积来增强上采样后的特征,而 UNet 中使用了类似 FCN 中的 skip 结果,将不同尺度的特征图结合以进行语义分割。

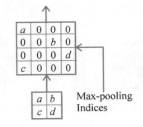

图 8.26　Upsampling 操作

3. DeepLab

来自 DeepLab 的研究人员 Chen 等人提出了一种结合全卷积网络与条件随机场(Conditional Random Field,CRF)的语义分割模型,也被称为 DeepLab v1,如图 8.27 所示。

在 FCN 中池化层会使得特征的长和宽不断下降,这就使得在语义分割时还需要作上采样,但是上采样并不能将丢失的信息全部无损地找回来。对此,DeepLab 的研究人员去掉池化层以避免池化层的下采样操作带来的信息损失。但是去掉池化层会导致网络各层的感受野过小,降低整个模型的预测精度,因此将后继的卷积改为带孔卷积以增加卷积层的感受野

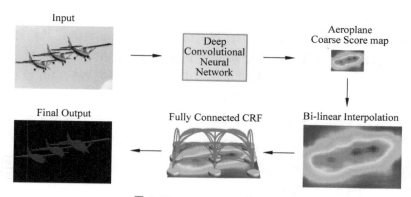

图 8.27　DeepLab v1 流程图

（参考第 6 章中带孔卷积）。

在卷积网络进行了粗略的语义分割后，再使用全连接的条件随机场进行更精细的调整，以解决卷积神经网络边界定位不准确的问题，见图 8.28。

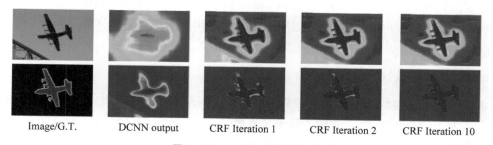

图 8.28　CRF 修正分割结果

DeepLab 的研究人员认为分割不好的原因在于卷积神经网络本身分类准确性与定性准确率的冲突，卷积神经网络为了更准确分类需要更大的感受野，并保证平移不变性，这种位置无关性和很大的感受野在计算准确位置时就会十分吃力。但是 CRF 的计算量大，需要花费很长的时间，而随着 DeepLab 研究人员对语义分割网络的不断改进，经历 v2 和 v3 版本后，网络就可以分割出较为精细的结果，CRF 被弃用。

图 8.29 给出了 DeepLab v3 的网络结构，其中的 ASPP 模块（Atrous Spatial Pyramid Pooling），聚合了不同尺度的卷积特征，并编码了全局内容信息的图像层特征，提升分割效果，在 Pascal VOC 2012 数据集上的 mIOU 达到了 85.7%。

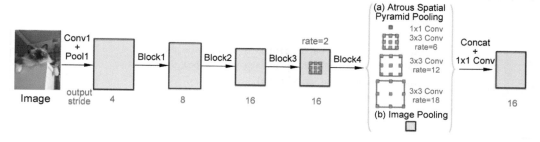

图 8.29　DeepLab v3 结构

基于卷积神经网络的语义分割相比传统方法取得了突飞猛进的效果,但是其计算量大,对高清图片的分割达不到实时性要求,因此提高分割的速度也成为研究者们努力的方向,例如 ICNet。基于卷积神经网络的语义分割另一个被诟病之处在于需要大量高质量标注数据,获取精确到像素级别的标记信息的成本是很大的,因此,研究者们也开始着力于弱监督(Weakly-supervised)语义分割。弱监督条件下,仅需要图像级的标注,如图像中有飞机、天空等信息就可以进行训练与预测,先进的弱监督语义分割模型甚至取得了媲美部分像素级别的标注训练模型的精度。

8.3　实践:目标检测

目标检测的目的是根据大量预定义的类别在自然图像中确定目标实例的位置与类别,是计算机视觉领域的基本且重要的问题之一。在本实践中,将使用飞桨深度学习平台实现目标检测任务。

本实践代码已在 AI Studio 上公开,通过扫描上方二维码或访问 https://aistudio.baidu.com/aistudio/projectDetail/101810,可在页面中找到本章节对应实践代码。

8.3.1　数据准备

本实践中所使用的数据集为 8.1 节所提到的 Pascal VOC 数据集。将数据集解压后得到一个名为 VOCdevkit 的文件夹。其子文件夹 Annotations 中存放的是 xml 文件,主要用来描述图片文件名、来源、图像尺寸、图像中包含哪些目标以及目标的信息等,每张图片对应一个 xml 文件;JPEGImages 文件夹下存放的是数据集的所有图片文件。

与前面章节的实践不同,本实践将自定义数据读取器,而不是通过飞桨深度学习框架封装好的接口来获取数据,如代码清单 8.1 所示。在数据预处理过程中,采用了多种数据增强的方式来增强模型的泛化能力,如改变图像亮度、改变对比度、像素随机抖动、图像翻转、边缘补齐等方式。

代码清单 8.1　自定义数据读取器

```
def custom_reader(file_list, data_dir, mode):
    def reader():
        np.random.shuffle(file_list)
        for line in file_list:
            if mode == 'train' or mode == 'eval':
                image_path, label_path = line.split()
                image_path = os.path.join(data_dir, image_path)
                label_path = os.path.join(data_dir, label_path)
                img = Image.open(image_path)
                if img.mode != 'RGB':
                    img = img.convert('RGB')
                im_width, im_height = img.size
                bbox_labels = []
                root = xml.etree.ElementTree.parse(label_path).getroot()
```

```
                    for object in root.findall('object'):
                            bbox_sample = []
                            bbox_sample.append(float(train_parameters['label_dict']
    [object.find('name').text]))
                                    # bounding box, 包含左上角和右上角 xy 坐标
                                    bbox = object.find('bndbox')
                                    difficult = float(object.find('difficult').text)
                                    # 获取标注框信息, 计算比例进行保存
                                    bbox_sample.append(float(bbox.find('xmin').text) / im_width)
                                    bbox_sample.append(float(bbox.find('ymin').text) / im_height)
                                    bbox_sample.append(float(bbox.find('xmax').text) / im_width)
                                    bbox_sample.append(float(bbox.find('ymax').text) / im_height)
                                    bbox_sample.append(difficult)
                                    bbox_labels.append(bbox_sample)
                        # img 为输入图像, bbox_labels 为标注框信息
                        img, sample_labels = preprocess(img, bbox_labels, mode)
                        sample_labels = np.array(sample_labels)
                        if len(sample_labels) == 0: continue
                        boxes = sample_labels[:, 1:5]
                        lbls = sample_labels[:, 0].astype('int32')
                        difficults = sample_labels[:, -1].astype('int32')
                        yield img, boxes, lbls, difficults
                elif mode == 'test':
                        img_path = os.path.join(data_dir, line)
                        yield Image.open(img_path)
        return reader
```

8.3.2　网络配置

SSD 使用一个卷积神经网络实现“端到端”的检测，输入为原始图像，输出为检测结果，无须借助外部工具或流程进行特征提取、候选框生成等。与 8.1.3 节中不同的是，本实践中将使用 5.7.7 节中所介绍的 MobileNet 作为基础网络进行图像特征提取。

MobileNet 是 Google 提出的一种小巧而高效的 CNN 模型。其核心是采用了可分解的**深度可分离卷积（Depthwise Separable Convolution）**，其不仅可以降低模型计算复杂度，而且可以大大降低模型大小。

深度可分离卷积较普通卷积层增加了 BN 层和非线性激活函数，也是为了引入更多的非线性。首先定义一个卷积层＋BN 层＋RELU 的基本操作，如代码清单 8.2 所示。

代码清单 8.2　卷积＋BN＋RELU

```
def conv_bn(self,
            input,
            filter_size,
            num_filters,
            stride,
            padding,
```

```
              num_groups = 1,
              act = 'relu',
              use_cudnn = True):
    parameter_attr = ParamAttr(learning_rate = 0.1, initializer = MSRA())
    conv = fluid.layers.conv2d(
        input = input,
        num_filters = num_filters,
        filter_size = filter_size,
        stride = stride,
        padding = padding,
        groups = num_groups,
        act = None,
        use_cudnn = use_cudnn,
        param_attr = parameter_attr,
        bias_attr = False)
    return fluid.layers.batch_norm(input = conv, act = act)
```

深度可分离卷积实际上是一种可分解卷积操作（Factorized Convolutions），其可以分解为两个更小的操作：depthwise convolution 和 pointwise convolution。depthwise convolution 和标准卷积不同，对于标准卷积其卷积核是用在所有的输入通道上（Input Channels），而 depthwise convolution 针对每个输入通道采用不同的卷积核，就是说一个卷积核对应一个输入通道；而 pointwise convolution 为普通的卷积，只不过其采用 1×1 的卷积核，如代码清单 8.3 所示。

代码清单 8.3　深度可分离卷积

```
def depthwise_separable(self, input, num_filters1, num_filters2, num_groups, stride, scale):
    depthwise_conv = self.conv_bn(
        input = input,
        filter_size = 3,
        num_filters = int(num_filters1 * scale),
        stride = stride,
        padding = 1,
        num_groups = int(num_groups * scale),
        use_cudnn = False)
    pointwise_conv = self.conv_bn(
        input = depthwise_conv,
        filter_size = 1,
        num_filters = int(num_filters2 * scale),
        stride = 1,
        padding = 0)
    return pointwise_conv
def extra_block(self, input, num_filters1, num_filters2, num_groups, stride, scale):
    # 1x1 conv
    pointwise_conv = self.conv_bn(
        input = input,
        filter_size = 1,
        num_filters = int(num_filters1 * scale),
        stride = 1,
        num_groups = int(num_groups * scale),
```

```
        padding = 0)
    # 3x3 conv
    normal_conv = self.conv_bn(
        input = pointwise_conv,
        filter_size = 3,
        num_filters = int(num_filters2 * scale),
        stride = 2,
        num_groups = int(num_groups * scale),
        padding = 1)
    return normal_conv
```

MobileNet 网络定义如代码清单 8.4 所示。需要注意的是，飞桨深度学习平台提供了 multi_box_head 接口，用于生成 SSD 算法的候选框。

代码清单 8.4　MobileNet 生成候选框

```
def net(self, num_classes, img, img_shape, scale = 1.0):
    # 300x300
    tmp = self.conv_bn(img, 3, int(32 * scale), 2, 1)
    # 150x150
    tmp = self.depthwise_separable(tmp, 32, 64, 32, 1, scale)
    tmp = self.depthwise_separable(tmp, 64, 128, 64, 2, scale)
    # 75x75
    tmp = self.depthwise_separable(tmp, 128, 128, 128, 1, scale)
    tmp = self.depthwise_separable(tmp, 128, 256, 128, 2, scale)
    # 38x38
    tmp = self.depthwise_separable(tmp, 256, 256, 256, 1, scale)
    tmp = self.depthwise_separable(tmp, 256, 512, 256, 2, scale)
    # 19x19
    for i in range(5):
        tmp = self.depthwise_separable(tmp, 512, 512, 512, 1, scale)
    module11 = tmp
    tmp = self.depthwise_separable(tmp, 512, 1024, 512, 2, scale)
    # 10x10
    module13 = self.depthwise_separable(tmp, 1024, 1024, 1024, 1, scale)
    module14 = self.extra_block(module13, 256, 512, 1, 2, scale)
    # 5x5
    module15 = self.extra_block(module14, 128, 256, 1, 2, scale)
    # 3x3
    module16 = self.extra_block(module15, 128, 256, 1, 2, scale)
    # 2x2
    module17 = self.extra_block(module16, 64, 128, 1, 2, scale)
    # 生成 SSD 算法的候选框. 从多个特征图中, 进行预测分类边界框
    mbox_locs, mbox_confs, box, box_var = fluid.layers.multi_box_head(
        inputs = [module11, module13, module14, module15, module16, module17],   # 输入变量列表
        image = img,                                  # 输入图像数据
        num_classes = num_classes,                    # 类的数量
        min_ratio = 20,                               # 生成候选框的最小比例
        max_ratio = 90,                               # 生成候选框的最大比例
        aspect_ratios = [[2.], [2., 3.], [2., 3.], [2., 3.], [2., 3.], [2., 3.]],
```

```
                                              # 生成候选框的宽高比
        base_size = img_shape[2],              # 300
        offset = 0.5,                          # 候选框中心偏移
        flip = True)                           # 是否翻转宽高比
    # 返回 gound_truth 的位置(中心点的坐标、长、宽)、预测框对输入的置信度、候选框、方差
    return mbox_locs, mbox_confs, box, box_var
```

如代码清单 8.5 所示,构造了一个训练用 Program。飞桨提供了 ssd_loss 接口,用于计算 ssd 算法中回归损失和分类损失的加权和。

代码清单 8.5　构造训练用的 train_program

```
model = MobileNetSSD()
locs, confs, box, box_var = model.net(train_parameters['class_dim'], img, train_parameters
['input_size'])
  with fluid.unique_name.guard('train'):
    # paddlepaddle 提供了 ssd_loss(),返回 ssd 算法中回归损失和分类损失的加权和
    loss = fluid.layers.ssd_loss(locs, confs, gt_box, gt_label, box, box_var)
    loss = fluid.layers.reduce_sum(loss)
    optimizer = optimizer_rms_setting()
    optimizer.minimize(loss)
    return data_reader, img, loss, locs, confs, box, box_var
```

代码清单 8.6 中,cur_map 为当前 mini-batch 的 mAP,accum_map 代表一个 pass 的 mAP 的累加和。

代码清单 8.6　构造验证用的 eval_program

```
model = MobileNetSSD()
locs, confs, box, box_var = model.net(train_parameters['class_dim'], img, train_parameters
['input_size'])
with fluid.unique_name.guard('eval'):
    # 非极大值抑制得到的结果
    nmsed_out = fluid.layers.detection_output(locs, confs, box, box_var, nms_threshold = 0.45)
    # 计算 map
    map_eval = fluid.metrics.DetectionMAP(nmsed_out, gt_label, gt_box, difficult,
                          train_parameters['class_dim'], overlap_threshold = 0.5,
                          evaluate_difficult = False, ap_version = '11point')
    cur_map, accum_map = map_eval.get_map_var()
    return feeder, reader, cur_map, accum_map, nmsed_out
```

优化方法定义如代码清单 8.7 所示,使用了自适应学习率的方法。对于训练这种比较大的网络结构,尽量使用阶段性调整学习率的方式。

代码清单 8.7　优化方法定义

```
def optimizer_rms_setting():
    # 均方根传播(RMSProp)法是一种未发表的,自适应学习率的方法
```

```
optimizer = fluid.optimizer.RMSProp(
    learning_rate = fluid.layers.piecewise_decay(boundaries, values),
    regularization = fluid.regularizer.L2Decay(0.00005))
return optimizer
```

8.3.3 模型训练

模型训练过程中，每 10 个批次打印一次损失值，每 400 个批次，进行一次模型参数保存，固定频率进行一次验证，在验证过程中，map 大于所设置的最小的 map，或损失小于所设置的最小损失，认为目标识别正确。三次目标识别正确，则停止训练，如代码清单 8.8 所示。

代码清单 8.8　训练与验证

```
for pass_id in range(train_parameters["num_epochs"]):
    batch_id = 0
    try:
        while True:
            t1 = time.time()
            loss = exe.run(train_program, fetch_list = train_fetch_list)
            period = time.time() - t1
            loss = np.mean(np.array(loss))
            batch_id += 1
            total_batch_count += 1
            # 每 10 个批次打印一次损失
            if batch_id % 10 == 0:
                print(
                    "Pass {0}, trainbatch {1}, loss {2} time {3}".format(pass_id, batch_id,
loss, " %2.2f sec" % period))
            # 每训练 400 批次的数据，保存一次模型
            if total_batch_count % 400 == 0:
                logger.info("temp save {0} batch train result".format(total_batch_count))
                print("temp save {0} batch train result".format(total_batch_count))
                # 从 program 中取出变量，将其存入指定目录中
                fluid.io.save_persistables(dirname = train_parameters['save_model_dir'],
                            filename = train_parameters['model_prefix'] + '-retrain',
                            main_program = train_program,
                            executor = exe)
            # 满足一定条件，进行一次验证
            if total_batch_count == 1 or total_batch_count % sample_freq == 0:
                for data in eval_reader():
                    cur_map_v, accum_map_v = exe.run(eval_program, feed = eval_feeder.feed
(data), fetch_list = eval_fetch_list)
                    break
                print("{0} batch train, cur_map:{1} accum_map_v:{2loss:{3}".format(total_
batch_count, cur_map_v[0],accum_map_v[0], loss))
                # 在验证过程中，map 大于所设置的最小的 map，或损失小于所设置的最小损失，认
```

```
# 为目标识别正确, successive_count 加 1
                if cur_map_v[0] > min_curr_map or loss <= min_loss:
                    successive_count += 1
                    print("successive_count: ", successive_count)
                    fluid.io.save_inference_model(dirname = train_parameters['save_model_dir'],
                        params_filename = train_parameters['model_prefix'] + '-params',
                        model_filename = train_parameters['model_prefix'] + '-model',
                        feeded_var_names = ['img'],
                        target_vars = [nmsed_out],
                        main_program = eval_program,
                        executor = exe)
                    # 三次达到效果, 则停止训练
                    if successive_count >= successive_limit:
                        logger.info("early stop, end training")
                        print("early stop, end training")
                        stop_train = True
                        break
                else:
                    successive_count = 0
        if stop_train:
            break
    except fluid.core.EOFException:
        train_reader.reset()
```

8.3.4　模型预测

首先需要对预测的图像进行预处理,将图像按照比例进行缩放,接着将图像转换成一维向量,再对一维向量进行归一化处理,如代码清单 8.9 所示。

代码清单 8.9　预测图片预处理

```
def read_image(img_path):
    img = Image.open(img_path)
    resized_img = img.copy()
    img = resize_img(img, target_size)          # 保持比例的缩放图片
    if img.mode != 'RGB':                        # 颜色通道为 RGB
        img = img.convert('RGB')
    img = np.array(img).astype('float32').transpose((2, 0, 1))  # 转置 HWC to CHW 数据通道
    img -= 127.5
    img * = 0.007843                             # 归一化到 -1 到 1
    img = img[np.newaxis, :]
    return img, resized_img
```

如代码清单 8.10 所示, inference_program 为从模型保存路径中加载的用于预测的 Program, 执行 Executor 的 run 方法,进行模型预测。并使用非极大值抑制来移除一些多余的候选框。最后,在原图像上绘制出预测出来的框。

代码清单 8.10 模型预测

```python
def infer(image_path):
    tensor_img, resized_img = read_image(image_path)
    t1 = time.time()
    # 执行预测,并获取预测结果
    nmsed_out = exe.run(inference_program,
                        feed = {feed_target_names[0]: tensor_img},
                        fetch_list = fetch_targets,
                        return_numpy = False)
    period = time.time() - t1
    print("predict result:{0} cost time:{1}".format(nmsed_out, "% 2.2f sec" % period))
    # 进行非极大值抑制
    nmsed_out = np.array(nmsed_out[0])
    last_dot_index = image_path.rfind('.')
    out_path = image_path[:last_dot_index]
    out_path += '-reslut.jpg'
    print("result save to:", out_path)
    # 在图片上绘制矩形框
    draw_bbox_image(resized_img, nmsed_out, out_path)
```

8.4 习题

1. 实践：设计一个卷积神经网络,在 cifar10 上进行训练,并测试所设计网络在 cifar10 测试集上的准确度。

2. 实践：设计一个 RPN 网络,在 Pascal VOC 2007 数据集上训练,并计算 RPN 的召回率。

3. 实践：设计一个语义分割网络,在 NYU depth v2 训练集上训练,并测试所设计网络在 NYU depth v2 测试集上的 mAP。

第9章 深度学习应用： 自然语言处理

    自然语言处理（**Natural Language Processing，NLP**）是人工智能领域的一个重要分支，其目标是使计算机能理解和处理人类的语言，如果说计算机视觉赋予了机器感知的能力，那么自然语言处理则是赋予机器认知的能力。自然语言处理至少包含两方面内容：语义理解和语言生成，这也是人机交互的基础。语义理解就是机器要能够理解人类的语言，懂得其中的含义；语言生成就是机器要能够生成人类可以理解的语言，完成与人的交互。涉及语义理解的方向又包括**语音识别**（**Speech Recognition**）、**词性标注**（**Part-of-Speech Tagging**）、**句法分析**（**Parsing**）、**机器翻译**（**Machine Translation**）等，涉及语言生成的方向还包括**语音合成**（**Speech Synthesis**）、**对话生成**（**Dialogue Generation**）等。宏观上来说，这些都是自然语言处理的研究方向。

    本章将介绍自然语言处理的基础框架，从中文自然语言处理的基本过程说起，介绍深度学习方法在分词、词性标注、词向量等步骤上的应用，然后介绍情感分类、机器阅读、自动问答等自然语言处理任务中的深度学习模型。

9.1 自然语言处理的基本过程

    使用自然语言处理的方法来解决某一问题的基本过程包括获取语料、语料预处理、特征工程、任务建模。接下来的各小节中将对这些步骤进行介绍。

9.1.1 获取语料

    语料，即语言材料。语料是语言学研究的内容。语料是构成语料库的基本单元。所以，人们简单地用文本作为替代，并把文本中的上下文关系作为现实世界中语言的上下文关系的替代品。我们把一个文本集合称为**语料库**（**Corpus**），当有几个这样的文本集合的时候，我们称之为**语料库集合**（**Corpora**）。

    针对不同的任务通常需要我们收集不同的语料，参考第 2 章中 Python 爬虫的使用。而对于一些较为通用的任务，也可以使用网络上公开的语料库，国内的语料库有国家语委开放的国家语委现代汉语语料库、古代汉语语料库；北京大学计算语言学研究所提供的《人民日报》标注语料库。国外语料库有联合国官方资料库、杨百翰大学语料库（包含美国当代英语语料库、美国历史英语语料库、美国时代杂志语料库等）。

9.1.2　语料预处理

1. 语料清洗

对于搜索好的语料，首先需要进行语料清洗。所谓语料清洗就是在语料中筛选出与当前任务相关的内容，而把不感兴趣的内容删除，例如对原始文档的内容进行解析，将其中的标题、摘要、关键字、作者、正文等提取出来。对于爬虫抓取的网页，去除其中嵌入的广告、导航栏、HTML 与 JavaScript 代码等，正文的提取可以利用标签用途分析、标签密度判定、数据挖掘思想、视觉网页块分析等策略进行提取。

2. 分词

对于中文语料，需要进行分词。分词是针对中文的自然语言处理方法的重要步骤，分词准确度直接决定了后面的词性标注、句法分析、词向量以及文本分析的质量。英文语句空格符自然地将各单词分隔，而中文不一样，中文除了少量的标点，句中字词是连续的，没有专门的分隔符，需要进行分词。并且中文词语用法多样、组合多变、句式复杂，故而中文分词问题一直以来都是自然语言处理问题中的一个难点，其困难之处主要在于分词规范、歧义切分、未登录词识别等。

（1）**分词标准**：词的概念在汉语语言学界本就是一个定义不清楚的问题，词的抽象定义，即词是什么，和词的具体界定，即什么是词，没有明确的定义。如"花鸟鱼虫"可以认为是一个词，也可以认为是"花/鸟/鱼/虫"四个词。

（2）**歧义切分**：切分歧义是个复杂的问题，切分导致的歧义可能需要进行复杂的上下文语义分析，甚至需要结合语气、重点等韵律进行分析。例如名句，"下雨天留客天天留我不留"，不同的切分方式会导致完全不同的意思。

（3）**未登录词识别**：未登录词也叫生词，一是指已有的词表中未收录的词，二是指已有语料中未出现的词，也称为**集外词**（Out of Vocabulary，OOV）。未登录词增长速度往往比词典更新速度要快得多，例如网络名词、新的书名、影片名、产品名等专有名词等在不断地产生，这就导致未登录词问题难以利用更新词典的方式解决。

目前的分词算法主要分为两类：基于词典的分词方法和基于统计的分词方法。基于词典的分词算法的本质就是字符串匹配算法，将待匹配的字符串和已有的词典进行匹配，如果匹配命中，则作为一个分词结果。常用的匹配方法有正向最大匹配法、逆向最大匹配法、双向匹配分词、全切分路径选择等。基于词典的分词方法遇到歧义切分与未登录词识别时效果较差。

基于统计的分词方法是在大量已经分词的文本中利用机器学习算法自动学习分词，学习完成后使用模型对未知文本进行分词，常用的模型有 **N 元文法模型**（N-gram）、**最大熵模型**（Maximum Entropy，ME）、**隐马尔可夫模型**（Hidden Markov Model，HMM）、**条件随机场模型**（Conditional Random Field，CRF）等。随着深度学习方法的进步，LSTM 等模型也开始用于中文分词中，如图 9.1 所示，Ma 等人提出一种双向长短时记忆单元与条件随机场结合的模型，可以端到端地从文本中自动学习特征，能通过文本上下文依赖信息进行建模，并且在条件随机场中考虑了字符前后的标签信息，对文本信息进行了推理，完成了分词。

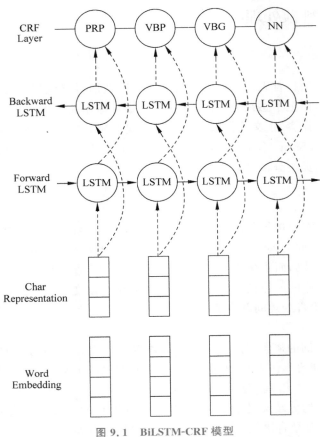

图 9.1 BiLSTM-CRF 模型

3. 词性标注

词性标注（**Part-of-Speech Tagging，POS Tagging**）是指，根据句子或者段落上下文，将该句的每个单词贴上它的词性标签。词性标注是一个经典的序列标注问题，但是在中文自然语言处理中词性标注不是必需的，如文本分类问题就不用考虑词性，但情感分析、知识推理等问题需要考虑词性。而对于英文语句标词性的困难在于，同一个单词可能有多种不同的词性和用法，例如"I turned on the tap."与"I tap the potential of RNN."中的"tap"含义就完全不同。

传统的词性标注问题可以通过**隐马尔可夫模型**（**Hidden Markov Model，HMM**）和**最大熵马尔可夫模型**（**Maximum Entropy Markov Model，MEMM**）等方法实现，其中前者是生成式模型，构建联合概率分布；后者是判别式模型，直接建模条件概率分布。

基于马尔可夫模型的方法都存在一个共同的问题，就是分析句子时只能从前往后进行，但是实际上，准确地标注不仅需要"上文"信息，还需要"下文"信息。解决这个"单向"分析的方法有很多，通过引入**条件随机场**（**Conditional Random Field，CRF**）可以有所改善，但是 CRF 的计算成本很高，耗时长，提升效果并不是特别令人满意。此外，我们在循环神经网络中也提到过可以使用双向 RNN 来解决这一问题。而神经网络用于词性标注其实已经经历了一段时间的研究，接下来介绍一种基于神经网络的词性标注模型。

首先从简单的神经网络词性标注器开始。该标注器也是从左至右依次标注，对于每一个单词，提取上下文特征，然后把该特征送入前馈神经网络中进行分类，分类的结果就是这个单词最可能的词性。

在此模型中提出了两种考虑上下文的方法，一种是只考虑当前单词周围 K 个单词的**窗口方法**（**Window Approach**），另一种是将整个句子的单词向量一起传入网络的**句子方法**（**Sentence Approach**）。

窗口方法的详细结构如图 9.2 所示。第一步先获取每个单词的词向量，该词向量是已经通过训练得来的连续空间向量，而不是 one-hot 向量，它代表了单词级别的特征。第二步则是通过滑动窗口得到每个单词窗口上下文的特征，该特征保留了每个单词的顺序信息，此外也可以加入其他的特征，如单词是否大写等。这里，如果窗口大小 K 取 5，词向量的长度为 d，则该窗口上下文特征向量长度为 $K \cdot d$。第三步是一个线性层，完成的功能与全连接层相同，是一个线性变换。第四步是一个非线性变换，变换函数为

$$HardTanh(x) = \begin{cases} -1, & x < -1 \\ x, & -1 \leqslant x \leqslant 1 \\ 1, & x > 1 \end{cases}$$

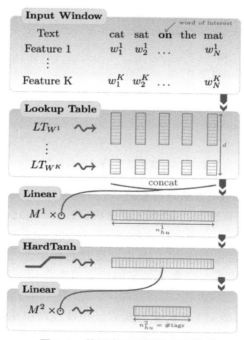

图 9.2 基于窗口的词性标注器

最后一步则是通过一层神经网络进行分类，将每一个单词对应一个词性类别，例如共有 M 个词性类别，则输出层的每一个单词对应的向量维度为 M。最终的分类使用的是最小化

负对数似然函数,即多类交叉熵损失。

$$\log p(y \mid x,\theta) = \log \frac{e^{[f(x)]_j}}{\sum_j e^{[f(x)]_j}} = \log e^{[f(x)]_j} - \log \sum_j e^{[f(x)]_j}$$

句子方法的详细结构如图 9.3 所示。与窗口方法的不同之处在于,句子方法不用专门拼接词向量得到窗口上下文特征,而是使用卷积操作来提取上下文特征(其实卷积也是一种窗口操作)。此外对于卷积的激活函数有两种选择:平均值或最大值,这里使用最大值。由于句子长度不固定,所以通常在句子方法的模型中,卷积层的数量会有所增加。其余的步骤与窗口方法基本一致,对于词性标注问题效果提升不大,因此不做过多介绍。

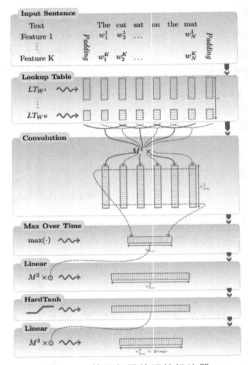

图 9.3   基于句子的词性标注器

总而言之,窗口方法和句子方法各有长处,就词性标注(POS)问题而言,窗口方法的效果更好。此外,窗口方法还可以解决词语组块分析(Chunking)、命名实体识别(NER)等问题。而句子方法更适合解决语义角色标注(SRL)问题。

上述方法使用的是前馈神经网络,如全连接层和卷积层等,但是对于这种序列问题,循环神经网络是否也可以解决呢?答案是肯定的。下面来介绍一种基于双向 LSTM 的词性标注模型。

在介绍之前,我们先回顾一下词向量的获取。在神经网络中用到的词向量通常是提前训练好,再保存成查找表(Lookup Table)以供快速查找使用,上述窗口方法和句子方法的查找表的结构如图 9.4 所示,这种查找表是对词进行查找,因此可以称为"词查找表"。

这种词查找表可以通过大量的语料来学习单词的语义(Semantic)和语法(Syntactic)信息,例如利用模型可以学到 cats 与 dogs 之间的相关性和 cat 与 dog 之间的相关性是相同

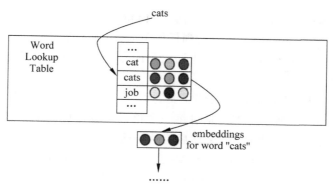

图 9.4 词查找表

的,但是这种查找表通常学习不到 cats 是 cat 的末尾加了 s 字母而得到的,另外对于很多派生词,如果不在查找表中,那么这样的词是没有特征向量的。对于英文这种拥有庞大词汇量的语言,建立全部单词的查找表并不容易。

后来,有人提出使用更小的单元——词素(Morpheme)来表示单词,然而,词素的切分还要依赖词素解析器(Morphological Analyzer)来完成。因此,又提出了一种基于字符的词向量(Character-Based Embedding of Words)模型——C2W(Compositional Character to Word)。

产生基于字符的词向量过程如图 9.5 所示。首先对于每一个单词,我们可以将它拆分为若干个字母、数字、标点等成分;然后我们可以在字符查找表中找到每个字符对应的特征

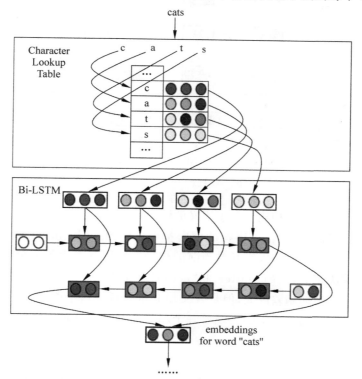

图 9.5 基于字符生成的词向量

向量；再将这些特征向量依次送入一个双向 LSTM 结构中,用于提取这个单词的词向量。简而言之,基于字符生成的词向量可以得到任何单词(包括不存在)的词向量,只要字符查找表中的基本组成部分齐全即可。这种产生词向量的方式也是可以训练的,并且可以根据后续的任务目标来优化。

获得了词向量之后,就可以构建我们需要的词性标注模型了。所用到的模型是一个双向 LSTM 结构,如图 9.6 所示。首先是对每一个单词生成对应的词向量,产生的方式是词查找表或者上述基于字符生成的方式;然后将这句话的每一个词的词向量送入另一个双向 LSTM 模型中,用于建模词与词之间的关系;最后使用 softmax 函数对双向 LSTM 的结果进行分类。这里使用 LSTM 的好处在于能够建模长期依赖关系,使词性的分类能够更加准确;而双向 LSTM 能够建模句子上下文信息,体现出相对于马尔可夫模型的优势。从整体来看,论文提出的方法是一种分层(递归)RNN 的结构,低层是提取单词的特征,高层是分析句子(单词间)的特征。

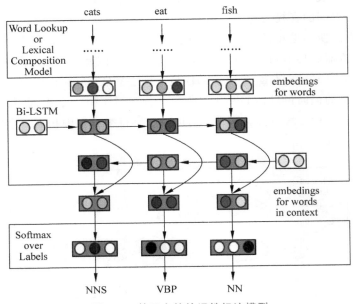

图 9.6　基于字符的词性标注模型

这种基于字符的词向量相比于基于语义的词向量,在产生过程中要少很多的参数,这也是它的一种优点。然而,虽然基于字符的词向量可以学习-s、-ly、inter-等单词的变化,它在英语词性标注任务上的效果并没有超过当前的模型。原因其实也很简单,英语单词的含义并不是完全由字符决定的,例如"butter"和"better"就相差了一个字符,含义却大不相同;又如"rich"和"affluent"构词相差巨大,但是含义却非常相近。这个原因也使得基于字符的词向量在单词形态更丰富的语言上的表现要好于那些基于语义的词向量。

4. 去停用词

为节省存储空间和提高搜索效率,在处理自然语言数据(或文本)之前或之后会自动过滤掉某些字或词,这些字或词即被称为**停用词**(**Stop Words**)。如标点符号、语气、人称等这些词对文本特征没有任何贡献,故而在分词之后,需要去停用词。考虑到中文语言本身的复杂性,去停用词不是必需的,而需要根据上下文和具体场景来决定,例如在情感分析中,语气词、感叹号之类的词是需要保留的,因为这些词增强了对文字中语气、情感等因素的判断。

5. 句法分析

句法分析(**Parsing**)就是指对句子中的词语语法功能进行分析。句法分析分为两类:一是分析句子的主谓宾定状补的句法结构;二是分析词汇间的依存关系,如并列、从属、比较、递进等关系,以获得深层次的语义信息。在传统自然处理方法中,面对句法结构复杂的长语句,句法分析非常重要,但是随着深度学习技术的进步,特别是在带有句法关系的 LSTM 方法应用于自然语言处理之后,句法分析的作用就被削弱了。

9.1.3　特征工程

完成语料预处理后,需要将词表示成计算机容易处理的结构化数据。其中有两种常用的表示模型:词袋模型和词向量。

词袋模型(**Bag of Words**,**BOW**)不考虑词语在句子中的顺序,将每一个词语或者符号统一存放在一个容量中,就像一个袋子中包装着词和符号。词出现的频率可以用来当作训练分类器的特征。

词向量(Word Vector)将来自词汇表的单词或短语映射到实数向量。在之前章节中,曾介绍过最简单的 one-hot 向量,即一个向量中只有一个元素为 1,其他元素都为 0,这个向量的维度是词表大小。这种词向量表示简单,但是最大的问题就是无法表示词与词之间的相关性,且容易发生维度灾难。针对 one-hot 向量的这一问题,**分布表示**(**Distributed Representation**)被提出,分布表示通过训练将每个词映射为 k 维的实数连续向量,并定义词与词之间的距离(余弦距离、欧氏距离等)来衡量它们的相似度,其中的代表性工作就是来自 Google 的word2vec,word2vec 正是用的这种分布表示,赋予每一个单词或者其他实体一个向量,即分布表示,并且这个向量在高维空间中还对应着单词或实体的语义信息,这使得 word2vec 成为很多统计学问题的基础。

word2vec 可以将文本内容的处理简化为向量运算,且向量的相似度就反映了文本内容的相似度。因此,word2vec 输出的词向量可以用于聚类、词性分析等任务。此外,word2vec还有一个亮点就是可以进行向量的**加法组合运算**(**Additive Compositionality**),例如

"国王"−"男人"+"女人"="女王"

"巴黎"−"法国"+"意大利"="罗马"

在介绍 word2vec 之前,先介绍一些词向量表示的相关背景。首先是**神经网络语言模型**(**Neural Network Language Model**,**NNLM**)。它采用的也是分布表示,即将单词映射为一个浮点向量,图 9.7 展示了它的基本结构。其中,每一个输入单词都被映射为一个向量,映射矩阵为 C。再将这些向量送入一个前馈或反馈神经网络,输出为另一个向量,激活函数为softmax 函数,向量中的第 i 个元素代表概率 $p(w_t = i | w_1^{t-1})$。在训练时,目标是带正则化的极大似然估计。

$$\max \frac{1}{T} \sum_t \log f(w_t, w_{t-1}, \cdots, w_{t-n+1}; \theta) + R(\theta)$$

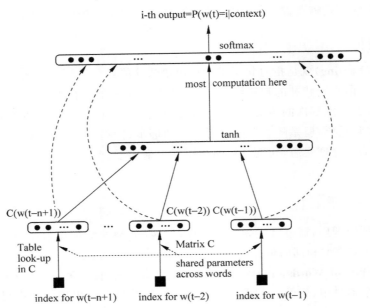

图 9.7　神经网络语言模型

word2vec 包括两种模型：CBOW 和 Skip-gram。

CBOW 的全称为 Continuous Bag-of-Words Model。与前向神经网络语言模型不同的是，CBOW 去掉了最耗时的非线性隐层，并且所有的词共享隐层单元。CBOW 的结构如图 9.8 所示。其实模型预测的就是如下概率，即根据当前单词所在窗口内的其他词来预测该词。其中，输入层至隐层的操作实际就是窗口内上下文向量的加和。

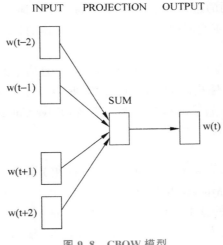

图 9.8　CBOW 模型

Skip-gram 模型的思路正好与 CBOW 相反，它通过当前词汇来预测上下文的其他词汇。Skip-gram 的模型结构如图 9.9 所示。它的优化目标是最大化如下函数。其中，c 是窗口大小，c 越大，结果越精确，但是需要的训练时间也会越长。Skip-gram 模型的每个词都表征了它的上下文分布，其中的 skip 是指在一个窗口内，两个词都会出现的概率。如此，即使两个词中间隔着某个词，那么它们也有可能同时出现，例如"美丽中国"和"美丽的中国"意思相同。

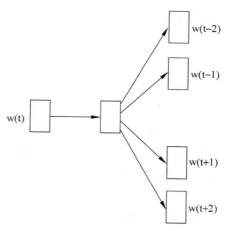

图 9.9　Skip-gram 模型

CBOW 模型和 Skip-gram 模型都有两种可选的学习算法，分别是**分层软最大化**（**Hierarchical Softmax**）和**负例采样**（**Negative Sampling**）。

分层软最大化方法利用了霍夫曼树的结构来缓解隐层至输出层过程中计算 softmax 函数带来的复杂性，使用二分类来近似多分类，这个过程类似于决策树，由此也为梯度的反向传播带来了便利。

负例采样方法基于**噪声对比估计**（**Noise Contrastive Estimation**，**NCE**）。它随机采样出一些负例，标签为 0，而原始的单词为正例，标签为 1，这种方法也是使用二分类近似多分类的过程，只不过使用的是 one-versus-one 的方式，目标就是让模型能够区分正负例即可。

这两种方法采用的都是最小化负对数似然。由于输入层至隐层的计算就是普通的平均，很简单，因此计算梯度时也相当容易。

最后，总结一下 word2vec 高效率的原因：

（1）去掉了非线性的隐层，用普通的相加取而代之；

（2）使用霍夫曼树的结构，相当于分层聚类，越高频的词汇路径越短；

（3）使用负例采样的近似方法；

（4）利用随机梯度下降优化；

（5）数据只需训练一遍，不用反复迭代；

（6）编程技巧的使用；

（7）容易实现并行化，比如异步 SGD 方法等。

本节介绍了 word2vec 的基本原理，更进一步的实现与分布式的 word2vec 方法留作扩展阅读。

选了特征向量后，就是根据具体的任务建立模型，应对不同的任务要求，选择不同的分类或者生成模型，根据数据中标签的情况选择监督和无监督等机器学习模型等等，包括传统的 K 近邻（KNN）、支持向量机（SVM）、决策树（Decision Tree）、梯度提升树（GBDT）、K-means 等模型以及 CNN、LSTM 等深度学习模型。在接下来的章节中，我们将根据不同任务，介绍使用不同深度学习方法进行建模的方法。

9.2   自然语言处理应用

9.2.1   文本分类

所谓的文本分类，就是将一个文档分类为 C 个类别中的某一类。文本分类也可以用在很多任务上，常见的有垃圾邮件分类、情感分类等等。

在之前的章节中，我们已经介绍了卷积神经网络在计算机视觉领域取得的丰硕成果，在 2014 年的 NIPS 大会上由 Yoon Kim 在论文 *Convolutional Neural Networks for Sentence Classification* 中提出了 TextCNN，首次将卷积神经网络应用在大规模文本分类上。TextCNN 结构简单，效果好，引发了卷积神经网络在自然语言处理中的热潮，TextCNN 的结构如图 9.10 所示。

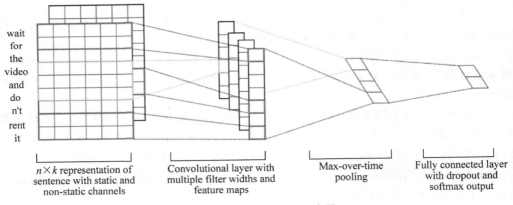

图 9.10   TextCNN 结构示意图

TextCNN 模型主要由 Embedding 层、一维卷积层、时序最大池化层和全连接层组成。

（1）Embedding 层接收词向量构成的矩阵，将词向量（可以通过 word2vec 得到）转换为更低维向量表示。

（2）一维卷积层提取词向量的特征，其中多输入通道的一维互相关运算可以看作单输入通道的二维互相关运算。

（3）时序最大池化层（Max-Over-Time Pooling）实际上对应一维全局最大池化层，对于多输入通道上不同时间步的数值，各通道的输出即该通道所有时间步中最大的数值。

（4）全连接层接收时序最大池化后的特征，并输出相应的类别。

TextCNN 在文本分类任务中取得了非常不错的效果，但是受限于卷积神经网络局部感知的特性，其卷积核的大小是固定的，这就限制了建模序列信息的长度。此外，如何确定一个合适的卷积核的大小也非常依赖研究人员的经验。在自然语言处理中更常用的是递归神经网络,其动态的结构有利于处理不同长度的序列,能够更好地表达上下文信息,使用 RNN 进行文本分类的示意图见图 9.11。

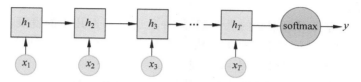

图 9.11 RNN 文本分类的示意图

RNN 虽然能获取上下文信息,但 RNN 是有偏的模型,在时序上靠后的词重要性更大,这影响了分类的性能,因为每个词的重要性与其在句子中的顺序无关,对此 Lai 等人提出了一种结合 CNN 与 RNN 的文本分类模型,如图 9.12 所示。相较于之前基于 CNN 或者 RNN 的方法,这个联合模型通过使用双向循环结构可以更灵活地获取序列信息,相比传统的基于窗口的神经网络,能够最大化地提取上下文信息,而网络中的 Max-pooling layer 可以综合所有时间点的特征,因此取得了很好的效果。

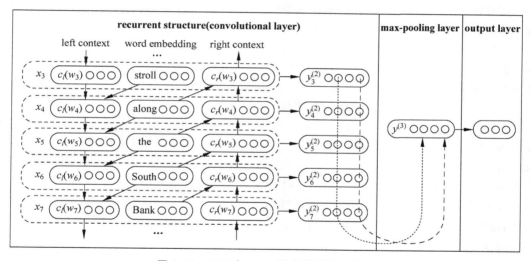

图 9.12 CNN 与 RNN 联合模型的示意图

9.2.2 机器翻译

我们曾在循环神经网络一章中介绍过,使用 Seq2seq 架构和注意力机制解决机器翻译的例子,在这一小节,我们将更全面地介绍机器翻译。机器翻译是人工智能技术中具有客观商业价值的一个方向,也是近年来发展最快的一个方向。我们从各大公司的翻译引擎中就可以看到机器翻译技术的进步与收益,如金山词霸、百度翻译、谷歌翻译等等。在接下来讲机器翻译方法的过程中,可以以你最熟悉的一个翻译工具为参考,体会它的进化过程。

最早的机器翻译工作可以追溯到 20 世纪 50 年代,并且在很长一段时间内使用的方法都是基于规则的方法。很显然,这种方法需要更多的"人的智慧"——规则需要人为地一条一条编写。当然,这种方法消耗的人力是巨大的。大概到 20 世纪 90 年代,就有人提出了基于统计的方法,通过学习大量的双语平行句对(例如"我爱你"和"I love you"就是一个中英平行句对),来获得一个机器翻译模型。在接下来的 20 年中,研究者们主要致力于研究基于统计的机器翻译方法。

2014 年出现了基于神经网络的机器翻译,并且通过最近几年的发展,其进展之大已经超越了已发展了 20 多年的基于统计的方法。基于神经网络的方法模型简单,代码量少,还可以实现端到端(end-to-end)的训练,极大地简化了开发过程。

基于神经网络的机器翻译又称为**神经机器翻译(Neural Machine Translation,NMT)**,待翻译的语句称为源句,需要获得的目标语句称为目标句。神经机器翻译的过程与人类的翻译过程类似。首先是通过一个编码器(encoder)将源句编码为一个特征向量,类似于人类的理解句子意思;然后通过一个解码器(decoder)将这个特征向量转换为目标句,类似于人类的表达过程。整个翻译模型的架构如同序列至序列架构(Seq2Seq),编码器是一个 RNN 的语言模型,将输入单词的词向量依次送入编码 RNN 中,输入完毕送入一个终止符就可以开始解码的步骤。解码器是另一个 RNN 语言模型,解码器的第一个 RNN 隐层神经元接收编码器的最后一个隐藏层的输出状态。

随着注意力机制的引入,机器翻译模型取得了更大的进步。我们曾在第 7 章中最初讲解注意力机制时,就说明了最基本的基于编解码结构的模型的问题——编码器提取的源句的"上下文"特征向量通常不足以表达一个长句的全部信息。因此,在解码器生成每一个目的单词时,都会计算一个"注意力",这个"注意力"会从编码器的隐藏层特征向量中选择一个作为当前解码单元的输入。与上述简单方法不同的是,基于注意力的方法不仅用到了编码器最终的状态,也用到了中间隐层那些神经元的状态。

具体地,对于编码器,为了使每一个位置的中间状态都尽量包含上下文的信息,使用了双向 RNN 的结构。对于解码器,我们在每一个位置都要计算一个注意力,即生成一个源句长度的权重向量,这个向量的每一个元素反映了对源句中对应单词的注意力,也可以看为一个概率分布,所以要用到 softmax 函数。这种注意力在前面章节中也介绍过,叫软注意力机制。求得了注意力概率分布之后,我们就可以通过概率的加权平均来综合输入的各位置的状态,最终得到了当前输出位置需要的上下文特征向量 c_i。引入注意力机制的机器翻译模型如图 9.13 所示。

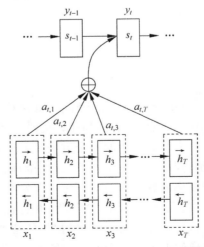

图 9.13 引入注意力机制的机器翻译模型

其中，

$$a_j = \frac{\mathrm{e}^{z_j}}{\sum\limits_k \mathrm{e}^{z_k}}, \quad \boldsymbol{c}_i = \sum_{j=1}^{T} a_j \boldsymbol{h}_j$$

各大互联网巨头都公开了自己的翻译系统，其中谷歌的机器翻译系统(GNMT)采用的结构也是上述的编解码与注意力相结合(encoder-decoder-attention)的方法，如图 9.14 所示。其中，编码器和解码器都是由 8 层 LSTM 组成，每层 LSTM 之间存在残差连接。特别地，在编码器中，只有第二层的 LSTM 是反向的，其他的七层都是正向的。或者说，前两层 LSTM 构成了双向 LSTM 结构，后面连接六层深度单向 LSTM 结构。这种结构能够很好地学习句子上下文信息。因此，GNMT 系统能够达到非常好的效果，例如在法语翻英语时，GNMT 基本达到人工翻译的水平；在中英翻译或者英中翻译任务上，GNMT 的翻译结果也超过了传统的基于短语的机器翻译模型(Phase-Based Machine Translation，PBMT)。

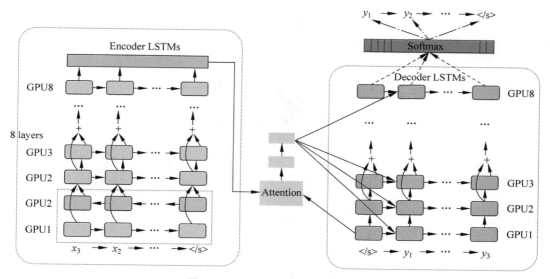

图 9.14　谷歌机器翻译系统框架

下面再介绍一种基于卷积的机器翻译模型。为什么用 RNN 进行机器翻译的效果这么好，还需要用卷积来完成呢？的确，使用 RNN 建模序列数据确实对症下药。但是 RNN 也存在一些缺点，比如对序列的处理必须按序进行，这就导致无法并行优化，速度很慢。于是，Facebook 的研究者们就提出了基于卷积的机器翻译模型，代替了基于 RNN 的结构，不仅效果比 Google 的翻译系统更好，而且速度更是提高了很多。

我们之前看到的卷积大多用于处理图像，因为对于图像而言，卷积操作可以提取多样的局部特征，且参数量比全连接层要少，计算速度快。而对于翻译任务，我们同样可以引进卷积操作来提取局部特征，然后通过堆叠卷积的方式来分层提取高层次特征。这个过程我们可以类比图像中的"卷积-池化"以不断增加感受野的过程，类似地，这样的结构也可以建立长距离依赖。

Facebook 的基于卷积的机器翻译同样是编码-解码-注意力机制这样的网络架构，如图 9.15 所示。图中显示的是从英语翻译到德语的过程，上方是编码器部分，对于一句英语源句"They agree",首先获得每个单词的词向量,再通过 15 层的卷积层,就获得了编码器编码出的特征向量;左下方是解码器部分,在生成每个目标语言的单词时,目标句需要经过 15 层的卷积,然后与编码器的特征向量计算点积,即注意力分布,最后通过注意力完成最终的解码过程。

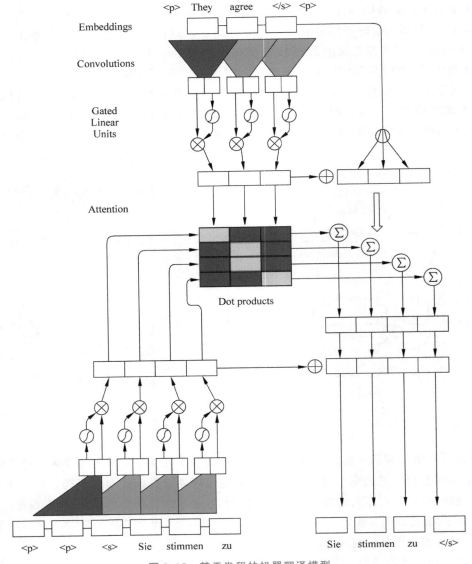

图 9.15　基于卷积的机器翻译模型

　　此外,我们再介绍一项微软的团队提出的机器翻译架构,这项工作被发表在 2016 年的 NIPS 会议上。对于 NMT 问题,我们在训练时通常需要用到大量待标注的数据,有时这是无法达到的,特别是对于一些小语种的翻译工作。为了解决这一问题,这项工作提出了一种**对偶学习(Dual Learning)**的方法,让模型可以从没有标注的数据中学习。

　　对偶学习的方法如图 9.16 所示。从方法框架和伪代码可以看出,机器翻译的过程可以分为两个阶段。蓝色的箭头为原始(prime)问题阶段,完成从英文至中文的翻译工作;黄色的箭头为对偶(dual)问题阶段,完成从中文至英文的翻译工作。原始问题和对偶问题刚好形成一个闭环,并且对偶问题也可以有足够的信息来学习。具体的训练方法采用的是深度强化学习和生成对抗学习的方法来训练网络参数。

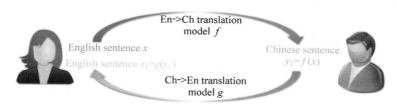

图 9.16　机器翻译中的对偶学习方法

具体的对抗反馈的训练过程如下:

(1) 获得英文数据集 DA 和中文数据集 DB,待学习的弱翻译器 f 和 g,强语言模型 LMA 和 LMB,以及一些超参数;

(2) 对于熟悉英语的人,从 DA 中选出一个句子 X,经过弱翻译器 f 翻译后得到了中文语句 Y1;

(3) 对于熟悉中文的人,看到 Y1 之后,先使用强语言模型 LMB 来分析 Y1 的好坏,从而可以完成弱翻译器 f 的学习工作;

(4) 然后这个熟悉中文的人再将 Y1 通过弱翻译器 g 翻译,得到英文语句 X1;

(5) 熟悉英语的人看到 X1 之后,不仅用强语言模型 LMA 分析 X1 的好坏,还要对比重构损失,即 X 与 X1 的差别,从而可以修正弱翻译器 g;

(6) 对 DB 中的语句,也经过类似步骤 2～步骤 5 的工作,完成另一个原始问题和对偶问题的反馈训练。这样交替训练最终得到了两个强的翻译器。

下面给出对偶学习算法伪代码:

---

1 **Input**：Monolingual 语料库 D_A 和 D_B,初始化翻译模型 Θ_{AB} 和 Θ_{BA},语言模型 LM_A 和 LM_B,超参数 α,束搜索大小 K,学习率 $\gamma_{1,t}$,$\gamma_{2,t}$。

2 **repeat**

3 　　$t = t + 1$

4 　　分别从 D_A 和 D_B 中采样句子 s_A 和 s_B。

// 从 A 开始更新模型

5 　　设置 $s = s_A$。

6 　　使用束搜索,根据翻译模型 $P(.\,|\,s;\Theta_{AB})$,产生 K 个句子 $s_{mid,1}, \cdots, s_{mid,K}$。

7 　　**for** $k = 1, \cdots, K$ **do**

8 　　　　对第 k 个采样的句子设置语言模型奖励 $r_{1,k} = LM_B(s_{mid,k})$。

9 　　　　对第 k 个采样的句子设置沟通奖励 $r_{2,k} = \log P(s\,|\,s_{mid,k};\Theta_{BA})$。

10 　　　　对第 k 个采样的句子设置总奖励 $r_k = \alpha r_{1,k} + (1-\alpha) r_{2,k}$。

11 　　**end for**

12　计算 Θ_{AB} 随机梯度：

$$\nabla_{\Theta_{AB}}\hat{E}[r]=\frac{1}{K}\sum_{k=1}^{K}[r_k\nabla_{\Theta_{AB}}\log P(s_{mid,k}\mid s;\Theta_{AB})]$$

13　计算 Θ_{BA} 随机梯度：

$$\nabla_{\Theta_{BA}}\hat{E}[r]=\frac{1}{K}\sum_{k=1}^{K}[(1-\alpha)\nabla_{\Theta_{BA}}\log P(s_{mid,k}\mid s;\Theta_{BA})]$$

14　模型更新：

$$\Theta_{AB}\leftarrow\Theta_{AB}+\gamma_{1,t}\nabla_{\Theta_{AB}}\hat{E}[r],\Theta_{BA}\leftarrow\Theta_{BA}+\gamma_{2,t}\nabla_{\Theta_{BA}}\hat{E}[r]$$

// 从 B 开始更新模型

15　设置 $s=s_B$。

16　对称的执行 6 至 14 行的过程。

17 **until** 收敛

最后再简单介绍一项中科院自动化所的工作。这项工作首次使用生成对抗网络来完成机器翻译的任务，并且针对 BLEU 指标，性能有很大的提高。

它提出了条件 GAN 作为翻译模型，即 BR-CSGAN，模型的框架如图 9.17 所示。首先翻译模型由两大部分组成，其中之一为生成模型 G，它采用的是传统的基于注意力机制的神经网络翻译模型，将源句翻译成目标句；另外一部分为对抗网络，主要用于判断句子是翻译而来还是人为翻译的，我们的目标当然是尽量让机器翻译的结果和人为翻译的结果相像。对抗网络的设计有两种方式——卷积神经网络和循环神经网络，通过实验发现卷积神经网络的效果要更好一些，原因在于 LSTM 的结构在训练时存在**负信号**（**Negative Signal**）干扰。

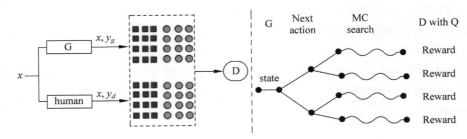

图 9.17　BR-CSGAN 模型框架

由于 GAN 的训练通常很难，故而定制了其训练策略，先预训练了生成器 G 的部分，然后固定生成器 G 的参数来单独训练判别器的部分。当判别器的精度达到一定值后，才进行对抗训练。

我们对目前的机器翻译方法稍作小结。基于 NMT 的机器翻译基本已经代替了统计机器翻译的方法，并且目前的发展潜力仍然巨大。但是，它也存在一些问题：

首先，网络的可解释性通常较差，黑盒模型不便于理解和调优；

其次，大多数的 NMT 都会使用到 LSTM 这样的结构，甚至堆叠多层，模型的计算复杂度过高；

第三，NMT 不能很好地融合语法树、调序模型等；

第四，NMT 对专有名词、数字等不常见的单词翻译效果不好；

第五，NMT 有时会漏掉源句部分成分的翻译；

第六，NMT 从线上部署至移动端环境还有性能问题。

9.2.3　自动问答

机器的自动问答可以追溯到 20 世纪提出的图灵测试。随着人工智能和自然语言处理的发展，自动问答又成为一个热门话题。自动问答系统主要处理两方面数据，分别是接受的问题和给出的回答。处理框架通常包括三部分：问句理解、知识检索和答案生成。

问句理解就是理解用户的提问，是人机交互的第一步。与上述的分词、词性标注等低层任务不同，问句理解使高层次的语义理解。问句理解主要包含多方面任务，首先是对问句进行分类，就是明确问句归属的确切类别，使得机器能够从特定的答案集合中找到对应的回答，具体的问句分类方法可以使用机器学习或深度学习方法来实现。其次是焦点问题提取，即需要回答的问题所针对的方面，例如"这只狗的颜色是什么？"它的焦点问题肯定是颜色，因此需要在颜色的集合中寻找答案。最后是探索问句隐含的含义，即需要把没有直接表达的部分补全出来，例如"你多大？"可以根据上下文补全"你（的年龄）多大？"或者"你（的鞋子）多大？"等内容。

知识检索就是根据问句理解提取的信息，在知识库中检索出相关联的知识，然后传递给后续的答案生成模块产生相应的回答。具体的知识检索模型有布尔模型、语言模型和概率模型等。知识检索部分的主要问题就是如何减小真实问句与知识库中存储的问句之间的语义差距，近年来使用较多的都是建立真实问句与检索问句之间的概率分布，从而能够找出最相似的搜索结果。

答案生成就是根据知识检索到的信息，得到正确并且简洁的答案。其中，最主要的部分就是知识库中候选答案的抽取工作，具体可以分为词汇短语抽取、句子抽取和段落抽取等。段落抽取粒度最大，它主要将多个候选句子合并为一个简洁正确的句子。句子抽取则是对候选句子进行提纯，去除错误答案。词汇短语抽取粒度最小，是采用更深层的分析技术从候选句子中提取出个别词或短语。回答的置信度计算是其中基本的部分，在传统实现中，它一般是通过提取句法、语义等特征，再通过机器学习的方法来实现。

对于如今基于深度学习的问答系统来讲，问句理解和答案生成都可以通过深度神经网络来实现，其中的知识检索可以构建相应的概率分布。下面来介绍一篇 2015 年 ACL 会议上发表的论文 *Neural Responding Machine for Short-Text Conversation*，称为**神经回答机**（**Neural Responding Machine，NRM**），使用类似于机器翻译的思路来构建自动问答系统。

NRM 也是基于编解码的循环神经网络 Seq2seq 架构，大体框架如图 9.18 所示。输入序列就是待处理的问句，输出序列就是对应的机器回答部分。其中，编码器用于提取问句中的信息，而解码器用于生成对应的答案，编解码部分使用的循环神经网络单元都是门控循环单元 GRU。

以往的基于 Seq2seq 的问答系统与最早的机器翻译框架相同，都是将编码器提取的上下文特征向量传递给解码器的每一个时间步的输入，从而结合解码器的隐藏层循环生成回

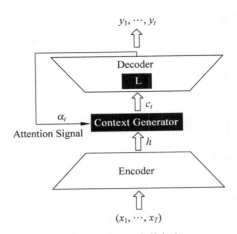

图 9.18　NRM 大体框架

答结果。这种传统方式所产生的结果的问题及原因在之前介绍 Seq2seq 框架、注意力机制和机器翻译任务时都有提及,简而言之就是,由于编码器与解码器展开过深会导致序列的长期依赖问题,由于隐藏层向量的向量长度有限而导致信息编码容量不足等问题。

因此,NRM 改进与机器翻译中使用的策略类似,即加入软注意力机制。不同的是,NRM 延续了之前的工作,保留了**全局编码器(Global Encoder)**用于提取最终的上下文特征向量,此外还结合了注意力机制,提出了**局部编码器(Local Encoder)**结构,用于生成更好的编码向量然后传递给相应的解码器时间步。细节的算法框架如图 9.19 所示。

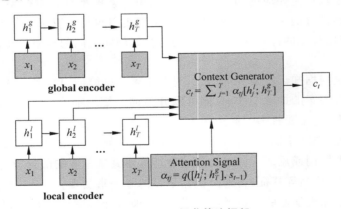

图 9.19　NRM 细节算法框架

全局编码器的结构就是一个典型的单向 GRU 的结构,输入问题的每个词向量依次输入 GRU 中,并且保留最终的问题上下文语义特征向量 h_T^g。

局部编码器的结构与全局编码器的结构完全相同,但是功能完全不同,因此最终的参数也不相同。局部编码器的每一个时间步的隐藏层特征向量 $h_1^l, h_2^l, \cdots, h_T^l$ 都需要保留,用于最终解码器生成回答语句时,计算相关的注意力概率分布。

在解码时,解码器生成每一个时间步的回答单词时,需要计算当前步输出与局部编码器中隐藏层每个位置的注意力概率分布。具体地,是将局部编码器中每个隐藏层的特征向量 $h_1^l, h_2^l, \cdots, h_T^l$ 与全局编码器的输出向量 h_T^g 拼接后,与解码器上一个时间步的隐藏层特征

向量 s_{t-1} 计算软注意力概率，得到概率分布 α_{ij}。然后利用此注意力概率分布对局部编码器和全局编码器组合特征向量中的各个部分进行加权平均，最终得到需要计算的当前步的输出单词所需的上下文特征向量，并将其输入到对应时间步的解码单元中得到相应的问题回答单词。重复此过程，直到输出句子终结符。

9.3　实践：机器翻译

机器翻译即实现从源语言到目标语言转换的过程，是自然语言处理的重要研究领域之一。本教程使用神经网络来实现端到端的神经网络机器翻译。

以中英翻译为例，输入已经分好词的中文句子：

这些|是|希望|的|曙光|和|解脱|的|迹象

如果设定显示翻译结果的条数（即柱搜索算法的宽度）为 3，生成的英语句子如下：

0 —5.36816　These are signs of hope and relief . <e>

1 —6.23177　These are the light of hope and relief . <e>

2 —7.7914　These are the light of hope and the relief of hope . <e>

其中第一列表示生成句子的序号；第二列表示句子的得分，得分越高越好；第三列即为生成的句子；<e>代表句子的结尾。

本实践代码已在 AI Studio 上公开，通过扫描上方二维码或访问 https://aistudio.baidu.com/aistudio/projectDetail/101810，可在页面中找到本章节对应实践代码。

9.3.1　数据准备

本实践使用 WMT-14 数据集中的 bitexts(after selection)作为训练集，dev＋test data 作为测试集。因为完整的数据集数据量较大，为了验证训练流程，飞桨接口 paddle. dataset. wmt14 中默认提供了一个经过预处理的较小规模的数据集。该数据集有 193 319 条训练数据，6003 条测试数据，词典长度为 30 000。我们可以在这个数据集上对模型进行实验；但真正需要训练时，还是建议采用原始数据集，如代码清单 9.1 所示。

代码清单 9.1　训练集与测试集准备

```
train_reader = paddle.batch(
        paddle.reader.shuffle(
            paddle.dataset.wmt14.train(dict_size), buf_size = BUF_SIZE),
        batch_size = BATCH_SIZE)
test_data = paddle.batch(
        paddle.reader.shuffle(
            paddle.dataset.wmt14.test(dict_size), buf_size = BUF_SIZE),
        batch_size = BATCH_SIZE)
```

上述代码中，paddle. dataset. wmt14. train()和 paddle. dataset. wmt14. test()分别用于读取经过预处理的 wmt14 训练集和测试集。每次会在乱序化后提供一个大小为

BATCH_SIZE 的数据,乱序化的大小为缓存大小 BUF_SIZE。

9.3.2 网络结构定义

由一个任意长度的源序列到另一个任意长度的目标序列的变换可看作一个编码—解码过程。编码阶段将源序列编码成一个向量,解码阶段通过最大化预测序列概率,解码出整个目标序列。编码和解码的过程可以使用 RNN 实现,如图 9.20 所示。

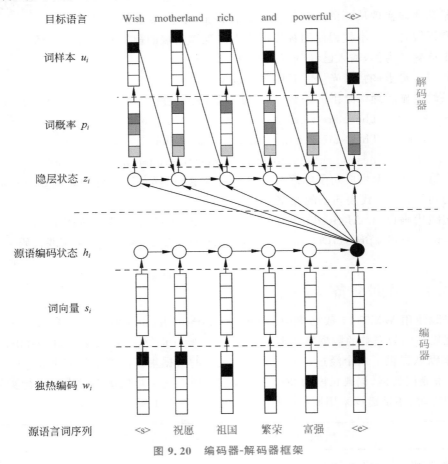

图 9.20 编码器-解码器框架

编码阶段分为三步:

(1) one-hot vector 表示:将源语句 $x = \{x_1, x_2, \cdots, x_T\}$ 的每个词 x_i 表示成一个列向量 $w_i \in \{0,1\}^{|V|}, (i = 1, 2, \cdots T)$。向量 w_i 的维度与词汇表大小 $|V|$ 相同,它的分量仅一个维度的值为 1(该位置对应该词在词汇表中的位置),其余全是 0。

(2) 映射到低维语义空间的词向量:one-hot vector 表示存在两个问题,一是生成的向量 w_i 的维度往往很大,容易造成维数灾难;二是难以描述词与词之间的关系。因此,需要将 one-hot vector 映射到低维的语义空间,表示为一个固定的低维度稠密向量(称为词向量)。

（3）用 RNN 编码源语言词序列：这一过程的计算公式为 $h_i = \phi\theta(h_{i-1}, s_i)$，其中 h_0 是一个全零的向量，$\phi\theta$ 是一个非线性激活函数，最后得到的 $h = \{h_1, \cdots, h_T\}$ 就是 RNN 依次读入源语言 T 个词的状态编码序列。整句话的向量表示可以采用 h 在最后一个时间步 T 的状态编码，或使用时间维上的池化（pooling）结果。这一阶段也可以使用双向循环神经网络实现更复杂的句编码表示，具体可以用双向 GRU 实现，如代码清单 9.2 所示。

代码清单 9.2　定义编码器 encoder

```
def encoder():
    #输入是一个文字序列,被表示成整型的序列
    src_word_id = fluid.layers.data(
        name = "src_word_id", shape = [1], dtype = 'int64', lod_level = 1)
    #将上述编码映射到低维语言空间的词向量
    src_embedding = fluid.layers.embedding(
        input = src_word_id,              #输入为独热编码
        size = [dict_size, word_dim],     #dict_size:字典维度 word_dim:词向量维度
        dtype = 'float32',
        is_sparse = is_sparse,
        param_attr = fluid.ParamAttr(name = 'vemb'))
    #LSTM层:fc + dynamic_lstm
    fc1 = fluid.layers.fc(input = src_embedding, size = hidden_dim * 4, act = 'tanh')
    lstm_hidden0, lstm_0 = fluid.layers.dynamic_lstm(input = fc1, size = hidden_dim * 4)
    #完成所有时间步内的lstm计算,得到编码的最终输出
    encoder_out = fluid.layers.sequence_last_step(input = lstm_hidden0)
    return encoder_out
```

解码阶段的目标是最大化下一个正确的目标语言词的概率。通过最大化预测序列概率，从中解码出整个目标序列，如代码清单 9.3 所示。

代码清单 9.3　定义训练模式下解码器 train_decoder

```
def train_decoder(context):
    #获取目标语言序列
    trg_language_word = fluid.layers.data(
        name = "target_language_word", shape = [1], dtype = 'int64', lod_level = 1)
    #获取目标语言的词向量
    trg_embedding = fluid.layers.embedding(
        input = trg_language_word,
        size = [dict_size, word_dim],
        dtype = 'float32',
        is_sparse = is_sparse,
        param_attr = fluid.ParamAttr(name = 'vemb'))
    rnn = fluid.layers.DynamicRNN()
    with rnn.block():
        current_word = rnn.step_input(trg_embedding)                    #当前节点的输入
        pre_state = rnn.memory(init = context, need_reorder = True)     #上个节点的输出
        current_state = fluid.layers.fc(
            input = [current_word, pre_state], size = decoder_size, act = 'tanh')
        #对可能输出的单词进行打分,再用softmax函数进行归一化得到当前节点的概率
```

```
            current_score = fluid.layers.fc(input = current_state, size = target_dict_dim, act =
'softmax')
            #更新当前节点的输出为上个节点的输出
            rnn.update_memory(pre_state, current_state)
            rnn.output(current_score)
        return rnn()
```

实现推测模式下的解码器 decode，核心代码如代码清单 9.4 所示。

代码清单 9.4　推测模式下解码器 decode

```
init_state = context
#创建一个张量，值为目标序列最大长度 max_length
array_len = fluid.layers.fill_constant(shape = [1], dtype = 'int64', value = max_length)
counter = fluid.layers.zeros(shape = [1], dtype = 'int64', force_cpu = True)
state_array = fluid.layers.create_array('float32')
fluid.layers.array_write(init_state, array = state_array, i = counter)
#用 ids_array 和 scores_array 分别存储生成 token 的 id，以及累计得分
ids_array = fluid.layers.create_array('int64')
scores_array = fluid.layers.create_array('float32')
#初始 id 和初始得分
init_ids = fluid.layers.data(name = "init_ids", shape = [1], dtype = "int64", lod_level = 2)
init_scores = fluid.layers.data(
    name = "init_scores", shape = [1], dtype = "float32", lod_level = 2)
#初始 id 和初始得分写入对应 array
fluid.layers.array_write(init_ids, array = ids_array, i = counter)
fluid.layers.array_write(init_scores, array = scores_array, i = counter)
#生成目标语言长度大于等于 max_length 则停止解码
cond = fluid.layers.less_than(x = counter, y = array_len)
while_op = fluid.layers.While(cond = cond)
with while_op.block():
        #从对应 array 中读取上一时刻的 id, state, score
        pre_ids = fluid.layers.array_read(array = ids_array, i = counter)
        pre_state = fluid.layers.array_read(array = state_array, i = counter)
        pre_score = fluid.layers.array_read(array = scores_array, i = counter)
        pre_state_expanded = fluid.layers.sequence_expand(pre_state, pre_score)
        pre_ids_emb = fluid.layers.embedding(
            input = pre_ids,
            size = [dict_size, word_dim],
            dtype = 'float32',
            is_sparse = is_sparse,
            param_attr = fluid.ParamAttr(name = 'vemb'))
        current_state = fluid.layers.fc(
            input = [pre_state_expanded, pre_ids_emb],
            size = decoder_size,
            act = 'tanh')
        current_state_with_lod = fluid.layers.lod_reset(x = current_state, y = pre_score)
```

并使用 score 进行 beam search，如代码清单 9.5 所示。

代码清单 9.5　推测模式下解码器 decode

```
current_score = fluid.layers.fc(
        input = current_state_with_lod, size = target_dict_dim, act = 'softmax')
topk_scores, topk_indices = fluid.layers.topk(current_score, k = beam_size)
accu_scores = fluid.layers.elementwise_add(
        x = pd.log(topk_scores), y = pd.reshape(pre_score, shape = [ - 1]), axis = 0)
# 根据 beam_search 算法, 选出当前时刻得分最高的 topk 个 ids, 以及对应得分
selected_ids, selected_scores = fluid.layers.beam_search(
    pre_ids,
    pre_score,
    topk_indices,
    accu_scores,
    beam_size,
    end_id = 1,
    level = 0)
withfluid.layers.Switch() as switch:
    # 若所有 beam 分支的句子都解码结束, 设 cond = 0, 终止循环
    with switch.case(pd.is_empty(selected_ids)):
        fluid.layers.fill_constant(
            shape = [1], value = 0, dtype = 'bool', force_cpu = True, out = cond)
    with switch.default():
        fluid.layers.increment(x = counter, value = 1, in_place = True)
        # update the memories
        fluid.layers.array_write(current_state, array = state_array, i = counter)
        fluid.layers.array_write(selected_ids, array = ids_array, i = counter)
        fluid.layers.array_write(selected_scores, array = scores_array, i = counter)
        length_cond = fluid.layers.less_than(x = counter, y = array_len)
        finish_cond = fluid.layers.logical_not(pd.is_empty(x = selected_ids))
        fluid.layers.logical_and(x = length_cond, y = finish_cond, out = cond)
```

在定义好编码器, 解码器后, 就可以使用编码解码器进行训练了, 如代码清单 9.6 所示。

代码清单 9.6　网络定义

```
# 得到编码阶段的输出
context = encoder()
# 编码的最终结果作为解码计算的输入, 得到解码阶段的最终结果
rnn_out = train_decoder(context)
```

接下来定义损失函数, 使用的损失函数是交叉熵损失函数, 如代码清单 9.7 所示。

代码清单 9.7　定义损失函数

```
label = pd.data(name = "target_language_next_word", shape = [1], dtype = 'int64', lod_level = 1)
# 用交叉熵损失函数计算损失, 并使用 mean 算子进行损失规约
cost = pd.cross_entropy(input = rnn_out, label = label)
avg_cost = pd.mean(cost)
```

然后是定义优化方法,这里使用的是 Adagrad 优化方法,如代码清单 9.8 所示。

代码清单 9.8　定义优化方法

```
optimizer = fluid.optimizer.Adagrad(
    learning_rate = 1e - 4,
    regularization = fluid.regularizer.L2DecayRegularizer(
        regularization_coeff = 0. 1))
opts = optimizer.minimize(avg_cost)
```

9.3.3　网络训练

在执行训练之前,需要首先定义输入的数据维度,如代码清单 9.9 所示。

代码清单 9.9　数据维度定义

```
feeder = fluid.DataFeeder( place = place, feed_list = [ 'src_word_id',
                                                        'target_language_word',
                                                        'target_language_next_word'])
```

之后就可以进行正式的训练了。在 Executor 的 run 方法中,feed 代表以字典的形式定义了数据传入网络的顺序,feeder 在代码清单 9.9 中已经进行了定义。

训练的代码如代码清单 9.10 所示,每轮训练完成后,对模型进行保存。

代码清单 9.10　模型训练与保存

```
NUM_EPOCH = 5
for pass_id in range(NUM_EPOCH):
    train_cost = 0
    for batch_id, data in enumerate(train_reader()):
        train_cost = exe.run(program = fluid.default_main_program(),
                             feed = feeder.feed(data),
                             fetch_list = [avg_cost])
        if batch_id % 10 == 0:
            print('Pass: % d, Batch: % d, Cost: % 0.5f' % (pass_id, batch_id, train_cost[0]))
    if not os.path.exists(model_save_dir):
        os.makedirs(model_save_dir)
    print ('save models to % s' % (model_save_dir))
    fluid.io.save_inference_model(model_save_dir, ['src_word_id'], [rnn_out], exe)
```

9.3.4　网络预测

前面已经进行了模型训练,并保存了训练好的模型。接下来就可以使用训练好的模型来进行机器翻译了。

预测之前首先要构造预测数据，如代码清单 9.11 所示。

代码清单 9.11　初始化预测数据

```
init_ids_data = np.array([0 for _ in range(batch_size)], dtype = 'int64')
init_scores_data = np.array(
    [1. for _ in range(batch_size)], dtype = 'float32')
init_ids_data = init_ids_data.reshape((batch_size, 1))
init_scores_data = init_scores_data.reshape((batch_size, 1))
init_lod = [1] * batch_size
init_lod = [init_lod, init_lod]
init_ids = fluid.create_lod_tensor(init_ids_data, init_lod, place)
init_scores = fluid.create_lod_tensor(init_scores_data, init_lod, place)
```

准备好数据之后，开始进行预测，预测核心代码如代码清单 9.12 所示。

代码清单 9.12　模型预测

```
for data in test_data():
    feed_data = map(lambda x: [x[0]], data)
    feed_dict = feeder.feed(feed_data)
    feed_dict['init_ids'] = init_ids
    feed_dict['init_scores'] = init_scores
    results = exe.run(
        fluid.default_main_program(),
        feed = feed_dict,
        fetch_list = [translation_ids, translation_scores],
        return_numpy = False)
    result_ids = np.array(results[0])
    result_ids_lod = results[0].lod()
    result_scores = np.array(results[1])
```

9.4　习题

1. 实践：试用 Jieba 中文分词工具对散文《茶馆》和古文《千字文》进行分词，如出现分词错误，请分析原因。

2. 实践：使用 word2vec 将上述分词结果转换为词向量。

3. 实践：试用 PaddlePaddle 实现 TextCNN（详见 9.2.1 节）。

参 考 文 献

[1] WU Y，HE K. Group normalization[J]. arXiv，2018.

[2] Understanding the backward pass through Batch Normalization Layer[EB/OL]. (2016-02-12). https：//kratzert. github. io/2016/02/12/understanding-the-gradient-flow-through-the-batch-normalization-layer. html.

[3] LECUN Y，BOTTOU L，BENGIO Y，et al. Gradient-based learning applied to document recognition [J]. Proceedings of the IEEE，1998，86(11)：2278-2324.

[4] KRIZHEVSKY A，SUTSKEVER I，HINTON G E. ImageNet classification with deep convolutional neural networks[J]. Advances in Neural Information Processing Systems,2012：1-9.

[5] SIMONYAN K，ZISSERMAN A. Very deep convolutional networks for large-scale Image recognition[C]//International Conference on Learning Representations (ICRL). 2015：1-14.

[6] CHANSUNG P. No title[EB/OL]. [2019-01-15]. https：//towardsdatascience. com/transfer-learning-in-tensorflow-9e4f7eae3bb4.

[7] LIN M，CHEN Q，YAN S. Network in network[J]. arXiv preprint，2013：10.

[8] SZEGEDY C，VANHOUCKE V，IOFFE S，et al. Rethinking the inception architecture for computer vision[C]//Proceedings of the IEEE Computer Society Conference on Computer Vision and Pattern Recognition (CVPR). 2016：2818-2826.

[9] IOFFE S，SZEGEDY C. Batch normalization：Accelerating deep network training by reducing internal covariate shift[J]. arXiv，2015：1-11.

[10] SZEGEDY C，IOFFE S，VANHOUCKE V. Inception-v4，Inception-ResNet and the impact of residual connections on learning[J]. arXiv，2016：12.

[11] CHOLLET F. Xception：Deep learning with depthwise separable convolutions[C]//2017 IEEE Conference on Computer Vision and Pattern Recognition(CVPR). IEEE，2017：1800-1807.

[12] HE K，ZHANG X，REN S，et al. Deep residual learning for image recognition[C]//2016 IEEE Conference on Computer Vision and Pattern Recognition (CVPR). IEEE，2016，7(3)：770-778.

[13] ORHAN A E，PITKOW X. Skip connections eliminate singularities[J]. arXiv，2017.

[14] HUANG G，LIU Z，WEINBERGER K Q，et al. Densely connected convolutional networks[J]. arXiv，2016.

[15] ZHANG X，ZHOU X，LIN M，et al. ShuffleNet：An extremely efficient convolutional neural network for mobile devices[J]. arXiv，2017.

[16] GRAVES A，MOHAMED A，HINTON G. Speech recognition with deep recurrent neural networks [C]//ICASSP. 2013：6645-6649.

[17] PASCANU R，GULCEHRE C，CHO K，et al. How to construct deep recurrent neural networks [J]. Computer Science，2013.

[18] POLLACK J B. Recursive distributed representations[J]. Artificial Intelligence，1990，46(1)：77-105.

[19] BOTTOU L. From machine learning to machine reasoning[J]. Machine Learning，2014，94(2)：133-149.

[20] BENGIO Y，FRASCONI P，SIMARD P. The problem of learning long-term dependencies in recurrent networks[C]//IEEE International Conference on Neural Networks. San Francisco：IEEE Press,1993：1183-1195.

[21] BENGIO Y，SIMARD P，FRASCONI P. Learning long-term dependencies with gradient descent is

difficult[J]. IEEE Transactions on Neural Networks, 2002, 5(2): 157-166.

[22] GREFF K, SRIVASTAVA R K, KOUTNIK J, et al. LSTM: A search space odyssey[J]. arXiv: 1503.04069.

[23] JOZEFOWICZ R, ZAREMBA W, SUTSKEVER I. An empirical evaluation of recurrent network architectures[C]//ICML. 2015.

[24] BAHDANAU D, CHO K, BENGIO Y. Neural machine translation by jointly learning to align and translate[C]//ICLR. 2015, arXiv: 1409.0473.

[25] GRAVES A, JAITLY N. Towards end-to-end speech recognition with recurrent neural Networks [C]//ICML. 2014.

[26] WANG W, CUI Z, YAN Y, et al. Recurrent face aging[C]//CVPR. 2016.

[27] MAO J, XU W, YANG Y, et al. Explain images with multimodal recurrent neural networks[J]. arXiv: 1410.1090v1.

[28] JIN B, HU Y, ZENG Y, et al. VarNet: Exploring variations for unsupervised video prediction [C]//IROS. 2018.

[29] 邱锡鹏. 神经网络与深度学习[EB/OL]. [2019-01-10]. https://nndl.github.io/.

[30] 郭立君, 赵杰煜, 史忠植. 生成模型与判别方法相融合的图像分类方法[J]. 电子学报, 2010, 38 (5): 1141-1145.

[31] CHOLLET F. Building autoencoders in Keras[EB/OL]. [2019-01-10]. https://blog.keras.io/building-autoencoders-in-keras.html.

[32] GOODFELLOW I J, POUGET-ABADIE J, MIRZA M, et al. Generative adversarial nets[G]// GHAHRAMANI Z, WELLING M, CORTES C, et al. Advances in Neural Information Processing Systems 27. Curran Associates, Inc., 2014: 2672-2680.

[33] RADFORD A, METZ L, CHINTALA S. Unsupervised representation learning with deep convolutional generative adversarial networks[J]. Computer Science, 2015: 1-16.

[34] CHEN X, DUAN Y, HOUTHOOFT R, et al. InfoGAN: Interpretable representation learning by information maximizing generative adversarial nets[J]. arXiv, 2016.

[35] MIRZA M, OSINDERO S. Conditional generative adversarial nets[J]. arXiv, 2014: 1-7.

[36] ARJOVSKY M, CHINTALA S, BOTTOU L. Wasserstein GAN[J]. arXiv, 2017.

[37] DENTON E, CHINTALA S, SZLAM A, et al. Deep generative image models using a Laplacian pyramid of adversarial networks[J]. arXiv, 2015: 1-10.

[38] ISOLA P, ZHU J Y, ZHOU T, et al. Image-to-image translation with conditional adversarial networks[C]//Proceedings-30th IEEE Conference on Computer Vision and Pattern Recognition. 2017: 5967-5976.

[39] PATHAK D, KRAHENBUHL P, DONAHUE J, et al. Context encoders: Feature learning by inpainting[C]//IEEE Conference on Computer Vision and Pattern Recognition. IEEE, 2016: 2536-2544.

[40] LEDIG C, THEIS L, HUSZÁR F, et al. Photo-realistic single image super-resolution using a generative adversarial network[C]//Proceedings-30th IEEE Conference on Computer Vision and Pattern Recognition. 2017: 105-114.

[41] HU Y, JIN B, TANG Q, et al. VarNet: Exploring variations for unsupervised video prediction [C]//IEEE/RSJ International Conference on Intelligent Robots and Systems(IROS). IEEE, 2018: 5801-5806.

[42] WIKI. 强化学习[EB/OL]. [2019-01-10]. https://zh.wikipedia.org/wiki/强化学习.

[43]　SUTTON R S，BARTO A G. Reinforcement learning：An introduction[M]. Cambridge，MA：MIT Press，2011.

[44]　ARULKUMARAN K，DEISENROTH M P，BRUNDAGE M，et al. Deep reinforcement learning：A brief survey[J]. IEEE Signal Processing Magazine，2017，34(6)：26-38.

[45]　刘建伟，高峰，罗雄麟. 基于值函数和策略梯度的深度强化学习综述[J]. 计算机学报，2019(6)：248-280.

[46]　邱锡鹏. 深度强化学习[G]. 2018.

[47]　MNIH V，KAVUKCUOGLU K，SILVER D，et al. Playing atari with deep reinforcement learning [G]//NIPS Deep Learning Workshop，2013.

[48]　LILLICRAP T P，HUNT J J，PRITZEL A，et al. Continuous control with deep reinforcement learning[J]. Computer Science，2015，8(6)：A187.

[49]　MNIH V，BADIA A P，MIRZA M，et al. Asynchronous methods for deep reinforcement learning [C]//International Conference on Machine Learning. 2016：1928-1937.

[50]　SCHULMAN J，WOLSKI F，DHARIWAL P，et al. Proximal policy optimization algorithms[J]. 2017，abs/1707.0.

[51]　MNIH V，KAVUKCUOGLU K，SILVER D，et al. Human-level control through deep reinforcement learning[J]. Nature，2015，518(7540)：529.

[52]　LEVINE S，FINN C，DARRELL T，et al. End-to-end training of deep visuomotor policies[J]. The Journal of Machine Learning Research，2016，17(1)：1334-1373.

[53]　DUAN Y，SCHULMAN J，CHEN X，et al. RL ^{2}：Fast reinforcement learning via slow reinforcement learning[J]. arXiv：1611.02779，2016.

[54]　KALASHNIKOV D，IRPAN A，PASTOR P，et al. QT-Opt：Scalable deep reinforcement learning for vision-based robotic manipulation[J]. CoRR，2018，abs/1806.1.

[55]　KENDALL A，HAWKE J，JANZ D，et al. Learning to drive in a day[J]. arXiv，2018.

[56]　OPEN MOBILE ALLIANCE. General service subscription management architecture[J]. 2009，22 (10)：1-20.

[57]　杨强，童咏昕. 迁移学习：回顾与进展[J]. 中国计算机学会通讯，2018：36-42.

[58]　KRIZHEVSKY A，SUTSKEVER I，HINTON G E. ImageNet classification with deep convolutional neural networks[J]. Advances in Neural Information Processing Systems，2012：1-9.

[59]　GEIGER A，LENZ P，URTASUN R. Are we ready for autonomous driving？The KITTI Vision Benchmark Suite[C]//IEEE Conference on Computer Vision and Pattern Recognition. IEEE，2012.

[60]　UIJLINGS J R R，VAN DE SANDE K E A，GEVERS T，et al. Selective search for object recognition[J]. International Journal of Computer Vision，2013，104(2)：154-171.

[61]　GIRSHICK R，DONAHUE J，DARRELL T，et al. Rich feature hierarchies for accurate object detection and semantic segmentation[C]//Proceedings of the IEEE Computer Society Conference on Computer Vision and Pattern Recognition. 2014：580-587.

[62]　GIRSHICK R. Fast R-CNN slides[EB/OL]. [2019-01-10]. https://dl.dropboxusercontent.com/s/vlyrkgd8nz8gy5l/fast-rcnn.pdf?dl=0.

[63]　HE K，ZHANG X，REN S，et al. Spatial pyramid pooling in deep convolutional networks for visual recognition[J]. arXiv，2014：1-14.

[64]　GIRSHICK R. Fast R-CNN[C]//Proceedings of the IEEE International Conference on Computer Vision. 2015：1440-1448.

[65]　Faster R-CNN：Down the rabbit hole of modern object detection[EB/OL]. [2019-01-10].

https://tryolabs.com/blog/2018/01/18/faster-r-cnn-down-the-rabbit-hole-of-modern-obje ct-detection/.

[66] REN S, HE K, GIRSHICK R, et al. Faster R-CNN: Towards real-time object detection with region proposal networks[J]. IEEE Transactions on Pattern Analysis and Machine Intelligence, 2015, 39(6): 1137-1149.

[67] DAI J, LI Y, HE K, et al. R-FCN: Object detection via region-based fully convolutional networks [J]. arXiv, 2016.

[68] CAI Z, VASCONCELOS N. Cascade R-CNN: Delving into high quality object detection[J]. arXiv, 2017.

[69] REDMON J, DIVVALA S, GIRSHICK R, et al. You only look once: Unified, real-time object detection[C]//IEEE Conference on Computer Vision and Pattern Recognition. IEEE, 2016: 779-788.

[70] LIU W, ANGUELOV D, ERHAN D, et al. SSD: Single shot multiBox detector[C]// European Conference on Computer Vision. 2016, 32(7): 21-37.

[71] WANG J, CHEN K, YANG S, et al. Region proposal by guided anchoring[J]. arXiv, 2019.

[72] SHRIVASTAVA A, GUPTA A, GIRSHICK R. Training region-based object detectors with online hard example mining[C]//IEEE Conference on Computer Vision and Pattern Recognition (CVPR). IEEE, 2016, 17(1): 761-769.

[73] LIN T Y, GOYAL P, GIRSHICK R, et al. Focal loss for dense object detection[C]//IEEE International Conference on Computer Vision. 2017: 2999-3007.

[74] LIN T Y, DOLLÁR P, GIRSHICK R, et al. Feature pyramid networks for object detection[C]// Proceedings-30th IEEE Conference on Computer Vision and Pattern Recognition. 2017: 936-944.

[75] HE K, GKIOXARI G, DOLLAR P, et al. Mask R-CNN [C]//Proceedings of the IEEE International Conference on Computer Vision. 2017: 2980-2988.

[76] LONG J, SHELHAMER E, DARRELL T. Fully convolutional networks for semantic segmentation [C]//IEEE Conference on Computer Vision and Pattern Recognition. 2015: 3431-3440.

[77] BADRINARAYANAN V, KENDALL A, CIPOLLA R. SegNet: A deep convolutional encoder-decoder architecture for image segmentation[J]. Cvpr, 2015: 5.

[78] NOH H, HONG S, HAN B. Learning deconvolution network for semantic segmentation[J]. arXiv, 2015.

[79] RONNEBERGER O, FISCHER P, BROX T. U-Net: Convolutional networks for biomedical image segmentation[J]. arXiv, 2015.

[80] CHEN L C, PAPANDREOU G, KOKKINOS I, et al. Semantic image segmentation with deep convolutional nets and fully connected CRFs[J]. Iclr, 2014: 1-14.

[81] ZHAO H, QI X, SHEN X, et al. ICNet for real-time semantic segmentation on high-resolution images[J]. arXiv, 2017: 1-16.

[82] SHI W, CABALLERO J, HUSZÁR F, et al. Real-time single image and video super-resolution using an efficient sub-pixel convolutional neural network[J]. arXiv, 2016.

[83] 百度百科. 语料[EB/OL]. [2019-01-10]. https://baike.baidu.com/item/语料/8062686.

[84] MA X, HOVY E. End-to-end sequence labeling via bi-directional LSTM-CNNs-CRF [J]. arXiv, 2016.

[85] COLLOBERT R, WESTON J, BOTTOU L, et al. Natural language processing (almost) from scratch[J]. Journal of Machine Learning Research, 2011, 12: 2493-2537.

[86] LING W, LUÍS T, MARUJO L, et al. Finding function in form: Compositional character models

for open vocabulary word representation[J]. arXiv: 1508.02096, 2015.

[87] BENGIO Y, DUCHARME R, VINCENT P, et al. A neural probabilistic language model[J]. Journal of Machine Learning Research, 2003, 3: 1137-1155.

[88] MIKOLOV T, CHEN K, CORRADO G, et al. Efficient estimation of word representations in vector space[J]. arXiv: 1301.3781, 2013.

[89] KIM Y. Convolutional neural networks for sentence classification[J]. arXiv: 2014.

[90] LIU P, QIU X, XUANJING H. Recurrent neural network for text classification with multi-task learning[C]//IJCAI International Joint Conference on Artificial Intelligence. 2016: 2873-2879.

[91] BAHDANAU D, CHO K, BENGIO Y. Neural machine translation by jointly learning to align and translate[J]. arXiv: 1409.0473, 2014.

[92] CHO K, VAN MERRIËNBOER B, BAHDANAU D, et al. On the properties of neural machine translation: Encoder-decoder approaches[J]. arXiv: 1409.1259, 2014.

[93] WU Y, SCHUSTER M, CHEN Z, et al. Google's neural machine translation system: Bridging the gap between human and machine translation[J]. arXiv: 1609.08144, 2016.

[94] GEHRING J, AULI M, GRANGIER D, et al. Convolutional sequence to sequence learning[C]// Proceedings of the 34th International Conference on Machine Learning. 2017: 1243-1252.

[95] HE D, XIA Y, QIN T, et al. Dual learning for machine translation[C]//Advances in Neural Information Processing Systems. 2016: 820-828.

[96] YANG Z, CHEN W, WANG F, et al. Improving neural machine translation with conditional sequence generative adversarial nets[J]. arXiv: 1703.04887, 2017.

[97] SHANG L, LU Z, LI H. Neural responding machine for short-text conversation[J]. arXiv: 1503.02364, 2015.